Controle por Computador
de Sistemas Dinâmicos

Blucher

Elder Moreira Hemerly

Professor Adjunto, ITA
Departamento de Controle e Conversão de Energia
Divisão de Engenharia Eletrônica

Controle por Computador de Sistemas Dinâmicos

2ª edição

Controle por computador de sistemas dinâmicos
© 2000 Elder Moreira Hemerly
2ª edição – 2000
6ª reimpressão – 2019
Editora Edgard Blücher Ltda.

Aos professores:
Wladimir Borgest
Takashi Yoneyama

Blucher

Rua Pedroso Alvarenga, 1245, 4º andar
04531-934 – São Paulo – SP – Brasil
Tel.: 55 11 3078-5366
contato@blucher.com.br
www.blucher.com.br

É proibida a reprodução total ou parcial por quaisquer
meios sem autorização escrita da editora.

Todos os direitos reservados pela Editora
Edgard Blücher Ltda.

Dados Internacionais de Catalogação na Publicação (CIP)
(Câmara Brasileira do Livro, SP, Brasil)

Hemerly, Elder Moreira
    Controle por computador de sistemas dinâmicos /
Elder Moreira Hemerly – São Paulo : Blucher, 2000.

    Bibliografia.
    ISBN 978-85-212-0266-0

    1. Automação 2. Controle automático – Modelos
matemáticos 3. Sistemas de controle digital 4. Sistemas
dinâmicos diferenciáveis I. Título.

07-0695   CDD-629.8312

Índices para catálogo sistemático:

1. Controle por computador : Sistemas dinâmicos :
Engenharia   629.8312
2. Sistemas dinâmicos : Controle por computador :
Engenharia   629.8312

Conteúdo

Prefácio	VIII
Abreviaturas	X
1- Representação de Sistemas Discretos e Amostrados	1
1.1- Introdução	1
1.2- Equações Discretas-Equações a Diferenças	1
1.2.1- Soluções de Equações Discretas Lineares e Invariantes no Tempo	2
1.3- Seqüência de Ponderação de Sistemas Discretos	3
1.4- Transformada z	7
1.4.1- Propriedades da Transformada z	9
1.5- Transformada z Inversa	15
1.6- Sistemas Amostrados	21
1.6.1- Modelo de um Amostrador-Segurador	22
1.6.2- Modelo de um Conversor A/D	24
1.6.3- Modelo de um Conversos D/A	24
1.6.4- Determinação de G(z) dada G(s)	27
1.6.5- Transformada z Modificada	38
1.7- Análise de Estabilidade	41
1.7.1- Critério de Jury	42
1.7.2- Extensão do Critério de Routh-Hurwitz	44
1.8- Exercícios	46
2- Modelagem no Espaço de Estado	51
2.1- Introdução	51
2.2- Discretização de Sistemas Contínuos	51
2.2.1- Emprego da Transformada de Laplace	53
2.2.2- Utilização de Funções de Matrizes	54
2.3- Solução da Equação Dinâmica Discreta	54
2.4- Controlabilidade e Observabilidade	56
2.4.1- Controlabilidade	56
2.4.2- Observabilidade	58
2.5- Representações em Variáveis de Estado	59
2.5.1- Forma Canônica Controlável	59
2.5.2- Forma Canônica Observável	61
2.5.3- Realização Paralela	62
2.5.4- Realização em Cascata	64
2.6- Análise de Estabilidade	65
2.7- Exercícios	67
3- Projeto de Controladores Digitais	69
3.1- Introdução	69
3.2- Discretização de Controladores Projetados no Domínio Contínuo	72
3.3- Ajuste Empírico de Controladores Analógicos	76
3.3.1- Método da Resposta Transitória	76

3.3.2- Método do Ganho Crítico	77
3.3.3- Método do Decaimento de 1/4	77
3.3.4- Discretização do Controlador	78
3.4- Técnicas de Discretização	79
3.4.1- Aproximação com Segurador de Ordem Zero	79
3.4.2- Mapeamento de Diferenciais	79
3.4.3- Integração Retangular	80
3.4.4- Transformação Bilinear	81
3.4.5- Transformação Bilinear com *Prewarping*	82
3.4.6- Mapeamento de Pólos e Zeros	84
3.5- Projeto de Controladores no Domínio Discreto	86
3.5.1- Controlador *Deadbeat*	86
3.5.2- Controlador *Deadbeat* com Ordem Aumentada	90
3.5.3- Projeto no Plano z	93
3.5.4- Controlador *Deadbeat* para Sistemas em Variáveis de Estado	98
3.5.5- Controlador com Critério de Energia Mínima	101
3.5.6- Alocação de Pólos	104
3.5.6.1- Algoritmo para a Técnica de *Pole Placement*	107
3.5.6.2- Observadores de Estado	109
3.5.6.3- Observadores de Estado de Ordem $(n-1)$	113
3.5.7- Sintonização Ótima de Controladores PID Digitais	116
3.6- Exercícios	127
4- Filtro de Kalman: Teoria e Implementação	129
4.1- Introdução	129
4.2- Sistemas Discretos Estocásticos	129
4.3- Noções Elementares de Processos Estocásticos	138
4.3.1- Média, Covariância e Correlação de Processos Estocásticos	139
4.3.2- Processos Estocásticos Gaussianos	141
4.4- Introdução ao Problema de Estimação	142
4.4.1- Probabilidade Condicional	142
4.4.2- Estimação como um Problema de Esperança Condicional	145
4.4.3- Estimador Linear	146
4.4.4- Relação entre Estimação Linear e Projeção	146
4.4.5- Forma Recursiva para a Estimação Linear	148
4.4.6- Aspectos do Problema de Estimação	151
4.5- Filtro de Kalman	151
4.5.1- Filtro de Kalman para Sistemas com Entradas Determinísticas	155
4.6- Implementação Numérica e Simulações	155
4.7- Aplicações em Tempo Real	157
4.8- Aplicações em Controle	162
4.8.1- Caso Determinístico	163
4.8.2- Caso Estocástico com Estado Acessível	165
4.8.3- Caso Estocástico com Observação Parcial	167
4.9- Implementação Paralela do Filtro de Kalman	172
4.9.1- Paralelização do Algoritmo do Filtro de Kalman	173
4.10- Exercícios	178

Conteúdo

5- Identificação Recursiva e Controle Adaptativo   181
5.1- Introdução   181
5.2- Identificação Paramétrica via RPEM   182
5.3- Formulação do RPEM em Variáveis de Estado   190
5.4- Predição Adaptativa: Métodos Direto e Indireto   198
     5.4.1- Predição Adaptativa para Sistemas em Variáveis de Estado   198
     5.4.2- Predição Adaptativa para Sistemas com Representação Entrada-Saída   199
         5.4.2.1- Versão não Adaptativa do Preditor   200
         5.4.2.2- Versão Adaptativa do Preditor   201
            5.4.2.2.1- Método Indireto   201
            5.4.2.2.2- Método Direto   205
5.5- Identificação Estrutural   207
     5.5.1- Critério PLS para Determinação de Ordem   207
     5.5.2- Principais Características do Ambiente Integrado   209
     5.5.3- Exemplos de Aplicação   211
     5.5.4- Conclusões   216
5.6- Controle Adaptativo   216
     5.6.1- Abordagens   217
     5.6.2- Controle Adaptativo Baseado na Equivalência à Certeza   218
         5.6.2.1- Controle Adaptativo tipo Variância Mínima   219
         5.6.2.2- Controle Adaptativo com Alocação de Pólos   220
         5.6.2.3- Controle Adaptativo para Sistemas com Atraso de Transporte   221
     5.6.3- Características de Ambiente Integrado para Controle Adaptativo   224
     5.6.4- Exemplos de Aplicação   226
     5.6.5- Conclusões   230
5.7- Aplicação de DSP's em Controle Adaptativo   231
     5.7.1- Controlador Auto-Sintonizável tipo GPC   232
     5.7.2- Exemplos de Aplicação   234
5.8- Exercícios   238

Bibliografia   241

Índice Remissivo   247

Prefácio

Controle por computador é uma área de pesquisa relativamente recente. As vantagens de se substituir controladores analógicos por digitais, em termos de custo final e flexibilidade, já eram apreciadas na metade da década de 50. Contudo, até o início dos anos 60 as aplicações de controle por computador eram restritas, devido ao alto custo inicial e baixa confiabilidade do *hardware* disponível.

Este cenário foi substancialmente alterado a partir da segunda metade dos anos 60, com o advento dos minicomputadores, e principalmente a partir do início dos anos 70, com o surgimento dos microcomputadores. Efetivamente, os primeiros livros sobre controle por computador datam do final da década de 60. A partir da década de 70 o desenvolvimento nesta área foi sustentado por dois motivos básicos: a) a utilização de computadores possibilitou a melhoria da qualidade dos produtos e o aumento da produtividade, e b) o custo sempre decrescente do *hardware* motivou a utilização de computadores no controle dos mais variados processos industriais.

Atualmente, um potencial usuário de controle por computador dispõe de vastíssimos recursos de *software* e *hardware*. Há diversos programas comerciais, executados em microcomputadores, que permitem analisar e projetar controladores digitais. Adicionalmente, microcontroladores e processadores digitais de sinal permitem a implementação em tempo real de sofisticados algoritmos de controle, a baixo custo.

Não obstante esta diversidade de recursos, há certa escassez de literatura que simultaneamente: a) apresente claramente a modelagem matemática de um computador introduzido na malha de controle; b) discuta o problema da validação dos controladores digitais projetados; c) descreva técnicas de identificação estrutural e paramétrica que permitam obter bons modelos de sistemas dinâmicos, de modo a possibilitar o projeto de controladores eficientes; d) proponha ambientes baseados em microcomputador para simplificar o projeto e a avaliação de desempenho de controladores digitais; e) apresente exemplos abundantes e relevantes, de modo a ilustrar as principais técnicas e reduzir o descompasso entre teoria e aplicação; f) inclua aplicações em tempo real, ressaltando aspectos práticos de implementação.

Este livro procura satisfazer os requisitos acima. Embora a parte de aplicação receba ênfase, não se descuidou dos aspectos teóricos, que são tratados com rigor. Assim, este livro pode ser utilizado por alunos de graduação e pós-graduação. O público alvo não se restringe a alunos de Engenharia e Computação, pois as técnicas apresentadas encontram aplicação em qualquer área que utilize modelos discretos. Por exemplo, as técnicas de identificação podem ser empregadas para modelar uma série temporal em econometria.

Este livro está organizado conforme exposto a seguir. O capítulo 1 trata da representação de sistemas discretos e amostrados. A transformada z é introduzida e suas propriedades discutidas. A seguir consideram-se os sistemas amostrados, que se caracterizam por apresentar sinais discretos e contínuos. A modelagem matemática de um computador na malha de controle é então efetuada, apresentando-se os modelos de conversores A/D e D/A. A obtenção da função de transferência no domínio z, dada a representação no domínio s, e a transformada z modificada são também discutidas. Finalmente considera-se o problema da análise de estabilidade.

No capítulo 2 é enfocada a representação de sistemas dinâmicos no espaço de estado. Considera-se de início a discretização da representação contínua e a solução da equação discreta resultante. As propriedades estruturais de controlabilidade e observabilidade são definidas. A seguir apresentam-se as principais técnicas para se obter a representação em variáveis de estado dada a representação em função de transferência. O capítulo se encerra com a análise de estabilidade.

O capítulo 3 trata do projeto de controladores digitais. Diversas técnicas de projeto são apresentadas, iniciando-se com a mais simples, que consiste na discretização de um controlador obtido empiricamente no domínio contínuo. A seguir considera-se o projeto diretamente no domínio discreto, apresentando-se o controlador *deadbeat*, o projeto no plano z, o controlador com critério de energia mínima e o controlador baseado em alocação de pólos. O problema da sintonização ótima dos parâmetros do controlador PID digital é considerado com particular ênfase, devido à sua simplicidade e eficiência.

O problema de estimação de estado via Filtro de Kalman é abordado no capítulo 4, considerando-se aspectos teóricos e práticos. Uma interpretação geométrica para o problema de estimação é utilizada, facilitando a compreensão do algoritmo. A aplicação do filtro de Kalman em controle é considerada via técnica de projeto LQG. Adicionalmente, o problema de predição é fundamental para os propósitos de identificação, a ser tratada no capítulo 5. Uma implementação do filtro de Kalman em processadores digitais de sinal é também apresentada.

No capítulo 5 são discutidos os problemas de identificação e controle adaptativo de sistemas dinâmicos, que são particularmente relevantes quando se objetiva projetar sistemas de controle com bom desempenho, não obstante o sistema de interesse seja complexo ou possua dinâmica não muito bem compreendida. Ambientes integrados para identificação e controle adaptativo, baseados em microcomputadores, são apresentados e aplicações práticas são utilizadas para ressaltar a utilidade desses ambientes.

Abreviaturas

AML	*Approximated maximum likelihood*
AR	*Autoregressive*
ARMA	*Autoregressive moving average*
ARMAX	*Autoregressive moving average with exogenous input*
ARX	*Autoregressive with exogenous input*
a.s.	*Almost surely*
DSP	*Digital signal processor*
ELS	*Extended least squares*
GMV	*Generalized minimum variance*
GPC	*Generalized predictive control*
LQG	*Linear quadratic gaussian*
LS	*Least squares*
MV	*Minimum variance*
PEM	*Prediction error method*
PLR	*Pseudolinear regression*
PLS	*Predictive least squares*
PRBS	*Pseudorandom binary sequence*
PP	*Pole placement*
RLS	*Recursive least squares*
RPEM	*Recursive prediction error method*

1 - REPRESENTAÇÃO DE SISTEMAS DISCRETOS E AMOSTRADOS

1.1- INTRODUÇÃO

Os trabalhos sobre análise de sistemas discretos e amostrados iniciaram-se, basicamente, na década de 40 com os estudos de Nyquist e Shannon. Também desta década, motivada pelo emprego do radar, que é intrinsecamente discreto pois opera de modo pulsado, fortaleceu-se a aplicação de equações discretas e a diferenças. Uma vez que por esta época a transformada de Laplace já era largamente utilizada na análise de sistemas contínuos, Hurewicz vislumbrou o emprego do método de transformadas também na análise de sistemas discretos, em 1947 (Bissel, 1985). Esta transformada foi denominada **transformada z** por Ragazzini e Zadeh, em 1952 (Jury, 1980). A partir de então, Jury realizou exaustivos estudos sobre as propriedades da transformada, resultando destes esforços um livro clássico (Jury, 1964). O aparecimento de microcomputadores, mais recentemente, fortaleceu e difundiu o interesse pelos sistemas discretos e amostrados, com aplicações em análise, simulação e projeto de sistemas de controle por computador.

1.2- EQUAÇÕES DISCRETAS E EQUAÇÕES A DIFERENÇAS

Sistemas dinâmicos discretos são intrinsecamente descritos por equações discretas ou a diferenças. Mais precisamente, equações discretas são modelos matemáticos por excelência dos sistemas dinâmicos discretos. Assim ao se deparar, por exemplo, com uma equação de segunda ordem, fala-se em sistema de segunda ordem.

Exemplo 1: Como exemplo bastante simples, podemos citar a equação que descreve vários tipos de controladores digitais $u(k)=f(y(k),y(k-1),\ldots,y(k-n),u(k-1),u(k-2),\ldots,u(k-m))=a_0 y(k) + a_1 y(k-1) + \cdots + a_n y(k-n) + b_1 u(k-1) + b_2 u(k-2) + \cdots + b_m u(k-m)$, que é uma equação discreta linear e invariante no tempo, como serão a maioria das equações que surgirão neste livro, e sobre as quais podemos aplicar o método de transformadas. □

Exemplo 2: Como outro exemplo simples, seja k o instante no qual fazemos a contagem e $y(k)$ o número de bactérias, para fixarmos idéia, no instante k. Admitindo-se a=taxa de reprodução e b=taxa de mortalidade, temos

$$y(k+1) = (a-b)y(k) \quad \rightarrow \quad y(k+1) + (b-a)y(k) = 0$$

que é uma equação discreta de primeira ordem não forçada. □

Exemplo 3: Consideremos agora um sistema descrito pelo modelo ARMA

$$y(k) + a_1 y(k-1) + a_2 y(k-2) = c_0 w(k) + c_1 w(k-1)$$

onde w(k) é um ruído afetando a saída y(k). Caso façamos $\Delta y(k)=y(k)-y(k-1)$ (diferença de primeira ordem), teremos $\Delta^2 y(k)=\Delta(\Delta y(k))=\Delta y(k)-\Delta y(k-1)=y(k)-y(k-1)-y(k-1)+y(k-2)=y(k)-2y(k-1)+y(k-2)$ (diferença de segunda ordem). Uma vez que $\Delta w(k)=w(k)-w(k-1)$, caso substituamos $y(k-1)=y(k)-\Delta y(k)$, $y(k-2)=\Delta^2 y(k)-y(k)+2(y(k)-\Delta y(k))=\Delta^2 y(k)+y(k)-2\Delta y(k)$ e $w(k-1)=w(k)-\Delta w(k)$, obteremos

$$a_2 \Delta^2 y(k) - (a_1+a_2)\Delta y(k) + (1+a_1+a_2)y(k) = (c_0+c_1)w(k) - c_1 \Delta w(k-1)$$

que é uma equação a diferenças de segunda ordem, sendo uma outra maneira de se representar a equação discreta, importando agora a diferença entre dois valores consecutivos da variável dependente.

Exemplo 4: Consideremos a integração numérica aproximada de $y(t)=\int_0^t u(\tau)d\tau$, conforme Fig. 1.1.

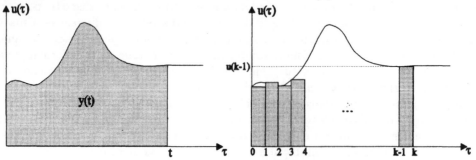

Fig. 1.1- Integração numérica aproximada.

Caso utilizemos a aproximação retangular e consideremos a área anterior ao instante $(k-1)T$ igual a y(k-1), conforme Fig. 1.1, resultará y(k)=y(k-1)+Tu(k-1), ou ainda $\Delta y(k)=Tu(k-1)$. Assim, assumindo-se y(0)=0, temos y(1)=Tu(0), y(2)=y(1)+Tu(1)=Tu(0)+Tu(1), e assim sucessivamente. □

1.2.1- Solução de Equações Discretas Lineares e Invariantes no Tempo

Os métodos para se determinar a solução destas equações são análogos àqueles disponíveis para equações diferenciais.

1.2.1.a- Solução da Equação Homogênea: Seja a equação homogênea

$$y(k) + a_1 y(k-1) + a_2 y(k-2) + \cdots + a_n y(k-n) = 0 \tag{1.1}$$

Admitindo-se que $y(k)=\lambda^k$, $\lambda \in C$, $k \in Z$ seja solução, então

$$\lambda^k + a_1 \lambda^{k-1} + a_2 \lambda^{k-2} + \cdots + a_n \lambda^{k-n} = 0 \tag{1.2}$$

ou ainda

$$\lambda^{k-n}\left(\lambda^n + a_1 \lambda^{n-1} + a_2 \lambda^{n-2} + \cdots + a_n\right) = 0 \tag{1.3}$$

sendo $\lambda^n + a_1 \lambda^{n-1} + a_2 \lambda^{n-2} + \cdots + a_n = 0$ denominada equação característica. Logo a solução da equação homogênea possui a forma $y(k)=\sum_i \alpha_i \lambda_i^k$, onde λ_i é a i-ésima raiz da equação característica.

Exemplo 1: Determinar a solução da equação $y(k) + 2y(k-1) - 8y(k-2) = 0$, $k \geq 0$. Neste caso a equação característica é $\lambda^2 + 2\lambda - 8 = 0$, donde $\lambda_1 = 2$ e $\lambda_2 = 4$. Logo, a solução é da forma $y(k) = C_1(2)^k + C_2(-4)^k$, sendo as constantes C_1 e C_2 determinadas com base nas condições iniciais $y(-2)$ e $y(-1)$. □

Podemos, então, resumir o comportamento qualitativo da seqüência $\{y(k), k \geq 0\}$ em função de λ:

λ	$\{y(k)\}$
$\lambda > 1$	Crescente
$\lambda = 1$	Constante
$0 < \lambda < 1$	Decrescente
$-1 < \lambda < 0$	Decrescente com sinal alternado
$\lambda = -1$	Alternada
$\lambda < -1$	Crescente com sinal alternado

Se $\lambda = a + jb$, então $y(k) = C_1(a+jb)^k +$

$C_1^*(a-jb)^k = A^k \cos(\alpha k + \phi)$. Logo:

$|\lambda| < 1$	Decrescente e oscilante
$|\lambda| = 1$	Oscilante
$|\lambda| > 1$	Crescente e oscilante

1.2.1.b- Solução Particular: Podemos utilizar os métodos dos coeficientes a determinar ou da variação dos parâmetros. Uma vez que não temos interesse específico em determinar tal solução, remetemos o leitor para livros específicos sobre equações diferenciais. No caso de sistemas lineares e invariantes no tempo, a solução particular pode ser determinada de modo conveniente utilizando-se a transformada z inversa, conforme seção 1.5.

1.3- SEQUÊNCIA DE PONDERAÇÃO DE SISTEMAS DISCRETOS

Iniciaremos recapitulando alguns resultados básicos sobre resposta ao impulso de sistemas dinâmicos contínuos.

Seja o sistema univariável e relaxado no instante t_0, isto é, a saída $y(t)$, $t \in [t_0, t_f]$, depende apenas da entrada $u(t)$, $t \in [t_0, t_f]$, conforme indicado na Fig. 1.2.

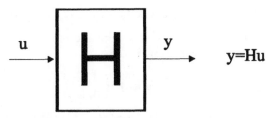

Fig. 1.2- Sistema dinâmico relaxado.

Para uma entrada genérica u(t), temos

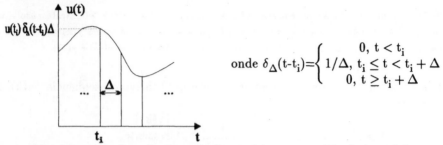

$$\text{onde } \delta_\Delta(t-t_i) = \begin{cases} 0, & t < t_i \\ 1/\Delta, & t_i \leq t < t_i + \Delta \\ 0, & t \geq t_i + \Delta \end{cases}$$

Fig. 1.3- Aproximação de entrada genérica por seqüência impulsiva.

Podemos, então, aproximar o sinal de entrada u(t) por $u(t) \approx \sum_i u(t_i).\delta_\Delta(t-t_i).\Delta$, donde $y = Hu \approx H \sum_i u(t_i).\delta_\Delta(t-t_i).\Delta$.

Assumindo-se que o sistema seja linear, decorre

$$y \approx \sum_i Hu(t_i).\delta_\Delta(t-t_i).\Delta \approx \sum_i (H\delta_\Delta(t-t_i)).u(t_i).\Delta \qquad (1.4)$$

Quando $\Delta \to 0$, $\delta_\Delta(t-t_i)$ tende a um impluso e o somatório se torna uma integral, ou seja

$$y(t) = \int_{-\infty}^{\infty} (H\delta(t-\tau))u(\tau)d\tau \qquad (1.5)$$

onde $H\delta(t-\tau)$ é a resposta ao impulso aplicado em $t=\tau$.

Usualmente, $H\delta(t-\tau) = g(.,\tau)$ é denominada resposta ao impulso, e podemos então reecrever (1.5) na forma

$$y(t) = \int_{-\infty}^{\infty} g(t,\tau)u(\tau)d\tau \qquad (1.6)$$

e para sistemas invariantes no tempo resulta

$$y(t) = \int_{-\infty}^{\infty} g(t-\tau)u(\tau)d\tau \qquad (1.7)$$

Conceito similar a resposta ao impulso de sistemas contínuos é a seqüência de ponderação (*weighting sequence*) de sistemas discretos. Mais precisamente, seja por exemplo o sistema discreto representado por

$$y(k) + a_1 y(k-1) + a_2 y(k-2) = b_0 u(k) \qquad (1.8)$$

Admitindo-se que o sistema seja relaxado em k=0, isto é, y(k)=0, $\forall k < 0$, e que u(k) seja a função delta de Kronecker, isto é,

$$\delta(k-j) = \begin{cases} 1, & k=j \\ 0, & k \neq j \end{cases} \qquad (1.9)$$

resulta

$$y(0) = -a_1 y(-1) - a_2 y(-2) + b_0 u(0) = b_0$$
$$y(1) = -a_1 y(0) - a_2 y(-1) + b_0 u(1) = -a_1 b_0$$

$$y(2) = -a_1 y(1) - a_2 y(0) + b_0 u(2) = a_1^2 b_0 - a_2 b_0$$
etc.

A resposta $\{g(k), k \geq 0\} = \{y(k), k \geq 0\}$ obtida para entrada $u(k)$ dada por (1.9) é denominada seqüência de ponderação do sistema em consideração. Uma vez que o sistema é relaxado, temos $g(k)=0$, $\forall k < 0$.

O objetivo agora é determinar a resposta $y(k)$ do sistema discreto (1.8) para uma entrada qualquer $u(k)$. Para tanto, notemos que:

1) Caso se faça $u(k)=c\delta(k)$, decorre imediatamente $y(k)=cg(k)$.
2) Para uma função forçante $u(k)=\delta(k-l)$, temos
$$y(k) = 0, \; k < l$$
$$y(l) = b_0$$
$$y(l+1) = -a_1 b_0$$
$$y(l+2) = a_1^2 b_0 - a_2 b_0$$
etc.

ou seja, $y(k)=g(k-l)$.

Admitamos agora como função forçante uma série numérica qualquer $u(k)$, conforme Fig. 1.4.

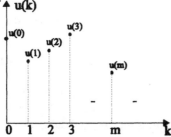

Fig. 1.4- Função forçante qualquer $u(k)$.

Podemos escrever, com base na Fig. 1.4,

$$u(k) = u(0)\delta(k) + u(1)\delta(k-1) + u(2)\delta(k-2) + \cdots + u(m)\delta(k-m) \quad (1.10)$$

donde

$$y(k) = u(0)g(k) + u(1)g(k-1) + u(2)g(k-2 + \cdots + u(m)g(k-m) \quad (1.11)$$

ou seja,

$$y(k) = \sum_{l=0}^{\infty} g(k-l)u(l) \; , \; k=0, 1, 2, \ldots \quad (1.12)$$

Assim, com base no exemplo particular do sistema (1.8), podemos generalizar afirmando que no caso geral a resposta de um sistema discreto linear e invariante no tempo é dada por um somatório de convolução. Esta propriedade é ilustrada na Fig. 1.5, onde se explicita a forma das funções $g(k-l)$, $l=0, 1, \ldots$, constando em (1.12).

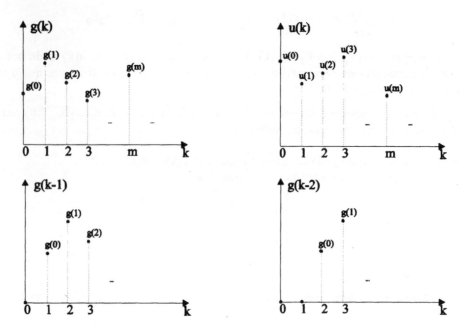

Fig. 1.5- Propriedade da convolução.

Efetuando-se uma troca de variáveis i=k−l, de (1.12) decorre

$$y(k) = \sum_{i=\infty}^{0} g(i)u(k-i) = \sum_{i=0}^{\infty} g(i)u(k-i), \quad k=0, 1, 2, \ldots \qquad (1.13)$$

uma vez que a ordem da soma não altera o resultado.

Para sistemas discretos não-antecipatórios, ou fisicamente realizáveis, devemos ter g(k-l)=0 para l > k. Logo, o somatório de convolução (1.13) pode ser reescrito na forma

$$y(k) = \sum_{l=0}^{k} g(k-l)u(l) \qquad (1.14)$$

Exemplo 1: Como exemplo de um sistema antecipatório, seja $y(k) + a_1 y(k-1) + a_2 y(k-2) = u(k+1)$, estando o mesmo relaxado. Admitindo-se u(k)=δ(k), resulta

$$y(-1) = -a_1 y(-2) - a_2 y(-3) + 1 = 1$$
$$y(0) = -a_1 y(-1) - a_2 y(-2) + 0 = -a_1$$
etc.

ou seja, temos g(-1)=y(-1)=1 ≠ 0, uma vez que a saída é dependente do valor futuro da entrada, o que é fisicamente irrealizável. □

Exemplo 2: Determinar a resposta ao degrau $u(k) = \begin{cases} 2, & k \geq 0 \\ 0, & k < 0 \end{cases}$ de um sistema relaxado representado por y(k) − 0,5y(k-1) = u(k).

Uma vez que o sistema é relaxado, só nos interessa a resposta forçada. A seqüência de ponderação do sistema em questão pode ser obtida notando-se que para entrada u(k)=δ(k) temos

Representação de Sistemas Discretos e Amostrados

$$y(0) = 1$$
$$y(1) = 0,5$$
$$y(2) = (0,5)^2$$

etc., cuja forma geral é $y(k)=(0,5)^k$, $k > 0$

Assim, a seqüência de ponderação é $g(k)=\begin{cases} (0,5)^k, & k \geq 0 \\ 0, & k < 0 \end{cases}$. Uma vez calculada a seqüência de ponderação, a resposta ao degrau pode ser obtida a partir do somatório de convolução (1.14); isto é,

$$y(k) = \sum_{l=0}^{k} g(k-l)u(l) = \sum_{l=0}^{k} g(l)u(k-l) = 2\sum_{l=0}^{k} (0,5)^l$$

Lembrando-se agora que a soma dos termos de uma progressão geométrica com razão q,

primeiro termo a_1 e n termos é $S = \dfrac{a_1(1-q^n)}{1-q}$, decorre, com $a_1 = 1$, $q = 0,5$ e $n = k+1$,

$$y(k) = \frac{2\left(1 - (0,5)^{k+1}\right)}{0,5} = 4\left(1 - (0,5)^{k+1}\right) , \quad k \geq 0 \qquad \square$$

1.4- TRANSFORMADA z

A transformada z é o método de análise de sistemas discretos análogo à transformada de Laplace para sistemas contínuos. Conforme já referenciado anteriormente, Hurewicz foi um dos primeiros a utilizá-la, em 1947. A designação de transformada z se deve a Ragazzini a Zadeh, em 1952.

Quanto ao seu aspecto qualitativo, podemos dizer que a transformada z transforma uma seqüência de números em uma função da variável complexa z. O nosso objetivo básico em estudá-la está no fato de que ela nos possibilitará operar com seqüências e em particular definir função de transferência de sistemas discretos.

Para motivar a introdução da transformada z, consideremos o sinal discreto

$$y(k) = \begin{cases} (1/4)^k , & k \geq 0 \\ (1/9)^{-k} , & k < 0 \end{cases} \qquad (1.15)$$

Este sinal pode ser representado por uma seqüência infinita $S_1 = \left\{ \ldots, \left(\frac{1}{9}\right)^2, \left(\frac{1}{9}\right), 1, \left(\frac{1}{4}\right), \left(\frac{1}{4}\right)^2, \ldots \right\}$, ou ainda por uma série infinita

$$S_2 = \cdots + \left(\frac{1}{9}\right)^2 z^2 + \left(\frac{1}{9}\right) z + 1 + \left(\frac{1}{4}\right) z^{-1} + \left(\frac{1}{4}\right)^2 z^{-2} + \cdots \qquad (1.16)$$

onde a variável z pode ser encarada como um marcador de posição dos elementos de S_1. A utilidade de se utilizar S_2 para representar o sinal discreto $y(k)$ está no fato de que, para valores de z para os quais S_2 converge, podemos obter uma representação compacta do sinal $y(k)$. Reescrevamos agora S_2 na forma

$$S_2 = \cdots + \left(\frac{1}{9}\right)^2 z^2 + \left(\frac{1}{9}\right) z + 1 \quad + \quad 1 + \left(\frac{1}{4}\right) z^{-1} + \left(\frac{1}{4}\right)^2 z^{-2} + \cdots - 1 = S_2' + S_2'' - 1$$

onde a série S_2' converge para $|z| < 9$ e S_2'' converge para $|z| > \frac{1}{4}$. Neste caso, temos

$$S_2' = \frac{a_1}{1-q} = \frac{1}{1-(z/9)} \quad e \quad S_2'' = \frac{1}{1-(4z)^{-1}} \tag{1.17}$$

donde
$$S_2 = \frac{9}{9-z} + \frac{4z}{4z-1} - 1 = \frac{35z}{(9-z)(4z-1)} \tag{1.18}$$

Na região de convergência R, indicada na Fig. 1.6, a série S_2, forma alternativa de se representar o sinal discreto $\{y(k)\}$, é denominada transformada z de $y(k)$, sendo representada por $\mathcal{Z}[y(k)]=Y(z)$.

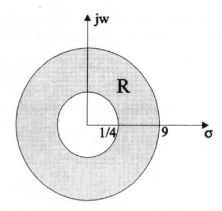

Fig. 1.6- Região de convergência para S_2.

Definição: A transformada z de um sinal discreto $y(k)$, representada por $\mathcal{Z}[y(k)]=Y(z)$, é definida como sendo

$$\mathcal{Z}[y(k)] = \sum_{k=-\infty}^{\infty} y(k)\, z^{-k} \tag{1.19}$$
□

Observação: Caso o sinal $y(.)$ tenha sido obtido amostrando-se um sinal contínuo $y(t)$ com um período de amostragem T, conforme veremos na seção 1.6, usualmente se escreve

$$\mathcal{Z}[y(kT)] = \sum_{k=-\infty}^{\infty} y(kT)\, z^{-k} \tag{1.20}$$
□

Exemplo 1: Determinar a transformada z de $y(t)=e^{-\alpha|t|}$, $\alpha > 0$.

Por definição,
$$\mathcal{Z}[y(kT)] = \sum_{k=-\infty}^{\infty} e^{-\alpha|kT|} z^{-k} = \sum_{k=-\infty}^{0} \left(e^{-\alpha T} z\right)^{-k} + \sum_{k=0}^{\infty} \left(e^{-\alpha T} z^{-1}\right)^{k} - 1$$

e fazemos
$$S_1 = \sum_{k=-\infty}^{0} \left(e^{-\alpha T} z\right)^{-k} = \sum_{k=0}^{\infty} \left(e^{-\alpha T} z\right)^{k} = \frac{1}{1-e^{-\alpha T} z}, \quad \text{se } |e^{-\alpha T} z| < 1, \text{ isto é, } |z| < e^{\alpha T}$$

e
$$S_2 = \sum_{k=0}^{\infty} \left(e^{-\alpha T} z^{-1}\right)^{k} = \frac{1}{1-e^{-\alpha T} z^{-1}}, \quad \text{se } |e^{-\alpha T} z^{-1}| < 1, \text{ isto é, } |z| > e^{-\alpha T}$$

Portanto,
$$Y(z) = \frac{1}{1-e^{-\alpha T} z} + \frac{1}{1-e^{-\alpha T} z^{-1}} - 1$$

A região de convergência de $\mathcal{Z}[y(k)]$ é mostrada na Fig. 1.7. Assim, a transformada z $Y(z)$ do sinal $y(k)$ está definida apenas nesta região.

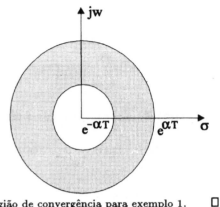

Fig. 1.7- Região de convergência para exemplo 1. □

Exemplo 2: Para verificarmos que a transformada z não define univocamente um sinal $y(k)$, se não indicarmos a sua região de convergência, consideremos o sinal discreto

$$y(k) = \begin{cases} (1/4)^k - (9)^k \, , \, k \geq 0 \\ 0 \, , \, k < 0 \end{cases}$$

Por definição,

$$Y(z) = \sum_{k=-\infty}^{\infty} y(k) \, z^{-k} = \sum_{k=0}^{\infty} (4^{-1} z^{-1})^k - \sum_{k=0}^{\infty} (9 z^{-1})^k$$

e fazendo-se

$$S_1 = \sum_{k=0}^{\infty} (4^{-1} z^{-1})^k = \frac{1}{1 - (4z)^{-1}} = \frac{4z}{4z - 1} \quad \text{se } |(4z)^{-1}| < 1, \text{ isto é, } |z| > \frac{1}{4}$$

$$S_2 = -\sum_{k=0}^{\infty} (9 z^{-1})^k = -\frac{1}{1 - 9z^{-1}} = -\frac{z}{z - 9} \quad \text{se } |9z^{-1}| < 1, \text{ isto é, } |z| > 9$$

resulta

$$Y(z) = \frac{4z}{4z - 1} - \frac{z}{z - 9} = \frac{35z}{(9 - z)(4z - 1)}$$

sendo a região de convergência dada por $|z| > 9$. Notemos que a expressão de $Y(z)$ no presente caso é a mesma do sinal caracterizado por (1.5), conforme visto em (1.18). Assim, a diferença entre as transformadas encontra-se na região de convergência. □

1.4.1- Propriedades da Transformada z

No que se segue consideraremos apenas a transformada z unilateral, que é apropriada para representar sinais discretos com $y(k)=0$, $\forall \, k < k^*$, com k^* finito. Este usualmente é o caso quando $y(k)$ é gerado por sistemas invariantes no tempo e relaxados, caso em que podemos considerar $k^*=0$.

Como exemplo para explicitarmos a relativa complexidade da transformada z unilateral, consideremos a determinação de $\mathcal{Z}[y(k+m)]$, $m \geq 0$, em função de $\mathcal{Z}[y(k)]$.

Determinação da transformada z unilateral: Por definição,

$$\mathcal{Z}_u[y(k+m)] = \sum_{k=0}^{\infty} y(k+m)\, z^{-k} = z^m \sum_{k=0}^{\infty} y(k+m)\, z^{-(k+m)} \qquad (1.21)$$

e fazendo-se l=k+m, resulta

$$\mathcal{Z}_u[y(k+m)] = z^m \sum_{l=m}^{\infty} y(l)\, z^{-l} = z^m \left(\sum_{l=0}^{\infty} y(l)\, z^{-l} - \sum_{l=0}^{m-1} y(l)\, z^{-l} \right) = z^m\, Y_u(z) - \sum_{l=0}^{m-1} y(l)\, z^{m-l} \qquad (1.22)$$

Determinação da transformada z bilateral: Por definição,

$$\mathcal{Z}_b[y(k+m)] = \sum_{k=-\infty}^{\infty} y(k+m)\, z^{-k} = z^m \sum_{k=-\infty}^{\infty} y(k+m)\, z^{-(k+m)} = z^m\, Y_b(z) \qquad (1.23)$$

que é mais simples que (1.22).

Uma vez que nos estudos a serem feitos neste capítulo é admitida a hipótese de relaxação e invariância no tempo, a seguir consideraremos apenas a transformada z unilateral.

As principais propriedades da transformada z são apresentadas a seguir.

1.4.1.1- Linearidade

Sejam a, b $\in$ R. Então,

$$\mathcal{Z}[ay(k)+bu(k)] = \sum_{k=0}^{\infty} (ay(k)+bu(k))\, z^{-k} = \sum_{k=0}^{\infty} ay(k)\, z^{-k} + \sum_{k=0}^{\infty} bu(k)\, z^{-k} = a \sum_{k=0}^{\infty} y(k)z^{-k} +$$

$$b \sum_{k=0}^{\infty} u(k)\, z^{-k} = a\mathcal{Z}[y(k)] + b\mathcal{Z}[u(k)] \qquad (1.24)$$

1.4.1.2- Translação (m $\geq$ 0)

Temos, para o caso de *forward shift*,

$$\mathcal{Z}[y(k+m)] = z^m\, \mathcal{Z}[y(k)] - \sum_{l=0}^{m-1} y(l)\, z^{m-l} \qquad (1.25)$$

conforme já visto em (1.22).

Temos também, para o caso de *backward shift*,

$$\mathcal{Z}[y(k-m)] = \sum_{k=0}^{\infty} y(k-m)\, z^{-k} = z^{-m} \sum_{k=0}^{\infty} y(k-m)\, z^{-(k-m)} = z^{-m} \sum_{l=-m}^{\infty} y(l)\, z^{-l} \qquad (1.26)$$

e uma vez que por hipótese y(l)=0 para l < 0, resulta

$$\mathcal{Z}[y(k-m)] = z^{-m} \sum_{l=0}^{\infty} y(l)\, z^{-l} = z^{-m}\, \mathcal{Z}[y(k)] \qquad (1.27)$$

É conveniente atentar para a diferença, no que se refere a condições iniciais, entre as expressões (1.25) e (1.27) e notar que ela se deve ao fato de que estamos supondo y(k)=0 para k < 0 em (1.27).

Observação: Ilustremos graficamente os dois resultados anteriores, isto é, (1.25) e (1.27). Consideremos de início a relação

$$\mathcal{Z}[y(k+m)] = z^m \mathcal{Z}[y(k)] - \sum_{l=0}^{m-1} y(l) z^{m-l}.$$

Seja m=2, por exemplo. Então, os sinais y(k) e $y_1(k) = y(k+2)$ são mostrados na Fig. 1.18.

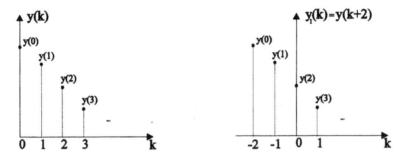

Fig. 1.8- Translação tipo *forward shift*.

Verifiquemos, com base na Fig. 1.8, se efetivamente $Y_1(z) = z^2 Y(z) - z^2 y(0) - zy(1)$. Por definição, a transformada z de y(k) é dada por $Y(z) = y(0) + y(1)z^{-1} + y(2)z^{-2} + y(3)z^{-3} + \cdots$. Logo, $z^2 Y(z) = y(0)z^2 + y(1)z + y(2) + y(3)z^{-1} + \cdots$, donde

$$z^2 Y(z) - y(0)z^2 - y(1)z = y(2) + y(3)z^{-1} + \cdots = Y_1(z)$$

conforme podemos verificar com base nos gráficos da Fig. 1.8.

Consideremos agora $\mathcal{Z}[y(k-m)] = z^{-m} \mathcal{Z}[y(k)]$. Seja m=2. Graficamente, temos a Fig. 1.9

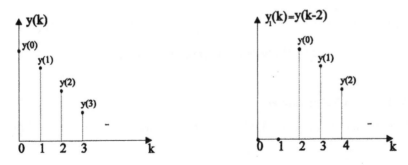

Fig. 1.9- Translação tipo *backward shift*.

Verifiquemos, com base na Fig. 1.9, se efetivamente $Y_1(z) = z^{-2} Y(z)$. Por definição, temos $Y(z) = y(0) + y(1)z^{-1} + y(2)z^{-2} + y(3)z^{-3} + \cdots$. Logo,

$$z^{-2} Y(z) = y(0)z^{-2} + y(1)z^{-3} + y(2)z^{-4} + \cdots = 0 + 0z^{-1} + y(0)z^{-2} + y(1)z^{-3} + y(2)z^{-4} + \cdots = Y_1(z)$$

conforme podemos verificar com base nos gráficos da Fig. 1.9.

1.4.1.3- Escalonamento no Plano z (Multiplicação por a^k)

Temos

$$\mathcal{Z}[a^k \, y(k)] = \sum_{k=0}^{\infty} a^k \, y(k) \, z^{-k} = \sum_{k=0}^{\infty} y(k) \, (a^{-1}z)^{-k} = Y(a^{-1}z) \qquad (1.28)$$

1.4.1.4- Multiplicação por k (Diferenciação)

Derivando-se ambos os membros de $\mathcal{Z}[y(k)] = \sum_{k=0}^{\infty} y(k) \, z^{-k}$ em relação a z, temos

$$\frac{d}{dz}\mathcal{Z}[y(k)] = -k \sum_{k=0}^{\infty} y(k) \, z^{-k-1}$$

e multiplicando-se por z, resulta

$$z \frac{d}{dz}\mathcal{Z}[y(k)] = - \sum_{k=0}^{\infty} (ky(k)) \, z^{-k} = -\mathcal{Z}[ky(k)]$$

Logo,

$$\mathcal{Z}[ky(k)] = -z \frac{d}{dz}\mathcal{Z}[y(k)] \qquad (1.29)$$

1.4.1.5- Divisão por k (Integração)

Por definição

$$\mathcal{Z}[y(k)/k] = \sum_{k=0}^{\infty} \frac{y(k)}{k} \, z^{-k}$$

Logo,

$$\frac{d}{dz}\mathcal{Z}[y(k)/k] = - \sum_{k=0}^{\infty} y(k) \, z^{-k-1} = -z^{-1} \sum_{k=0}^{\infty} y(k) \, z^{-k} = -z^{-1}Y(z) = -\frac{Y(z)}{z}$$

donde concluimos que

$$\mathcal{Z}[y(k)/k] = \int_{z}^{\infty} \frac{Y(\tau)}{\tau}d\tau + c \ , \ \text{ onde } \ c = \lim_{k \to 0} \frac{y(k)}{k} \ , \text{ visto que } \quad \lim_{z \to \infty} \mathcal{Z}[y(k)/k] = c \qquad (1.30)$$

e a última igualdade em (1.30) decorre do teorema a seguir.

1.4.1.6- Teorema do Valor Inicial

Se a função y(k) possuir Y(z) como transformada z e o limite $\lim_{z \to \infty} Y(z)$ existir, então $y(0) = \lim_{z \to \infty} Y(z)$.

Verificação: Por definição,

$$Y(z) = \sum_{k=0}^{\infty} y(k) \, z^{-k} = y(0) + y(1)z^{-1} + \cdots , \text{ donde segue-se imediatamente que}$$

$$\lim_{z \to \infty} Y(z) = y(0) \qquad (1.31)$$

Representação de Sistemas Discretos e Amostrados

1.4.1.7- Teorema do Valor Final

Se a transformada z de y(k) for tal que $(1-z^{-1})Y(z)$ seja analítica em $|z| \geq 1$, isto é, todos os pólos de $(1-z^{-1})Y(z)$ estejam dentro do círculo unitário, com possível exceção de um único pólo em z=1, então,

$$\lim_{k \to \infty} y(k) = \lim_{z \to 1}(1-z^{-1})Y(z) \tag{1.32}$$

Verificação: Por definição,

$$\mathcal{Z}[y(k)] = \sum_{k=0}^{\infty} y(k)\, z^{-k} = Y(z) \qquad e \qquad \mathcal{Z}[y(k\text{-}1)] = z^{-1}\sum_{k=0}^{\infty} y(k)\, z^{-k} = z^{-1}Y(z)$$

Por outro lado,

$$\mathcal{Z}[y(k) - y(k\text{-}1)] = \sum_{k=0}^{\infty} \Big(y(k) - y(k\text{-}1)\Big) z^{-k} = \lim_{l \to \infty} \sum_{k=0}^{l} \Big(y(k) - y(k\text{-}1)\Big) z^{-k}$$

donde concluimos que

$$\lim_{z \to 1} \mathcal{Z}[y(k) - y(k\text{-}1)] = \lim_{z \to 1}(1-z^{-1})Y(z) = \lim_{l \to \infty} \lim_{z \to 1} \Big((y(0) - y(\text{-}1))z^{0} +$$

$$(y(1) - y(0))z^{-1} + (y(2) - y(1))z^{-2} + \cdots + (y(l) - y(l\text{-}1))z^{-l}\Big) = \lim_{l \to \infty} y(l)$$

1.4.1.8- Convolução

Se $y(k) = \sum_{l=0}^{\infty} g(k\text{-}l)u(l)$, então

$$Y(z) = G(z)U(z) \tag{1.33}$$

Verificação: Por hipótese, temos

$$y(k) = g(k)u(0) + g(k\text{-}1)u(1) + g(k\text{-}2)u(2) + \cdots$$

donde, pela linearidade da transformada z,

$$\mathcal{Z}[y(k)] = \sum_{k=0}^{\infty} y(k)z^{-k} = \sum_{k=0}^{\infty} \Big(g(k)u(0) + g(k\text{-}1)u(1) + g(k\text{-}2)u(2) + \cdots\Big) z^{-k} =$$

$$u(0) \sum_{k=0}^{\infty} g(k)\, z^{-k} + u(1) \sum_{k=0}^{\infty} g(k\text{-}1)\, z^{-k} + u(2) \sum_{k=0}^{\infty} g(k\text{-}2)\, z^{-k} + \cdots$$

Utilizando-se agora a propriedade $\mathcal{Z}[g(k\text{-}m)]=z^{-m}\mathcal{Z}[g(k)]$, conforme visto na seção 1.4.1.2, resulta

$$\mathcal{Z}[y(k)] = u(0)\, \mathcal{Z}[g(k)] + u(1)\, z^{-1}\, \mathcal{Z}[g(k)] + u(2)\, z^{-2}\, \mathcal{Z}[g(k)] + \cdots = \mathcal{Z}[g(k)] \Big(u(0) +$$

$$u(1)z^{-1} + u(2)z^{-2} + \cdots \Big) = \mathcal{Z}[g(k)]\mathcal{Z}[u(k)]$$

conforme desejado.

Definimos $G(z)=Y(z)/U(z)$ como sendo a função de transferência do sistema gerando os dados $\{y(k)\}$. Logo, a função de transferência é a transformada z da resposta $\{y(k)\}$ quando a entrada é a função delta de Kronecker, pois neste caso $U(z)=1$ e de (1.33) decorre $Y(z)=G(z)$.

Observação 1: Seja o sistema representado por

$$y(k) + a_1y(k\text{-}1) + a_2y(k\text{-}2) = b_0u(k) + b_1u(k\text{-}1) + b_2u(k\text{-}2) \text{ , com } y(k)=u(k)=0,\ k<0$$

Tomando-se a transformada z de ambos os membros, usando (1.27), resulta

$$Y(z) + a_1z^{-1}Y(z) + a_2z^{-2}Y(z) = b_0U(z) + b_1z^{-1}U(z) + b_2z^{-2}U(z)$$

e podemos escrever

$$G(z) = \frac{Y(z)}{U(z)} = \frac{b_0 + b_1z^{-1} + b_2z^{-2}}{1 + a_1z^{-1} + a_2z^{-2}} = \frac{b_0z^2 + b_1z + b_2}{z^2 + a_1z + a_2}$$

Seja agora o sistema

$$y(k+2) + a_1y(k+1) + a_2y(k) = b_0u(k+2) + b_1u(k+1) + b_2u(k) \text{ , com } y(k)=u(k)=0,\ k<0$$

Tomando-se a transformada z de ambos os membros, usando (1.25), resulta

$$z^2\,Y(z) - z^2y(0) - zy(1) + a_1zY(z) - a_1zy(0) + a_2Y(z) = b_0z^2U(z) - b_0z^2u(0) - b_0zu(1) +$$
$$b_1zU(z) - b_1zu(0) + b_2U(z)$$

ou seja,

$$(z^2+a_1z+a_2)Y(z) = (b_0z^2+b_1z+b_2)U(z) + (y(0)-b_0u(0))z^2 + (y(1)+a_1y(0)-b_0u(1)-b_1u(0))z$$

À primeira vista, parece que $Y(z)$ depende não só do controle $U(z)$, mas também das condições iniciais. Observando-se mais cuidadosamente, com base no modelo constata-se que

$$y(0)=-a_1y(\text{-}1)-a_2y(\text{-}2)+b_0u(0)+b_1u(\text{-}1)+b_2u(\text{-}2) \quad \longrightarrow \quad y(0)=b_0u(0)$$
$$y(1)=-a_1y(0)-a_2y(\text{-}1)+b_0u(1)+b_1u(0)+b_2u(\text{-}1) \quad \longrightarrow \quad y(1)=-a_1y(0)+b_0u(1)+b_1u(0)$$

Logo, substituindo-se essas condições iniciais na expressão anterior, constata-se que $Y(z)$ depende unicamente do controle $U(z)$. Mais precisamente, a resposta é completamente determinada pela função de transferência $G(z)$ e pela entrada $U(z)$, conforme no caso anterior. $\square$

Observação 2: Embora não iremos perseguir agora a solução de equações discretas (só o faremos após estudarmos transformada z inversa), convém ressaltar os dois seguinte fatos:

a) Caso seja dada uma equação $y(k)+a_1y(k\text{-}1)+a_2y(k\text{-}2)=u(k)$, com $u(k)=0$, $\forall k<0$, só podemos escrever $Y(z)+a_1z^{-1}Y(z)+a_2z^{-2}Y(z)=U(z)$ caso seja afirmado que $y(k)=0$, $\forall k<0$. Caso contrário, teremos erro evidente. Efetivamente, na determinação de $\mathcal{Z}[y(k\text{-}m)]$, vide seção 1.4.1.2, admitimos que $y(k)=0$, $\forall k<0$, ou seja, só havia a resposta forçada. Caso $y(k) \neq 0$ para $k<0$, isto é, caso haja condições iniciais não nulas, devemos resolver também a equação homogênea e superpor os resultados.

b) Usualmente as equações diferenças são colocadas na forma *forward shift*, sendo necessário ressaltar o seguinte:

b.1) Seja a equação $y(k+2)+a_1y(k+1)+a_2y(k)=b_0u(k+2)+b_1u(k+1)+b_2u(k)$. Se for especificado que $y(k)=u(k)=0$, $\forall k<0$, é necessário que calculemos $y(0)=-a_1y(\text{-}1)-a_2y(\text{-}2)+b_0u(0)+b_1u(\text{-}1)+$ $b_2u(\text{-}2)=b_0u(0)$, e $y(1)=-a_1y(0)-a_2y(\text{-}1)+b_0u(1)+b_1u(0)+b_2u(\text{-}1)=-a_1y(0)+b_0u(1)+b_1u(0)$, e neste caso, conforme comentado na observação 1 acima, a resposta para $k \geq 2$ será completamente determinada pela função de transferência.

b.2) Seja agora a mesma equação anterior, sendo porém especificados y(0) e y(1). Se u(0) e u(1) não forem especificados de modo a fatisfazer (b.1), o que não é usual, então y(-1) e y(-2) não serão nulas, pois terão que compatibilizar as especificações independentes de y(0), y(1), u(0) e u(1). Mais precisamente, teremos $a_1 y(-1)+a_2 y(-2)=b_0 u(0)-y(0)$ e $a_1 y(0)+a_2 y(-1)=b_0 u(1)+b_1 u(0)-y(1)$. Neste caso a resposta não é completamente determinada pela função de transferência, sendo necessário superpor a contribuição das condições iniciais. □

1.5- TRANSFORMADA z INVERSA

1.5.1- Resultados Auxiliares

Resumiremos, de início, alguns resultados básicos de variáveis complexas. Para maiores detalhes, vide Churchill (1975).

1.5.1.1- Teorema de Cauchy (Também conhecido como teorema integral de Cauchy): Se F(z) for uma função analítica (regular ou holomorfa) sobre uma curva fechada C e na região D por ela delimitada, então

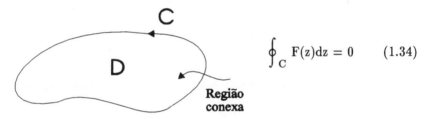

$$\oint_C F(z)dz = 0 \quad (1.34)$$

Fig. 1.10- Região conexa e integral de linha.

Verificação: Fazendo-se $z=x+jy$, temos $F(z)=u(x,y)+jv(x,y)$ e $dz=dx+jdy$, donde

$$\oint_C F(z)dz = \oint_C \bigl(u(x,j)+jv(x,y)\bigr)(dx+jdy) = \oint_C \bigl(u(x,y)dx - v(x,y)dy\bigr) +$$
$$+ j\oint_C \bigl(v(x,y)dx + u(x,y)dy\bigr) \quad (1.35)$$

e empregando-se o teorema de Green, isto é, $\oint_C (Pdx+Qdy) = \iint_D \left(\frac{\partial Q}{\partial x} - \frac{\partial P}{\partial y}\right) dxdy$, resulta

$$\oint_C F(z)dz = \iint_D \left(-\frac{\partial v}{\partial x} - \frac{\partial u}{\partial y}\right)dxdy + j\iint_D \left(\frac{\partial u}{\partial x} - \frac{\partial v}{\partial y}\right)dxdy \quad (1.36)$$

Admitindo-se que F(z) possui derivadas contínuas, podemos empregar as equações de Cauchy-Riemann, isto é,

$$\frac{\partial u}{\partial x} = \frac{\partial v}{\partial y} \quad e \quad \frac{\partial u}{\partial y} = -\frac{\partial v}{\partial x} \quad (1.37)$$

e de (1.36) concluimos que

$$\oint_C F(z)dz = 0 \quad , \quad \text{como queríamos mostrar.} \qquad \square$$

Observação: A hipótese de continuidade da derivada de F(z) pode ser removida. Isto porém eleva consideravelmente a complexidade da verificação. Neste caso, falamos em teorema de Cauchy-Goursat, vide Churchill (1975) para detalhes. $\square$

1.5.1.2- Teorema de Cauchy para Regiões Multiplamente Conexas: Seja F(z) uma função analítica em uma região delimitada pelas curvas simples fechadas C, C_1, C_2, ..., C_j, e sobre estas curvas. Então,

$$\oint_C F(z)dz = \oint_{C_1} F(z)dz + \oint_{C_2} F(z)dz + \cdots + \oint_{C_j} F(z)dz \qquad (1.38)$$

Graficamente, temos a região mostrada na Fig. 1.11.

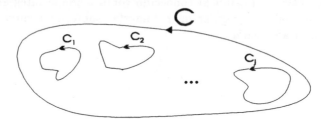

Fig. 1.11- Integral de linha em região multiplamente conexa.

Assim, caso desejemos integrar F(z) ao longo de uma curva C, podemos substituir C por quaisquer outras curvas desde que F(z) seja analítica na região entre C e C_1, C_2, e assim sucessivamente.

Verificação: Como caso particular, consideremos a situação ilustrada na Fig. 1.12.

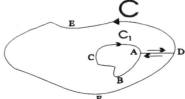

Fig. 1.12- Avaliação da integral de linha.

Podemos escrever

$$\int_{DEFDABCAD} F(z)dz = \int_{DEFD} F(z)dz + \int_{DA} F(z)dz + \int_{ABCA} F(z)dz + \int_{AD} F(z)dz =$$

$$\int_{DEFD} F(z)dz + \int_{ABCA} F(z)dz \qquad (1.39)$$

uma vez que $\int_{DA} F(z)dz = -\int_{AD} F(z)dz$. Considerando-se que F(z), por hipótese, é analítica na região delimitada por DEFDABCAD, resulta, do teorema de Cauchy,

$$\int_{DEFD} F(z)dz + \int_{ABCA} F(z)dz = 0 \text{ , ou seja, } \oint_C F(z)dz + \oint_{C_1} F(z)dz = 0 \quad (1.40)$$

donde concluimos que

$$\oint_C F(z)dz = \oint_{C_1} F(z)dz$$

Este resultado pode ser generalizado sem dificuldade. □

Definição: Seja F(z) uma função analítica em uma região D, exceto no ponto p. Definimos resíduo de F(z) em p como sendo

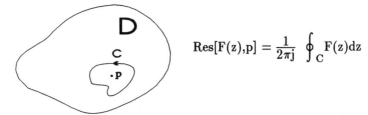

$$\text{Res}[F(z),p] = \frac{1}{2\pi j} \oint_C F(z)dz$$

Fig. 1.13- Definição de resíduo. □

Assertiva: O resíduo de uma função F(z) em p é dado por

$$\text{Res}[F(z),p] = a_{-1} \quad (1.41)$$

onde $F(z) = \cdots + \dfrac{a_{-n}}{(z-p)^n} + \cdots + \dfrac{a_{-1}}{(z-p)} + a_0 + a_1(z-p) + \cdots$ é a série de Laurent de F(z) em torno de p.

Verificação: Definindo-se C como sendo o círculo $|z-p|=r$, isto é, $(z-p)=re^{j\theta}$, temos $dz = jre^{j\theta}d\theta$, uma vez que r é constante, donde

$$\oint_C \frac{1}{(z-p)^n} dz = \int_0^{2\pi} \frac{jre^{j\theta}}{r^n e^{jn\theta}} d\theta = j\int_0^{2\pi} r^{(1-n)}e^{j(1-n)\theta} d\theta = \begin{cases} 2\pi j \text{ , para n=1} \\ 0, \; n \neq 1 \end{cases}$$

Logo

$$\oint_C F(z)dz = 2\pi j \, a_{-1} \text{ , ou seja, } \text{Res}[F(z),p] = a_{-1} \qquad □$$

1.5.1.3- Teorema do Resíduo de Cauchy : Se F(z) for uma função analítica (regular ou holomorfa) sobre uma curva fechada C e na região por ela delimitada, exceto em um número finito de pontos $p_1, p_2, \ldots, p_n$, então,

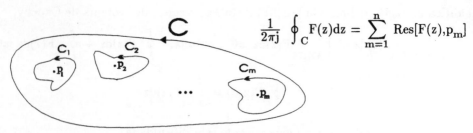

Fig. 1.14- Teorema do resíduo.

Verificação: Com base na Fig. 1.14, no teorema de Cauchy para regiões multiplamente conexas e no teorema dos resíduos de Cauchy, podemos escrever

$$\oint_C F(z)dz = \oint_{C_1} F(z)dz + \oint_{C_2} F(z)dz + \cdots + \oint_{C_n} F(z)dz = 2\pi j \; \text{Res}[F(z),p_1] +$$
$$2\pi j \; \text{Res}[F(z),p_2] + \cdots + 2\pi j \; \text{Res}[F(z),p_n] \text{ , donde } \sum_{m=1}^{n} \text{Res}[F(z),p_m] = \frac{1}{2\pi j} \oint_C F(z)dz \quad \square$$

Vistos os resultados auxiliares anteriores, passemos agora às técnicas para determinação da transformada z inversa, a saber: integral de inversão, expansão em frações parciais e divisão longa.

1.5.2- Integral de Inversão

Seja $Y(z) = \sum_{l=0}^{\infty} y(l) \; z^{-l}$ e consideremos a integral de linha $I = \oint_C Y(z) \; z^{k-1} \; dz$.

Substituindo-se Y(z), temos

$$I = \oint_C \sum_{l=0}^{\infty} y(l) \; z^{k-l-1} \; dz = \sum_{l=0}^{\infty} \left(y(l) \oint_C z^{k-l-1} \; dz \right) \qquad (1.42)$$

e fazendo-se $z = re^{j\theta}$, com r constante, o que implica $dz = rje^{j\theta}d\theta$, decorre

$$I = j \sum_{l=0}^{\infty} \left(y(l) \int_0^{2\pi} r^{k-l} \; e^{j\theta(k-l)} \; d\theta \right) = \begin{cases} j \; 2\pi y(l) \text{ , } k=l \\ 0, \; k \neq l \end{cases} \text{ , donde } I = j2\pi y(k) \text{ , ou seja}$$

$y(k) = \frac{1}{2\pi j} \oint_C Y(z) \; z^{k-1} \; dz$, ou ainda, do teorema dos resíduos,

$$y(k) = \sum_j \text{Res}[Y(z) \; z^{k-1}, p_j] \text{ , } \quad p_j = \text{j-ésimo pólo de } Y(z) \; z^{k-1} \qquad (1.43)$$

Resta-nos agora verificar como se determina o resíduo de uma função. Dada uma função F(z) com um pólo p de multiplicidade m, pode-se mostrar que a série de Laurent correspondente à expansão de F(z) em torno de p tem a forma

Representação de Sistemas Discretos e Amostrados

$$F(z) = \frac{a_{-m}}{(z-p)^m} + \frac{a_{-m+1}}{(z-p)^{m-1}} + \cdots + \frac{a_{-1}}{(z-p)} + a_0 + a_1(z-p) + a_2(z-p)^2 + \cdots \quad (1.44)$$

Logo, multiplicando-se por $(z-p)^m$, resulta $(z-p)^m\, F(z)= a_{-m} + a_{-m+1}(z-p) +$

$\cdots + a_{-1}(z-p)^{m-1} + a_0(z-p)^m + \cdots$, que é a série de Taylor de $(z-p)\, F(z)$ em torno do

ponto $z=p$. Derivando-se agora $(z-p)^m\, F(z)$ em relação a z, $(m-1)$ vezes, decorre

$\frac{d^{m-1}}{dz^{m-1}}\Big((z-p)^m\, F(z)\Big) = (m-1)!\, a_{-1} + m(m-1)\cdots 2a_0(z-p) + \cdots +$, e tomando-se

o limite quando $z\to p$, resulta

$$a_{-1} = \text{Res}[F(z),p] = \lim_{z\to p}\ \frac{1}{(m-1)!}\ \frac{d^{m-1}}{dz^{m-1}}\Big((z-p)^m\, F(z)\Big) \quad (1.45)$$

Exemplo 1: Determinar a transformada z inversa de $Y(z)= \dfrac{z-1}{(z-0,1)(z-0,6)^2}$. Temos $p_1=0,1$ com $m_1=1$ e $p_2=0,6$ com $m_2=2$. Conforme já vimos,

$y(k) = \mathcal{Z}^{-1}[Y(z)] = \sum_j\ \text{Res}[Y(z)\, z^{k-1},p_j]$. Logo, utilizando-se o resultado anterior para o cálculo dos resíduos, decorre

$$\text{Res}[Y(z)\, z^{k-1}; 0,1] = \lim_{z\to 0,1}\ \frac{(z-0,1)(z-1)\, z^{k-1}}{(z-0,1)(z-0,6)^2} = -3,6(0,1)^{k-1}$$

e

$$\text{Res}[Y(z)\, z^{k-1}; 0,6] = \lim_{z\to 0,6}\ \frac{d}{dz}\left(\frac{(z-0,6)^2(z-1)\, z^{k-1}}{(z-0,1)(z-0,6)^2}\right) = 3,6(0,6)^{k-1} - \tfrac{4}{3}(k-1)(0,6)^{k-1}$$

No presente caso $Y(z)\, z^{k-1}$ possui um pólo na origem para $k=0$. Usualmente se evita este cálculo, isto porque ele influencia apenas no valor de $y(0)$, e escreve-se

$$y(k) = -3,6(0,1)^{k-1} + 3,6(0,6)^{k-1} - \tfrac{4}{3}(k-1)(0,6)^{k-1}\ ,\ k \geq 1 \qquad \square$$

1.5.3- Expansão em Frações Parciais

Uma vez que o método da integral de inversão é genérico, em alguns casos ele pode ser ineficiente. Particularmente, se tivermos disponibilidade de uma tabela contendo as transformadas z usuais, mais eficiente será utilizar a expansão em frações parciais. Temos três casos a considerar.

1.5.3.1- Pólos Distintos: Seja $Y(z) = \dfrac{b_{n-1}z^{n-1} + b_{n-2}z^{n-2} + \cdots + b_0}{\prod\limits_{j=1}^{n}(z-p_j)}$, com $m_j=1$. Podemos, então, escrever,

$$Y(z) = \sum_{j=1}^{n}\ \frac{C_j}{(z-p_j)}\ ,\ \text{onde}\ \ C_j = \lim_{z\to p_j}\ (z-p_j)\, Y(z) \qquad (1.46)$$

Por outro lado, sabemos que $\mathcal{Z}[(p_j)^k] = \sum_{k=0}^{n} (p_j)^k\, z^{-k} = \dfrac{1}{1 - p_j z} = \dfrac{z}{z - p_j}$, $|z| > p_j$, donde concluimos que

$$y(k) = \sum_{j=1}^{n} C_j\, (p_j)^{k-1} \ , \qquad k \geq 1 \tag{1.47}$$

Exemplo: Determinar $y(k)$ dado $Y(z) = \dfrac{3z - 1}{z^2 - 1{,}5z + 0{,}5} = \dfrac{3z - 1}{(z - 0{,}5)(z - 1)}$. Temos

$$C_1 = \lim_{z \to 0,5} \frac{(z - 0{,}5)(3z - 1)}{(z - 0{,}5)(z - 1)} = -1 \quad \text{e} \quad C_2 = \lim_{z \to 1} \frac{(z - 1)(3z - 1)}{(z - 0{,}5)(z - 1)} = 4 \ . \text{ Logo,}$$

$$y(k) = -(0{,}5)^{k-1} + 4(1)^k = 4 - (0{,}5)^{k-1} \ , \qquad k \geq 1 \qquad\qquad \square$$

1.5.3.2- Pólos com multiplicidade: Consideremos $Y(z) = \dfrac{N(z)}{\prod\limits_{j=1}^{n} (z - p_j)^{m_j}}$, com

$\deg[N(z)] < \sum\limits_{j=1}^{n} m_j$. Expandindo em frações parciais, resulta

$$Y(z) = \frac{C_{11}}{(z - p_1)} + \frac{C_{12}}{(z - p_1)^2} + \cdots + \frac{C_{1m_1}}{(z - p_1)^{m_1}} + \frac{C_{21}}{(z - p_2)} + \cdots \tag{1.48}$$

onde

$$C_{j(m_j - r)} = \lim_{z \to p_j} \frac{1}{r!} \frac{d^r}{dz^r}\left((z - p_j)^{m_j}\, Y(z) \right) \tag{1.49}$$

Exemplo: Determinar $y(k)$ sendo dado $Y(z) = \dfrac{z - 1}{(z - 0{,}1)(z - 0{,}6)^2} = \dfrac{C_{11}}{(z - 0{,}1)} + \dfrac{C_{21}}{(z - 0{,}6)} + \dfrac{C_{22}}{(z - 0{,}6)^2}$.

Temos

$$C_{11} = \lim_{z \to 0,1} \frac{(z - 0{,}1)(z - 1)}{(z - 0{,}1)(z - 0{,}6)^2} = -3{,}6 \ ; \ C_{21} = \lim_{z \to 0,6} \frac{d}{dz}\left(\frac{z - 1}{z - 0{,}1} \right) = 3{,}6 \ \text{e}$$

$$C_{22} = \lim_{z \to 0,6} \left(\frac{z - 1}{z - 0{,}1} \right) = -0.8 \ . \ \text{Logo, podemos escrever} \ \ y(k) = -\frac{3{,}6}{z - 1} + \frac{3{,}6}{z - 0{,}6} - \frac{0{,}8}{(z - 0{,}6)^2} \ .$$

Lembremos agora que, de (1.29), temos $\mathcal{Z}[ky(k)] = -z\dfrac{d}{dz}Y(z)$. Assim, $\mathcal{Z}[k(p)^k] = -z\dfrac{d}{dz}\left(\dfrac{z}{z - p}\right) = \dfrac{pz}{(z - p)^2}$, donde concluimos que

$$y(k) = -3{,}6(0{,}1)^{k-1} + 3{,}6(0{,}6)^{k-1} - \tfrac{4}{3}(k - 1)(0{,}6)^{k-1} \ , \ k \geq 1 \qquad\qquad \square$$

1.5.3.3- Pólos Complexos: Como não há detalhes técnicos envolvidos, iremos diretamente a um exemplo.

Exemplo: Determinar a transformada z inversa de $Y(z) = \dfrac{z}{(z^2 - z + 0{,}5)(z - 0{,}25)}$. Expandindo-se $Y(z)/z$ em frações parciais, resulta

$$Y(z)/z = \frac{C_1}{(z - 0{,}5 - 0{,}5j)} + \frac{C_2}{(z - 0{,}5 + 0{,}5j)} + \frac{C_3}{(z - 0{,}25)} \ , \ \text{onde}$$

Representação de Sistemas Discretos e Amostrados 21

$$C_1 = \lim_{z \to 0,5+0,5j} \left(\frac{1}{(z-0,5+0,5j)(z-0,25)} \right) = -1,6-0,8j \quad , \quad C_2 = C_1^* = -1,6+0,8j \quad e$$

$$C_3 = \lim_{z \to 0,25} \left(\frac{1}{(z-0,5-0,5j)(z-0,5+0,5j)} \right) = 3,2 \ . \ \text{Portanto,}$$

$$y(k) = (-1,6-0,8j)(0,5+0,5j)^k + (-1,6+0,8j)(0,5-0,5j)^k + 3,2(0,25)^k = \left(\sqrt{0,5}\right)^k\!\left(-3,2\cos(0,785k)+\right.$$

$$\left. 1,6\mathrm{sen}(0,785k)\right) = 3,578(0,5)^{k/2}\cos(0,785k+3,606) + 3,2(0,25)^k \quad , \quad k \geq 0 \qquad \square$$

1.5.4- Divisão Longa

Utilizada quando não se necessita de uma forma fechada para $y(k)$. Por definição,

$$Y(z) = \sum_{k=0}^{\infty} y(k) \, z^{-k} = y(0) + y(1)z^{-1} + y(2)z^{-2} + \cdots . \text{ Logo, dado } Y(z), \text{ os termos de}$$

$\{y(k), \ k \geq 0\}$ podem ser obtidos por divisão longa.

Exemplo: Obter os primeiros termos de $\{y(k)\}$ sendo dado $Y(z) = \dfrac{z^3}{z^3 - 1,25z^2 + 0,75z - 0,12}$. Efetuando-se divisão longa, resulta

$$
\begin{array}{r|l}
z^3 & z^3 - 1,25z^2 + 0,75z - 0,12 \\
\cline{2-2}
-z^3 +1,25z^2 - 0,75z + 0,12 & 1 + 1,25z^{-1} + 0,813z^{-2} + 0,198z^{-3} + \cdots \\
\hline
1,25z^2 \ - \ 0,75z + 0,12 & \\
-1,25z^2 + \ 1,563z - 0,938 & \\
\hline
0,813z - 0,818 & \\
-0,813z + 1,016 & \\
\hline
0,198 &
\end{array}
$$

Logo,
$y(0)=1$, $y(1)=1,25$, $y(2)=0,813$, $y(3)=0,198$, ..., ou seja, $\{y(k)\}=\{1; \ 1,25; \ 0,813; \ 0,198; \ \dots \}$ $\quad \square$

Observação: As técnicas de determinação de transformada z inversa possibilitam, dentre outras coisas, a resolução de equações discretas, forçadas ou não. Esta aplicação será explorada nos exercícios deste capítulo. $\quad \square$

1.6- SISTEMAS AMOSTRADOS

Até este ponto temos tratado de sistemas discretos, admitindo como ponto de partida sinais já discretizados. Considerando-se que a maioria da aplicações de controle por computador se refere a controle de sistemas dinâmicos contínuos e que já desenvolvemos algumas ferramentas para analisar sinais discretos, é natural que discretizemos os sinais contínuos envolvidos. Assim, abordaremos agora alguns aspectos da discretização de sinais contínuos.

Consideremos, de início, um diagrama típico de um sistema de controle por computador, conforme mostrado na Fig. 1.15.

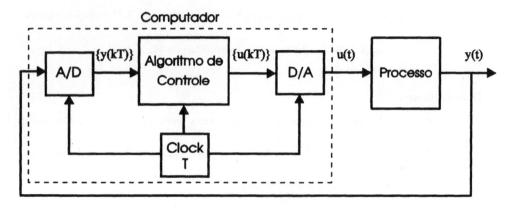

Fig. 1.15- Diagrama típico de sistema de controle por computador.

Para fins didáticos, é conveniente supor que na entrada e na saída do computador temos linhas *tri-state*. Os sinais {u(kT)} e {u(t)} são mostrados na Fig. 1.16.

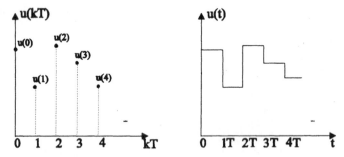

Fig. 1.16- Sinais típicos de u(kT) e u(t) na Fig. 1.15.

A seguir modelaremos os elementos constando no diagrama do sistema de controle mostrado na Fig. 1.15.

1.6.1- Modelo de um Amostrador-Segurador

A função do conversor A/D na Fig. 1.15 é quantizar o sinal contínuo y(t). Para tanto, usualmente o sinal contínuo tem que se amostrado e retido por algum tempo, enquanto a quantização é efetuada. O circuito que efetua a tarefa de amostrar e reter o sinal contínuo é denominado amostrador-segurador (*sample-and-hold*), que doravante denotaremos por S/H. Um modelo simplificado de um S/H é mostrado na Fig. 1.17, com sinais típicos. O sinal designado por $u_o(t)$ ideal corresponde ao sinal que seria obtido caso u(t) fosse retido no instante em que o comando *hold* é aplicado.

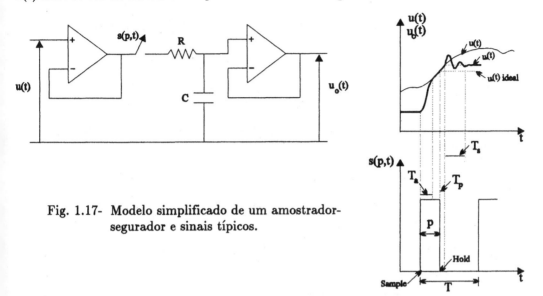

Fig. 1.17- Modelo simplificado de um amostrador-segurador e sinais típicos.

Podemos, então, representar o S/H físico simplificado pelo diagrama de blocos

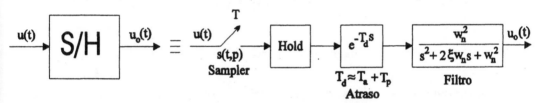

Fig. 1.18- Diagrama de blocos do modelo simplificado de um S/H.

Considerando-se que o tempo de atraso T_d e o tempo de estabelecimento T_s do filtro da Fig. 1.18 são tipicamente da ordem de nanossegundos, para a maioria da aplicações em controle por computador podemos substituir o diagrama de blocos mostrado na Fig. 1.18 por

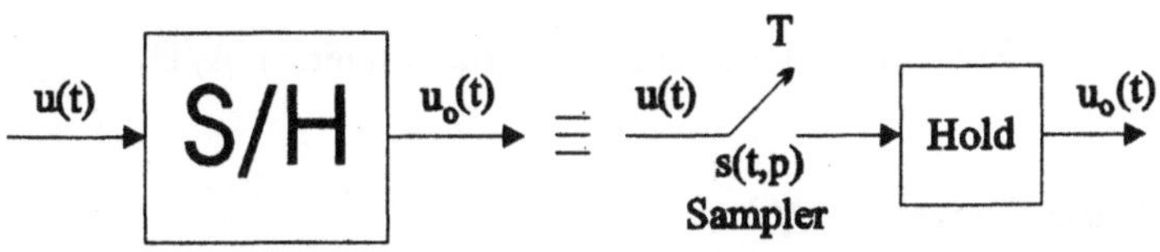

Fig. 1.19- Modelo de um S/H ignorando-se os tempos de atraso e estabelecimento.

Finalmente, admitindo-se que o tempo p no qual a chave fica fechada seja bem menor que o período de amostragem T, no limite p=0, chegamos ao modelo ideal de um S/H, mostrado na Fig. 1.20.

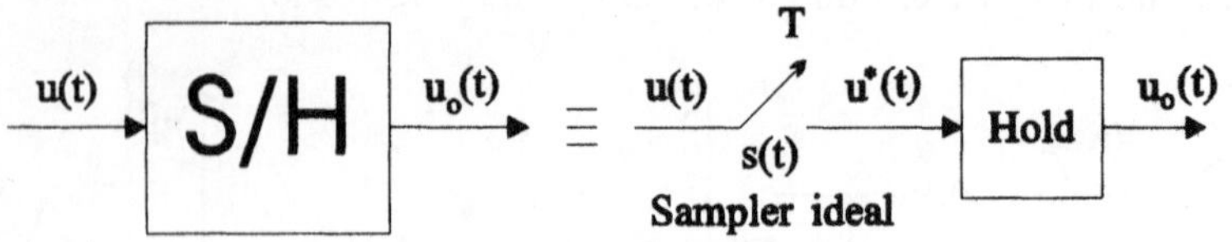

![Fig 1.20]

Fig. 1.20- Modelo de um S/H ideal.

Neste modelo ideal temos $u^*(t) = \sum_{k=0}^{\infty} u(kT)\,\delta(t-kT)$, ou ainda, utilizando-se a notação de modulação,

$$u^*(t) = u(t)\,x\,s(t), \text{ onde } s(t) \text{ é o sinal } s(t) = \sum_{k=0}^{\infty} \delta(t-kT) \qquad (1.50)$$

1.6.2- Modelo de um Conversor A/D

O diagrama de blocos do conversor A/D da Fig. 1.15 é mostrado na Fig. 1.21.

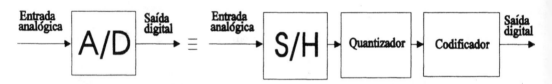

Fig. 1.21- Diagrama de blocos de um conversor A/D.

Ignorando-se os efeitos de quantização e considerando-se que o tempo de conversão seja extremamente pequeno, prescindindo pois do segurador, chega-se ao modelo ideal de um conversor A/D, mostrado na Fig. 1.22.

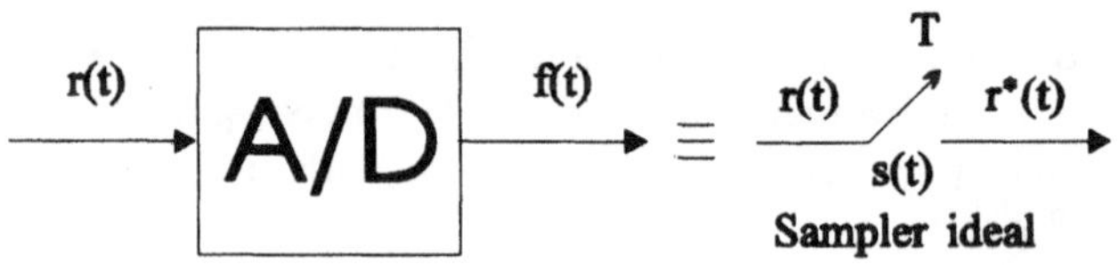

Fig. 1.22- Modelo ideal de um conversor A/D.

1.6.3- Modelo de um Conversor D/A

O diagrama de blocos do conversor D/A da Fig. 1.15 é apresentado na Fig. 1.23.

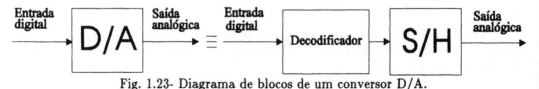

Fig. 1.23- Diagrama de blocos de um conversor D/A.

Os sinais típicos em um conversor D/A são mostrados na Fig. 1.24.

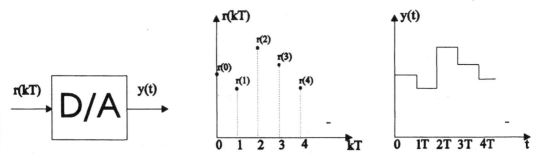

Fig. 1.24- Sinais típicos em conversor D/A.

Definindo-se $U_{-1}(t)$ como sendo a função degrau unitário, da Fig. 1.24 podemos escrever $y(t)$, na saída do conversor D/A, na forma

$$y(t) = \sum_{k=0}^{\infty} r(kT) \left(U_{-1}(t-kT) - U_{-1}(t-kT-T) \right) \quad (1.51)$$

Por outro lado, sabemos que a transformada de Laplace de $U_{-1}(t-kT)$ é dada por, com $t'=t-kT$,

$$\mathcal{L}[U_{-1}(t-kT)] = \int_0^{\infty} U_{-1}(t-kT)e^{-st}dt = \int_{-kT}^{\infty} U_{-1}(t') \, e^{-st'} e^{-kTs} dt' = \int_0^{\infty} U_{-1}(t') \, e^{-st'} e^{-kTs} dt' \quad (1.52)$$

visto que $U_{-1}(t')=0$ para $t' < 0$. Logo, $\mathcal{L}[U_{-1}(t-kT)] = \frac{e^{-kTs}}{s}$, e de (1.51) e (1.52) concluimos que

$$\mathcal{L}[y(t)] = Y(s) = \sum_{k=0}^{\infty} r(kT) \left(\frac{e^{-kTs} - e^{-kTs} \cdot e^{-Ts}}{s} \right) = \frac{1 - e^{-Ts}}{s} \sum_{k=0}^{\infty} r(kT) \, e^{-kTs} \quad (1.53)$$

Conforme já vimos em (1.50), podemos escrever $r^*(t) = \sum_{k=0}^{\infty} r(kT)\delta(t-kT)$, donde

$$R^*(s) = \mathcal{L}[r^*(t)] = \sum_{k=0}^{\infty} r(kT) \, e^{-kTs} \quad (1.54)$$

pois a transformada de Laplace do impulso é igual a 1. Desta forma, de (1.53) e (1.54) podemos escrever

$$Y(s) = \frac{1 - e^{-Ts}}{s} R^*(s) \quad (1.55)$$

onde a função de transferência $H_0(s) = \frac{1 - e^{-Ts}}{s}$ representa um segurador de ordem zero. De (1.55) temos então o modelo matemático da Fig. 1.25.

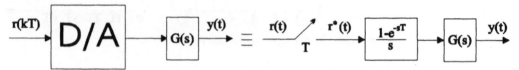

Fig. 1.25- Modelo matemático de um conversor D/A.

Deste modo, podemos efetuar a substituição de diagramas de bloco indicada na Fig. 1.26.

Fig. 1.26- Representação de conversor D/A em sistema de controle.

Observação: Consideremos com maiores detalhes o impacto do segurador de ordem zero no espectro de freqüência de um sinal. Temos

$$H_0(s) = \frac{1-e^{-Ts}}{s}, \text{ donde } H_0(jw) = \frac{1-e^{-jw}}{jw} = \frac{2\left(e^{jwT/2} - e^{-jwT/2}\right)}{w\ (2j)} e^{-jwT/2} = \frac{T\operatorname{sen}(wT/2)}{(wT/2)} e^{-jwT/2}$$

Substituindo-se $T = \frac{2\pi}{w_s}$, onde w_s é a freqüência de amostragem, resulta

$$H_0(jw) = \frac{2\pi}{w_s} \frac{\operatorname{sen}(\pi w/w_s)}{(\pi w/w_s)} e^{-j\pi w/w_s}, \text{ cuja característica de módulo e fase é mostrada na Fig. 1.27, onde}$$

$$\lim_{w \to 0} |H_0(jw)| = \frac{2\pi}{w_s} \lim_{w \to 0} \frac{\operatorname{sen}(\pi w/w_s)}{\pi w/w_s} = \frac{2\pi}{w_s} \lim_{w \to 0} \frac{(\pi/w_s)\cos(\pi w/w_s)}{\pi/w_s} = \frac{2\pi}{w_s}$$

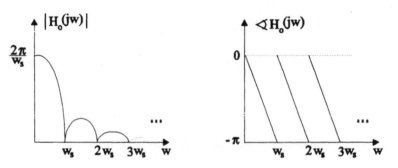

Fig. 1.27- Resposta em freqüência de $H_o(s)$.

Notemos que o segurador de ordem zero tem característica de filtro passa-baixa e seu desempenho depende da freqüência de amostragem. Como exemplo, considere um sinal cujo componente de maior freqüência seja $w_{max} = w_s/2$. Neste caso temos o cenário da Fig. 1.28, donde concluimos que o sinal recuperado apresentará componentes de freqüências elevadas.

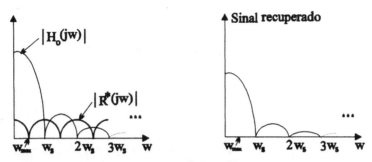

Fig. 1.28- Sinal recuperado com segurador de ordem zero.

No final da próxima seção voltaremos a falar do segurador de ordem zero, analisando os casos nos quais ele é seguido por um sistema com características de filtro passa-baixa. Mostraremos que nestes casos o segurador de ordem zero pode ser substituído por um atraso de transporte T/2, onde T é o período de amostragem. □

1.6.4- Determinação de G(z) dada G(s)

A pretexto de motivação, considere o último estágio de um sistema de controle por computador, vide Fig. 1.15, supondo-se planta linear e invariante no tempo, representada pela função de transferência G(s), conforme indicado na Fig. 1.29.

Fig. 1.29- Último estágio de um sistema de controle por computador.

Da Fig. 1.26, concluimos que modelo matemático do estágio da Fig. 1.29 é dado pela Fig. 1.30.

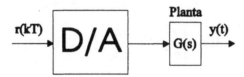

com $G'(s) = H_0(s)G(s)$

Fig. 1.30- Modelo matemático do estágio da Fig. 1.29.

Seja agora $g'(t-\tau)$ a resposta ao impulso aplicado no instante τ. Logo, pela integral de convolução, resulta

$$y(t) = \int_0^\infty g'(t-\tau)\, r^*(\tau)\, d\tau, \quad \text{com } r^*(\tau) = r(0)\delta(\tau) + r(T)\delta(\tau-T) + r(2T)\delta(\tau-2T) + \cdots = \sum_{l=0}^\infty r(lT)\, \delta(\tau-lT) \quad (1.56)$$

e lembrando-se que $\int_0^\infty f(\tau)\delta(\tau-\alpha)d\tau=f(\alpha)$, podemos então reescrever a resposta y(t) na forma

$$y(t) = \int_0^\infty \left(\sum_{l=0}^\infty r(lT) \, g'(t-\tau)\delta(\tau-lT) \right) d\tau = \sum_{l=0}^\infty g'(t-lT)r(lT) \qquad (1.57)$$

e finalmente, aplicando-se a transformada z a ambos os membros de (1.57), resulta

$$Y(z) = \mathcal{Z}[y(kT)] = \sum_{k=0}^\infty \left(\sum_{l=0}^\infty g'(kT-lT) \, r(lT) \right) z^{-k} = G'(z)R(z) \qquad (1.58)$$

A seguir veremos como calcular G'(z) dada G'(s)=H$_0$(s)G(s). Iniciamos com um teorema. Vide Åström e Wittenmark (1984) para maiores detalhes.

Teorema 1: Seja uma função y(t) com transformada de Laplace Y(s) e transformada z Y(z). Denominando-se de Y*(s) a transformada de Laplace de y*(t) e assumindo-se que para algum $\epsilon > 0$ tenhamos $|Y(s)| \leq |s|^{-1-\epsilon}$ para s elevado, então

$$Y^*(s) = Y(z)\big|_{z=e^{sT}} = \frac{1}{T} \sum_{k=-\infty}^\infty Y(s+jkw_s) \qquad (1.59)$$

onde w$_s$=2π/T é a freqüência de amostragem.

Verificação: Temos

$$Y^*(s) = \int_0^\infty e^{-sT} \, y^*(t) \, dt = \int_0^\infty \left(e^{-sT} \sum_{k=0}^\infty y(kT)\delta(t-kT) \right) dt = \sum_{k=0}^\infty y(kT)e^{-skT} =$$

$$\sum_{k=0}^\infty y(kT) \, (e^{sT})^{-k} = Y(z)\big|_{z=e^{sT}} \qquad (1.60)$$

o que estabelece a primeira igualdade em (1.59). Para verificarmos a segunda igualdade, iniciemos definindo a função

$$\delta_T(t) = \sum_{k=0}^\infty \delta(t-kT) \qquad (1.61)$$

cuja transformada de Laplace é

$$\delta_{LT}(s) = \int_0^\infty e^{-st} \sum_{k=0}^\infty \delta(t-kT) \, dt = \sum_{k=0}^\infty e^{-skT} = \frac{1}{1 - e^{-sT}} \qquad (1.62)$$

Por definição, y*(t)=y(t) δ_T(t), e utilizando-se o teorema da convolução, resulta

$$Y^*(s) = Y(s){*}\delta_{LT}(s) = \frac{1}{2\pi j} \int_{\sigma-j\infty}^{\sigma+j\infty} Y(v)\delta_{LT}(s-v)dv \qquad (1.63)$$

e substituindo-se δ_{LT}(s-v) de (1.62), decorre

$$Y^*(s) = \frac{1}{2\pi j} \int_{\sigma-j\infty}^{\sigma+j\infty} \frac{Y(v)}{1 - e^{-T(s-v)}} \, dv \qquad (1.64)$$

sendo a curva de integração mostrada na Fig. 1.31.

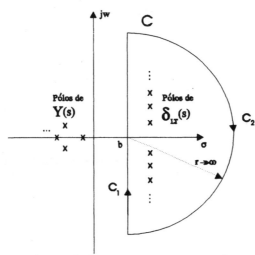

Fig. 1.31- Curva de integração para prova do teorema 1.

Com base no teorema do resíduo de Cauchy, seção 1.5.1.3, podemos escrever

$$Y^*(s) = \frac{1}{2\pi j} \int_{\sigma-j\infty}^{\sigma+j\infty} \frac{Y(v)}{1-e^{-T(s-v)}} dv = \frac{1}{2\pi j} \oint_C \frac{Y(v)}{1-e^{-T(s-v)}} dv - \frac{1}{2\pi j} \int_{C_2} \frac{Y(v)}{1-e^{-T(s-v)}} dv =$$

$$-\sum_{k=-\infty}^{\infty} \text{Res}[\frac{Y(v)}{1-e^{-T(s-v)}}, v_k] - \frac{1}{2\pi j} \int_{C_2} \frac{Y(v)}{1-e^{-T(s-v)}} dv \quad (1.65)$$

onde v_k são os zeros de $1-e^{-T(s-v)}=0$, ou seja, solução da equação $e^{-T(s-v)}=1$. Assim,

$$v_k = s + \frac{2\pi}{T}j = s + jkw_s \ , \ k = \ldots, -1, 0, 1, \ldots \quad (1.66)$$

e podemos escrever

$$Y^*(s) = -\sum_{k=-\infty}^{\infty} \text{Res}[\frac{Y(v)}{1-e^{-T(s-v)}}, s+jkw_s] - \frac{1}{2\pi j} \int_{C_2} \frac{Y(v)}{1-e^{-T(s-v)}} dv \quad (1.67)$$

Avaliemos agora a integral sobre C_2, indicada na Fig. 1.31. Notemos que a curva C_2 pode ser parametrizada na forma $v = b + re^{j\theta}$. Supondo-se agora que $\lim_{v\to\infty} \frac{Y(v)}{v^m} = \alpha$, podemos escrever

$$\frac{1}{2\pi j} \int_{C_2} \frac{Y(v)}{1-e^{-T(s-v)}} dv = \lim_{r\to\infty} \frac{1}{2\pi j} \int_{\pi/2}^{-\pi/2} \frac{j\alpha\, r^{(m+1)}\, e^{j(m+1)\theta}}{1 - s^{-sT}\cdot e^{Tre^{j\theta}}\cdot e^{bT}} d\theta = 0 \ , \ \text{se } m < -1 \quad (1.68)$$

ou seja, se $Y(v)$ tiver ordem relativa, isto é, número de pólos menos número de zeros, igual ou maior que 2, consoante hipótese do teorema 1. Portanto,

$$Y^*(s) = -\sum_{k=-\infty}^{\infty} \text{Res}[\frac{Y(v)}{1-e^{-T(s-v)}}, v_k] = -\sum_{k=-\infty}^{\infty} \lim_{v \to v_k} \frac{Y(v)}{\frac{d}{dv}\left(1-e^{-T(s-v)}\right)} =$$

$$-\sum_{k=-\infty}^{\infty} \lim_{v \to v_k} \left(\frac{Y(v)}{-T\, e^{-T(s-v)}}\right) = \frac{1}{T}\sum_{k=-\infty}^{\infty} Y(s+jkw_s) \quad (1.69)$$

o que encerra a verificação do teorema 1. □

A última igualdade do teorema 1 é ilustrada a seguir: a modulação de um sinal por $\delta_T(t)$ acarreta o aparecimento de infinitas bandas laterais, conforme Fig. 1.32.

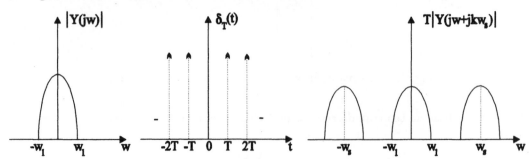

Fig. 1.32- Raias laterais devido à modulação impulsiva.

Assim, caso $w_s < 2w_{max}$, onde w_{max} é a maior freqüência do sinal y(t), não será possível separar o sinal y(t) de y*(t) por filtragem.

Teorema 2: Sob as mesmas condições do teorema 1, a transformada z do sinal y(t), dada sua transformada de Laplace Y(s), é obtida com base na relação

$$Y(z) = \sum_j \text{Res}[\frac{Y(s)\, z}{z - e^{sT}}, p_j] \quad (1.70)$$

onde p_j é o j-ésimo pólo de Y(s).

Verificação: Para efeito da determinação de Y(z), é conveniente que façamos a integração de Y*(s) conforme mostrado na Fig. 1.33.

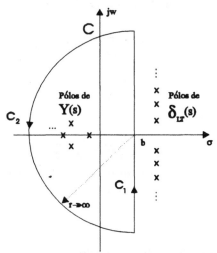

Fig. 1.33- Curva de integração para o teorema 2.

Assim,

$$Y^*(s)=\frac{1}{2\pi j}\int_{\sigma-j\infty}^{\sigma+j\infty}\frac{Y(v)}{1-e^{-T(s-v)}}dv=\frac{1}{2\pi j}\oint_C\frac{Y(v)}{1-e^{-T(s-v)}}dv-\frac{1}{2\pi j}\int_{C_2}\frac{Y(v)}{1-e^{-T(s-v)}}dv=$$

$$\frac{1}{2\pi j}\oint_C\frac{Y(v)}{1-e^{-T(s-v)}}dv=\sum_j \mathrm{Res}[\frac{Y(v)}{1-e^{-T(s-v)}}, p_j]\,, \quad p_j=\text{j-ésimo pólo de }Y(v) \quad (1.71)$$

Podemos, com base na primeira igualdade do teorema 1, reescrever $Y^*(s)$ na forma

$$Y^*(s) = \sum_j \mathrm{Res}[\frac{Y(v)}{1-e^{-sT}.e^{vT}}, p_j] = Y(z)\big|_{z=e^{sT}} \quad (1.72)$$

donde

$$Y(z) = \sum_j \mathrm{Res}[\frac{Y(v)}{1-z^{-1}.e^{vT}}, p_j] \quad (1.73)$$

e finalmente, tendo em vista que v é uma variável complexa muda, resulta

$$Y(z) = \sum_j \mathrm{Res}[\frac{Y(s)\, z}{z-e^{sT}}, p_j] \quad (1.74)$$

conforme enunciado. □

Observação 1: A equação (1.70) fornece o procedimento para se determinar a função de transferência $G(z)$ dada $G(s)$. Mais precisamente, tem-se

$$G(z) = \sum_j \mathrm{Res}[\frac{G(s)\, z}{z-e^{sT}}, p_j]\,, \text{ onde } p_j=\text{j-ésimo pólo de }G(s)$$

sendo um exemplo de cálculo mostrado na equação (1.88). □

Observação 2: Consideremos o caso particular no qual $Y(s)$ possui ordem relativa igual a 1, isto é, $\lim_{v\to\infty} Y(v)/v=\alpha$, com $\alpha \neq 0$. Neste caso a integral sobre C_2 não é nula, e devemos avaliá-la cuidadosamente. Parametrizando-se C_2 na forma $v = b + re^{j\theta}$, com $\frac{\pi}{2} \le \theta \le \frac{3\pi}{2}$, resulta

$$I_2 = \frac{1}{2\pi j} \int_{C_2} \frac{Y(v)}{1 - e^{-T(s-v)}} dv = \frac{\alpha}{2\pi} \int_{\pi/2}^{3\pi/2} \lim_{r \to \infty} \frac{r\, e^{j\theta}}{(b + re^{j\theta})\left(1 - e^{-sT} \cdot e^{T(b + r\cos\theta + jr\sin\theta)}\right)} d\theta =$$

$$\frac{\alpha}{2\pi} \int_{\pi/2}^{3\pi/2} (1 + o(1))\, d\theta \quad , \quad \text{visto que} \quad \lim_{r \to \infty} \frac{re^{j\theta}}{b + re^{j\theta}} = 1 \quad \text{e} \quad \lim_{r \to \infty} \left(e^{-sT} \cdot e^{T(b + r\cos\theta + jr\sin\theta)} \right) = 0,$$

sendo que esta última igualdade se deve ao fato de que $\cos\theta < 0$ para $\frac{\pi}{2} < \theta < \frac{3\pi}{2}$. Portanto,

$$I_2 = \frac{\alpha}{2\pi}\left(\frac{3\pi}{2} - \frac{\pi}{2}\right) = \frac{\alpha}{2}$$

Notemos agora que o teorema do valor inicial, para transformada de Laplace, assevera que $y(0^+) = \lim_{s \to \infty} s\, Y(s)$. Porém, no presente caso, estamos supondo que $\lim_{s \to \infty} Y(s)/s = \alpha$. Logo

$$\alpha = y(0^+) \quad , \quad \text{donde} \quad I_2 = \frac{y(0^+)}{2}$$

e portanto, substituindo-se I_2 na expressão de $Y(z)$, resulta

$$Y(z) = \sum_j \text{Res}[\frac{Y(s)\, z}{z - e^{sT}}, p_j] - \frac{y(0^+)}{2}$$

sendo que $y(0^+)/2$ obviamente só afeta o primeiro valor da seqüência $\{y(k)\}$. □

Observação 3: Conforme sabemos, para transformada de Laplace $Y(s)$, especificada a região de convergência, existe uma única função $y(t)$, exceto quanto aos pontos de descontinuidade, que possui $Y(s)$ como transformada de Laplace. Consideremos, por exemplo, a função $y(t) = e^{-\alpha t}$, $\alpha > 0$, $t \ge 0$. Assim, as funções mostradas na Fig. 1.34 possuem a mesma transformada de Laplace.

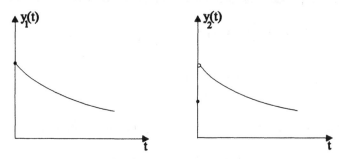

Fig. 1.34- Sinais com mesma transformada de Laplace.

Adicionalmente, na definição da transformada de Laplace é suposto que nos pontos de descontinuidade t a função $y(.)$ vale $y(t) = (y(t^-) + y(t^+))/2$. Assim, por exemplo, à transformada de Laplace $Y(s) = \frac{1}{s + \alpha}$ está associada a função mostrada na Fig. 1.35.

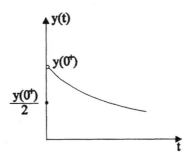

Fig. 1.35- Função y(t) associada a Y(s)=1/(s + α).

Notemos agora que para a função $y_1(t)$ da Fig. 1.34 temos

$$Y_1(z) = \sum_{k=0}^{\infty} e^{-\alpha kT} z^{-k} = \sum_{k=0}^{\infty} \left(e^{-\alpha T} z^{-1}\right)^k = \frac{1}{1 - e^{-\alpha T} z^{-1}} = \frac{z}{z - e^{-\alpha T}}$$

que por divisão longa, por exemplo, resulta $y_1(0)=1$, conforme esperado. Contudo, $Y_1(z)$ não pode corresponder a $Y(s)=1/(s+\alpha)$, uma vez que a função que origina tal Y(s) é, por definição, aquela que vale 1/2 no instante 0. Efetivamente, a transformada z correspondendo a Y(s) é

$$Y(z) = Y_1(z) - I_2 = Y_1(z) - \frac{y(0^+)}{2} = \frac{z}{z - e^{-\alpha T}} - \frac{1}{2}$$

que, por divisão longa, resulta y(0)=1/2, conforme necessário para compatibilização com a definição da transformada de Laplace. □

Observação 4: Em algumas aplicações é conveniente que se ignore as duas observações anteriores. Isto pode ser feito, sem perda de generalidade, redefinindo-se a transformada z de y(.) com sendo $Y(z) = y(0^+) + y(1)z^{-1} + y(2)z^{-2} + \cdots$. Doravante, a não ser que explicitemos o contrário, estaremos utilizando esta redefinição. □

Teorema 3: Sejam u(t) e g(t) funções transformáveis segundo Laplace e

$\delta_T(t) = \sum_{k=0}^{\infty} \delta(t-kT)$ a função de amostragem impulsiva. Então,

$$\{g(t)*[u(t)\delta_T(t)]\}\,\delta_T(t) = [g(t)\delta_T(t)]*[u(t)\delta_T(t)] \qquad (1.75)$$

isto é

$$[g(t)*u^*(t)]^* = g^*(t)*u^*(t)\,, \quad \text{ou ainda,} \quad [G(s)U^*(s)]^* = G^*(s)U^*(s) \qquad (1.76)$$

Verificação: Por definição,

$$\{g(t)*[u(t)\delta_T(t)]\}\,\delta_T(t) = \left(\int_0^{\infty} g(t-\tau)u(\tau)\delta_T(\tau)d\tau\right)\delta_T(t) = \int_0^{\infty} g(t-\tau)\delta_T(t-\tau)u(\tau)\delta_T(\tau)d\tau \qquad (1.77)$$

com a última igualdade podendo ser facilmente verificada com base na Fig. 1.36.

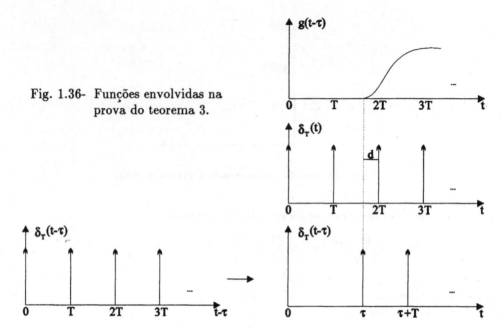

Fig. 1.36- Funções envolvidas na prova do teorema 3.

Notemos que $\delta_T(\tau) \neq 0$ apenas para $\tau=kT$, com $k \in N$, e portanto estamos interessados apenas nos valores de $g(t-\tau)\delta_T(\tau)$ para $\tau=kT$. Neste caso, d=0, e podemos escrever $g(t-\tau)\delta_T(t)=g(t-\tau)\delta_T(t-\tau)$.

Logo, de (1.77) concluimos que $\{g(t)*[u(t)\delta_T(t)]\}\delta_T(t)=[g(t)\delta_T(t)]*[u(t)\delta_T(t)]$, completando a verificação do teorema 3. □

Particularmente, temos interesse na relação $[G(s)U^*(s)]^*=G^*(s)U^*(s)$, dada em (1.76), uma vez que a mesma nos possibilita tratar sistemas da forma mostrada na Fig. 1.37.

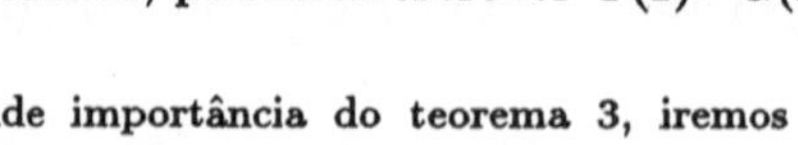

Fig. 1.37- Sistema com amostrador impulsivo.

Efetivamente, temos $Y(s)=G(s)U^*(s)$, donde $Y^*(s)=[G(s)U^*(s)]^*$, onde, como já vimos, $Y(z)|_{z=e^{sT}}=Y^*(s)$. Assim, podemos escrever $Y(z)=G(z)U(z)$.

Observação 5: Devido à grande importância do teorema 3, iremos verificá-lo também partindo do domínio da freqüência. Se $Y(s)=G(s)U^*(s)$, então, do teorema 1,

$$Y^*(s) = \frac{1}{T} \sum_{k=-\infty}^{\infty} G(s+jkw_s)U^*(s+jkw_s) \quad \text{e} \quad U^*(s) = \frac{1}{T} \sum_{l=-\infty}^{\infty} U(s+jlw_s) \quad (1.78)$$

onde

$$U^*(s+jkw_s) = \frac{1}{T} \sum_{l=-\infty}^{\infty} U(s+jlw_s+jkw_s) = \frac{1}{T} \sum_{m=-\infty}^{\infty} U(s+jmw_s) = U^*(s) \quad (1.79)$$

uma vez que $U^*(s)$ é uma função periódica e deslocá-la de um múltiplo do seu período não altera seu valor. Desta forma,

$$Y^*(s) = \frac{1}{T} \sum_{k=-\infty}^{\infty} G(s+jkw_s)U^*(s) = G^*(s)U^*(s) \qquad \square$$

Observação 6: Aproximação de segurador de ordem zero por atraso de transporte- No diagrama de blocos à direita na Fig. 1.30 temos $G'(s)=H_0(s)G(s)$ e portanto, do teorema 1 e da observação da seção 1.63, podemos escrever

$$G'^*(s) = (H_0(s)G(s))^* = \frac{1}{T} \sum_{k=-\infty}^{\infty} H_0(s+jkw_s)G(s+jkw_s) \rightarrow$$

$$G'^*(jw) = \sum_{k=-\infty}^{\infty} \frac{\text{sen}(\pi(w+kw_s)/w_s)}{(\pi(w+kw_s)/w_s)} e^{-j\pi(w+kw_s)/w_s} G(j(w+kw_s))$$

Admitindo agora que $G(s)$ possua característica de filtro passa-baixa, decorre

$$G'^*(jw) \approx \frac{\text{sen}(\pi w/w_s)}{(\pi w/w_s)} e^{-j(\pi w/w_s)} G(jw)$$

e finalmente, supondo que $w < w_s$, isto é, as freqüências de interesse estão relativamente abaixo da freqüência de amostragem $w_s=2\pi/T$, podemos reter apenas o primeira termo da expansão de $\text{sen}(\pi w/w_s)$, resultando a aproximação $G'^*(jw) \approx e^{-(jwT/2)}G(jw)$, ou seja, $G'^*(s)=e^{-sT/2}G(s)$. Mais precisamente, obtivemos uma aproximação na qual o segurador de ordem zero foi substituído por um atraso de transporte com valor $T/2$, onde T é o período de amostragem. $\square$

1.6.4.1- Exemplos de Aplicação

Exemplo 1: Considere o sistema de controle por computador mostrado na Fig. 1.38 e admita que o computador realiza a operação $u(k)=u(k-1) + e(k) - 2e(k-1)$. Determinar $T(z)=Y(z)/R(z)$ supondo-se período de amostragem T=100 ms.

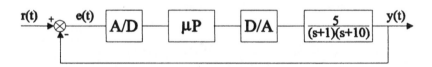

Fig. 1.38- Sistema de controle por computador.

De início, temos que substituir o computador e os conversores A/D e D/A pelos seus respectivos modelos matemáticos. Não há consenso sobre a maneira mais indicada de se efetuar essa substituição. A seguir apresentaremos as três abordagens mais comuns disponíveis na literatura.

— **Abordagem de Cadzow e Martens (1970)**: O diagrama de blocos do sistema de controle da Fig. 1.38 é substituído pelo diagrama mostrado na Fig. 1.39.

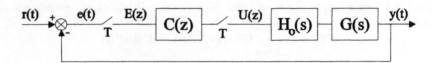

Fig. 1.39- Representação de Cadzow e Martens.

— Adordagem de Franklin e Powell (1980): O diagrama de blocos do sistema de controle da Fig. 1.38 é substituído pelo diagrama mostrado na Fig. 1.40.

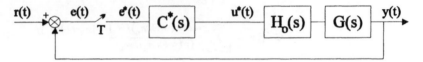

Fig. 1.40- Representação de Franklin e Powell.

— Abordagem de Åström e Wittenmark (1984): O diagrama de blocos do sistema de controle da Fig. 1.38 é substituído pelo diagrama mostrado na Fig. 1.41.

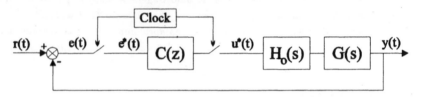

Fig. 1.41- Representação de Åström e Wittenmark.

A notação de Franklin e Powell (1980) é a que mais se aproxima da notação que utilizamos anteriormente para representar conversores A/D e D/A. Assim, substituimos o diagrama de blocos do sistema de controle da Fig. 1.38 pelo modelo mostrado na Fig. 1.42.

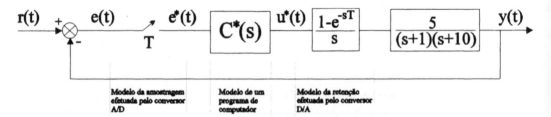

Fig. 1.42- Representação utilizada neste livro para o sistema da Fig. 1.38.

Com base na Fig. 1.42, podemos escrever $Y(s)=\left(\frac{1-e^{-sT}}{s}G(s)\right)U^*(s)$, e definindo-se $G'(s)=((1-e^{-sT})/s)G(s)$, resulta $Y^*(s)=G'^*(s)U^*(s)$, donde, pelo teorema 3, concluimos que $Y(z)=G'(z)U(z)$. Adicionalmente, temos $e(t)=r(t)-y(t)$, donde $E^*(s)=R^*(s)-Y^*(s)$ e portanto, do teorema 1, $E(z)=R(z)-Y(z)$. Quanto ao computador, temos $U(z)=C(z)E(z)$. Portanto, manipulando-se estas três expressões, obtém-se

Representação de Sistemas Discretos e Amostrados

$$Y(z) = \frac{C(z)G'(z)R(z)}{1 + C(z)G'(z)} \quad \rightarrow \quad T(z) = \frac{Y(z)}{R(z)} = \frac{C(z)G'(z)}{1 + C(z)G'(z)} \tag{1.80}$$

onde, neste exemplo,

$$C(z) = \frac{R(z)}{E(z)} = \frac{1 - 2z^{-1}}{1 - z^{-1}} \tag{1.81}$$

restando-nos avaliar $G'(z)$ em (1.80). Definamos, de início,

$$\overline{g}(t) = \mathcal{L}^{-1}[G(s)/s] \tag{1.82}$$

donde, pela propriedade de deslocamento da transformada de Laplace,

$$\mathcal{L}^{-1}[e^{-sT}G(s)/s] = \overline{g}(t\text{-}T) \tag{1.83}$$

Logo, tendo em vista que por definição

$$G'(s) = \frac{G(s)}{s} - \frac{e^{-sT}G(s)}{s} \tag{1.84}$$

de (1.82) e (1.83) podemos escrever

$$g'(t) = \overline{g}(t) - \overline{g}(t\text{-}T) \tag{1.85}$$

e portanto

$$G'(z) = \mathcal{Z}[g'(kT)] = \mathcal{Z}[\overline{g}(kT) - \overline{g}(kT\text{-}T)] = \mathcal{Z}[\overline{g}(kT)] - z^{-1}\mathcal{Z}[\overline{g}(kT)] = (1 - z^{-1})\mathcal{Z}[\overline{g}(kT)] \tag{1.86}$$

ou seja

$$G'(z) = \mathcal{Z}[G'(s)] = (1 - z^{-1})\,\mathcal{Z}[G(s)/s] = (1 - z^{-1})\,\mathcal{Z}[\overline{G}(s)] \tag{1.87}$$

No presente exemplo temos $\overline{G}(s) = \dfrac{5}{s(s+1)(s+10)}$, resultando, de (1.70),

$$\mathcal{Z}[\overline{G}(s)] = \sum_j \text{Res}[\frac{\overline{G}(s)\,z}{z - e^{sT}}, p_j] \quad , \quad \text{com } p_1=0,\ p_2=-1 \text{ e } p_3=-10 \tag{1.88}$$

onde

$$\text{Res}[\frac{\overline{G}(s)\,z}{z - e^{sT}}, p_1] = \lim_{s\to 0}\left(\frac{5\,s\,z}{s(s+1)(s+10)(z - e^{sT})}\right) = \frac{z}{2(z-1)}$$

$$\text{Res}[\frac{\overline{G}(s)\,z}{z - e^{sT}}, p_2] = \lim_{s\to -1}\left(\frac{5\,(s+1)\,z}{s(s+1)(s+10)(z - e^{sT})}\right) = -\frac{5z}{9(z - 0{,}905)}$$

$$\text{Res}[\frac{\overline{G}(s)\,z}{z - e^{sT}}, p_3] = \lim_{s\to -10}\left(\frac{5\,(s+10)\,z}{s(s+1)(s+10)(z - e^{sT})}\right) = \frac{5z}{90(z - 0{,}368)}$$

Logo,

$$\overline{G}(z) = \frac{1{,}590z^2 + 1{,}112z}{90(z - 0{,}368)(z - 0{,}905)(z - 1)} \tag{1.89}$$

e de (1.87) e (1.89) concluimos que

$$G'(z) = \frac{z-1}{z}\,\overline{G}(z) = \frac{1{,}590z + 1{,}112}{90(z - 0{,}368)(z - 0{,}905)} \tag{1.90}$$

De posse de $C(z)$, dada por (1.81), e $G'(z)$, dada por (1.90), podemos finalmente calcular $T(z)$ em (1.80). Mais precisamente, de (1.80), (1.81) e (1.90) resulta

$$T(z) = \frac{1{,}590z^2 - 2{,}068z + 2{,}224}{90z^3 - 202{,}980z^2 + 142{,}472z - 32{,}194} \qquad (1.91)$$

□

Exemplo 2: Consideraremos agora um exemplo envolvendo manipulação de diagrama de blocos. Determinemos, de início, a função de transferência do sistema de controle mostrado na Fig. 1.43.

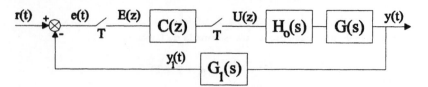

Fig. 1.43- Diagrama de blocos com amostragem na malha direta.

Temos as relações $Y_1(z) = \mathcal{Z}[H_0(s)G(s)G_1(s)] = H_0GG_1(z)$, $Y(z) = \mathcal{Z}[H_0(s)G(s)]\mathcal{Z}[U(s)] = H_0G(z)U(z)$, $E(z) = R(z) - Y_1(z)$ e $U(z) = C(z)E(z)$, que manipuladas convenientemente resultam

$$T(z) = \frac{Y(z)}{R(z)} = \frac{H_0G(z)C(z)}{1 + H_0GG_1(z)C(z)} \qquad (1.92)$$

Consideremos agora o sistema de controle com diagrama de blocos mostrado na Fig. 1.44.

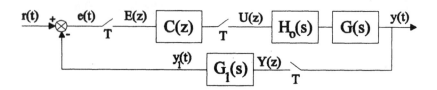

Fig. 1.44- Diagrama de blocos com amostragem na malha de realimentação.

Neste caso, temos as espressões $Y_1(z) = G_1(z)Y(z)$, $Y(z) = H_0G(z)U(z)$, $E(z) = R(z) - Y_1(z)$ e $U(z) = C(z)E(z)$, que manipuladas convenientemente resultam

$$T(z) = \frac{Y(z)}{R(z)} = \frac{H_0G(z)C(z)}{1 + H_0G(z)G_1(z)C(z)} \qquad (1.93)$$

Conforme esperado, as funções de transferência (1.92) e (1.93) diferem, visto que na Fig. 1.43 o sinal aplicado a $G_1(s)$ é $y(t)$, e na Fig. 1.44 o sinal aplicado a $G_1(s)$ é $y^*(t)$. □

1.6.5- Transformada z Modificada

Em alguns casos pode ser conveniente determinar-se o valor de um sinal contínuo entre os instantes de amostragem, por exemplo para verificar a existência de oscilações escondidas (*hidden oscillations*).

Consideremos a configuração da Fig. 1.45.

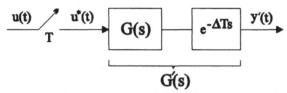

Fig. 1.45- Sistema com amostrador impulsivo.

Temos $Y(s)=G(s)U^*(s)$ e por conseguinte, de (1.76), $Y^*(s)=G^*(s)U^*(s)$, donde $Y(z)=G(z)U(z)$.

Introduzindo-se um atraso $e^{-\Delta Ts}$, com $\Delta=1-m$, e $0 \leq m \leq 1$, tem-se a Fig. 1.46.

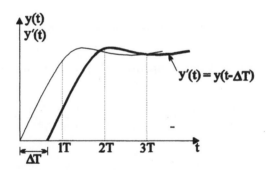

Fig. 1.46- Introdução de atraso para cálculo da transformada z modificada.

Então, da Fig. 1.46 temos

$$Y'^*(s) = G'^*(s)U^*(s) \quad \rightarrow \quad Y'(z) = G'(z)U(z) \qquad (1.94)$$

e graficamente resulta a Fig. 147, com o sinal de saída atrasado.

Fig. 1.47- Sinal atrasado para cálculo da transformada z modificada.

Temos, por definição,
$$Y(z) = \sum_{k=0}^{\infty} y(kT)z^{-k} \qquad (1.95)$$

donde, com base na Fig. 1.47 e na definição de de Δ, concluimos que

$$Y'(z) = \sum_{k=0}^{\infty} y'(kT)z^{-k} = \sum_{k=0}^{\infty} y(kT-\Delta T)z^{-k} = \sum_{k=0}^{\infty} y(kT-T+mT)z^{-k} =$$

$$z^{-1} \sum_{k=0}^{\infty} y((k+m)T)z^{-k} \triangleq Y(z,m) \qquad (1.96)$$

40 Controle por Computador de Sistemas Dinâmicos

Por exemplo, para m=0,5 de Y(z) obtém-se a seqüência $\{y(0), y(T), y(2T), \dots\}$ e de Y(z,m) obtém-se a seqüência $\{y(0), y(0,5T), y(1,5T), \dots\}$.

Podemos escrever, a partir da Fig. 1.46,

$$G'(z) = G(z,\Delta) = \mathcal{Z}[G(s)e^{-\Delta Ts}] \tag{1.97}$$

ou ainda

$$G(z,m) = \mathcal{Z}_m[G(s)] = \mathcal{Z}[G(s)e^{-sT}e^{msT}] = z^{-1}\mathcal{Z}[G(s)e^{msT}] \tag{1.98}$$

Logo, de (1.70) resulta

$$G(z,m) = z^{-1}\sum_j \text{Res}[\frac{G(s)e^{msT} z}{z - e^{sT}}, p_j] , \quad p_j=\text{j-ésimo pólo de } G(s) \tag{1.99}$$

e de (1.94), (1.97) e (1.98) obtemos

$$Y(z,m) = G(z,m)U(z) \tag{1.100}$$

que corresponde à transformada z modificada de y(kT).

Exemplo: Dado o sistema mostrado na Fig. 1.48, determinar y(t), $\forall t$, assumindo-se T=0,5s e entrada da forma $u(t)=U_{-1}(t)$.

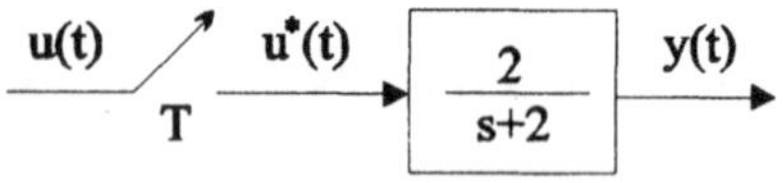

Fig. 1.48- Sistema de primeira ordem.

Conforme visto em (1.100), Y(z,m)=G(z,m)U(z), onde, neste caso, a função de transferência G(z,m) é dada por

$$G(z,m) = z^{-1}\text{Res}[\frac{G(s)e^{msT} z}{z - e^{sT}}, -2] = z^{-1} \lim_{s \to -2} \frac{2(s + 2)e^{msT}z}{(s + 2)(z - e^{sT})} = \frac{2 e^{-2mT}}{z - e^{-2T}} = \frac{2 e^{-m}}{z - 0,368}$$

Adicionalmente, $U(z)=\frac{z}{z - 1}$, donde

$$Y(z,m) = \frac{2 e^{-m} z}{(z - 1)(z - 0,368)} \quad e \quad y(k,m) = \sum_j \text{Res}[Y(z,m)z^{k-1}, p_j] \tag{1.101}$$

onde p_j é o j-ésimo pólo de $Y(z,m)z^{k-1}$. Efetuando-se o cálculo dos resíduos, obtém-se

$$y(k,m) = \lim_{z \to 1} \frac{2 e^{-m} z^k}{(z - 0,368)} + \lim_{z \to 0,368} \frac{2 e^{-m} z^k}{(z - 1)} = 3,164 e^{-m} - 3,164 e^{-m} (0,368)^k \tag{1.102}$$

Uma vez que y(k,m)=y(kT-ΔT)=y(kT-T+mT)=y((k+m-1)T), para determinarmos a resposta y(.) para $0 \leq t \leq 0,5$, fazemos k=1 e variamos m entre 0 e 1. Para $0,5 \leq t \leq 1$, fazemos k=2 e variamos m entre 0 e 1, e assim sucessivamente. $\square$

Representação de Sistemas Discretos e Amostrados

1.7- ANÁLISE DE ESTABILIDADE

O principal resultado relativo à estabilidade de sistema discretos representados na forma de função de transferência é enunciado a seguir. Para detalhes vide Chen (1984).

Teorema: Um sistema discreto linear e invariante no tempo é BIBO (entrada limitada-saída limitada) estável se e somente se a sua seqüência de ponderação satisfizer a relação

$$\sum_{k=0}^{\infty} |g(k)| < \infty \tag{1.103}$$

Verificação: Suficiência- Seja u(k) um sinal de entrada tal que $|u(k)| < M < \infty$, $\forall$k. Então, pelo somatório de convolução,

$$y(k) = \sum_{l=0}^{\infty} g(k\text{-}l) \, u(l) = \sum_{l=0}^{\infty} g(l) \, u(k\text{-}l) \tag{1.104}$$

donde

$$y(k) \le \sum_{l=0}^{\infty} |g(l)| \, |u(k\text{-}l)| \le M \sum_{l=0}^{\infty} |g(l)| \tag{1.105}$$

Logo, se g(k) for absolutamente somável, então qualquer entrada limitada resultará uma saída limitada.

Necessidade- Suponha $\sum_{l=0}^{\infty} |g(l)| = \infty$ e defina

$$u(k\text{-}l) = \text{sgn}(g(l)) = \begin{cases} 0 \text{ , se } g(l)=0 \\ 1, \text{ se } g(l) > 0 \\ -1, \text{ se } g(l) < 0 \end{cases} \tag{1.106}$$

que é uma entrada obviamente limitada. Então,

$$y(k) = \sum_{l=0}^{\infty} g(l) \, u(k\text{-}l) = \sum_{l=0}^{k} g(l) \, u(k\text{-}l) = \sum_{l=0}^{k} |g(l)| \tag{1.107}$$

e concluimos que

$$\lim_{k \to \infty} y(k) = \lim_{k \to \infty} \sum_{l=0}^{k} |g(l)| = \infty \tag{1.108}$$

ou seja, embora a entrada seja limitada, a saída não o é. $\square$

Corolário: Um sistema com função de transferência racional G(z) é estável se e somente se todos os pólos de G(z) estão dentro do círculo unitário. $\square$

Verificação: Conforme (1.43), podemos escrever

$$g(k) = \sum_{i=0}^{N} \text{Res}[G(z) \, z^{k\text{-}1}, \, p_i] \tag{1.109}$$

Suponhamos agora que $G(z)$ seja da forma $G(z)=\dfrac{G_i(z)}{z-p_i}$. Então, a contribuição do pólo $p_i=r_i e^{j\theta_i}$ para a seqüência de ponderação $g(k)$ é

$$\text{Res}[G(z)\ z^{k-1},\ p_i] = G_i(p_i)\ p_i^{k-1} = G_i(p_i)\ r_i^{k-1}\ e^{j(k-1)\theta_i} \tag{1.110}$$

e podemos escrever

$$|\ \text{Res}[G(z)\ z^{k-1},\ p_i]\ | \ \leq\ |\ G_i(p_i)\ |\ r_i^{k-1} \tag{1.111}$$

onde $|\ G_i(p_i)\ | < \infty$, que implica $|\ G_i(p_i)\ | \ \leq\ R_{max} < \infty$, para um dado R_{max}.

Supondo-se agora que

$$r_i \leq r_{max} < 1 \tag{1.112}$$

tem-se

$$\sum_{k=0}^{\infty} |g(k)| \ \leq\ N\ R_{max}\ \sum_{k=0}^{\infty} r_{max}^{k-1} < \infty \tag{1.113}$$

uma vez que $r_{max} < 1$.

Caso o pólo p_i tenha multiplicidade $m_i > 1$, então sua contribuição para $g(k)$ será $f(k)=(poli)\ (p_i)^k$, onde poli é um polinômio em k. Caso $|p_i| < 1$, então $f(k)\rightarrow 0$. Por exemplo, suponha $f(k)=k\ (0{,}5)^k$. Então, devido a L'Hospital,

$$\lim_{k\rightarrow\infty} f(k) = \lim_{k\rightarrow\infty} \frac{k}{2^k} = \lim_{k\rightarrow\infty} \frac{1}{(\ln 2)\ 2^k} = 0$$

$\square$

1.7.1- Critério de Jury

Seja

$$T(z) = \frac{N(z)}{D(z)} = \frac{N(z)}{\alpha_0 z^n + \alpha_1 z^{n-1} + \cdots + \alpha_{n-1} z + \alpha_n} \tag{1.114}$$

Em relação à tabela

α_0	α_1	$\cdots$	α_{n-1}	α_n	
α_n	α_{n-1}	$\cdots$	α_1	α_0	$\gamma_n=\dfrac{\alpha_n}{\alpha_0}$
α_0^{n-1}	α_1^{n-1}	$\cdots$	α_{n-1}^{n-1}		
α_{n-1}^{n-1}	α_{n-2}^{n-1}	$\cdots$	α_0^{n-1}		$\gamma_{n-1}=\dfrac{\alpha_{n-1}^{n-1}}{\alpha_0^{n-1}}$
$\vdots$					
α_0^0					

onde

$$\alpha_i^{j-1} = \alpha_i^j - \gamma_j\ \alpha_{j-i}^j \qquad e \qquad \gamma_j = \frac{\alpha_j^j}{\alpha_0^j}$$

temos o seguinte teorema,

Teorema (Critério de estabilidade de Jury): Se $\alpha_0 > 0$, então todas as raízes da equação característica estarão dentro do círculo unitário se e somente se α_0^j, j=0, 1, ..., n−1, forem positivas. Se nenhum elemento α_0^j for nulo, então o número de zeros fora do círculo unitário será igual ao número de elementos α_0^j negativos.

Prova: Vide Jury (1964). □

Exemplo: Seja o polinômio característico $D(z) = z^2 + \alpha_1 z + \alpha_2$. A tabela correspondente é

1	α_1	α_2	
α_2	α_1	1	$\gamma_2 = \alpha_2$
$1 - \alpha_2^2$	$\alpha_1 - \alpha_1 \alpha_2$		
$\alpha_1 - \alpha_1 \alpha_2$	$1 - \alpha_2^2$		$\gamma_1 = \dfrac{\alpha_1(1-\alpha_2)}{1-\alpha_2^2} = \dfrac{\alpha_1}{1+\alpha_2}$
$1 - \alpha_2^2 - \dfrac{\alpha_1^2(1-\alpha_2)}{1+\alpha_2}$			

e para que as raízes da equação característica D(z)=0 estejam dentro do círculo unitário, devemos impor as condições

$$1 - \alpha_2^2 > 0 \qquad (1.115)$$

$$\frac{1-\alpha_2}{1+\alpha_2}\left((1+\alpha_2)^2 - \alpha_1^2\right) > 0 \qquad (1.116)$$

que são satisfeitas na região S indicada na Fig. 1.49.

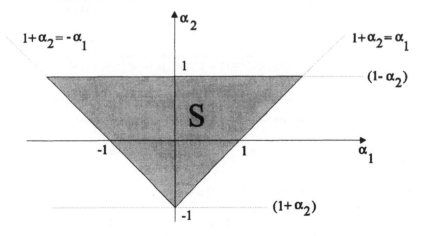

Fig. 1.49- Região de estabilidade para o sistema com $D(z) = z^2 + \alpha_1 z + \alpha_2$.

Logo, para qualquer par $(\alpha_1, \alpha_2) \in S$ o sistema de controle tendo D(z) como polinômio característico será estável. □

1.7.2- Extensão do Critério de Routh-Hurwitz

Consideremos a transformação $z=\frac{v+1}{v-1}$. Substituindo-se $v=\sigma+jw$, resulta

$$z = \frac{\sigma+jw+1}{\sigma+jw-1} \rightarrow |z|^2 = \frac{(\sigma+1)^2 + w^2}{(\sigma-1)^2 + w^2} \qquad (1.117)$$

Logo, para $\sigma < 0$ temos $|z|^2 < 1$. Se $\sigma=0$, então $|z|=1$, ou seja, o eixo jw é mapeado no círculo unitário. Em suma, a transformação anterior mapeia o semi-plano complexo esquerdo no interior do círculo unitário. Podemos, então, aplicar o critério de estabilidade de Routh-Hurwitz.

Exemplo: Seja o sistema de controle da Fig. 1.50.

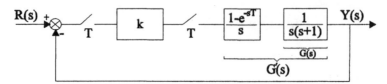

Fig. 1.50- Sistema para aplicação da extensão do critério de Routh-Hurwitz.

Discretizando-se $G'(s)$, resulta

$$G'(z) = (1 - z^{-1}) \mathcal{Z}[\frac{1}{s^2(s+1)}] = (1 - z^{-1})\left(\frac{Tz}{(z-1)^2} - \frac{z}{(z-1)} + \frac{z}{(z-e^{-T})}\right) =$$

e portanto

$$\frac{(T+e^{-T}-1)z + 1 - Te^{-T} - e^{-T}}{z^2 - (1+e^{-T})z + e^{-T}}$$

$$T(z) = \frac{Y(z)}{R(z)} = \frac{K\left((T+e^{-T}-1)z + 1 - Te^{-T} - e^{-T}\right)}{z^2 + (K(T+e^{-T}-1) - 1 - e^{-T})z + e^{-T} + K(1-Te^{-T}-e^{-T})} \qquad (1.118)$$

Definindo-se agora $\alpha=K(T+e^{-T}-1) - 1 - e^{-T}$ e $\beta=e^{-T}+K(1-Te^{-T}-e^{-T})$, e substituindo-se z por $(v+1)/(v-1)$, a equação característica de T(z) em (1.118) assume a forma

$$\frac{v^2+2v+1}{v^2-2v+1} + \alpha\frac{(v+1)}{(v-1)} + \beta = 0 \rightarrow (1+\alpha+\beta)v^2 + (2-2\beta)v + 1 - \alpha + \beta=0 \qquad (1.119)$$

Logo, temos o seguinte arranjo de Routh-Hurwitz,

v^2	$1+\alpha+\beta$	$1-\alpha+\beta$
v^1	$2-2\beta$	
v^0	$1-\alpha+\beta$	

Representação de Sistemas Discretos e Amostrados   45

e para assegurar a estabilidade do sistema de controle devemos impor

$$1+\alpha+\beta > 0 \;\rightarrow\; T(1-e^{-T})K > 0 \;\rightarrow\; K > 0 \tag{1.120}$$

$$2-2\beta > 0 \;\rightarrow\; \beta < 1 \;\rightarrow\; K < \frac{1-e^{-T}}{1-Te^{-T}-e^{-T}} \tag{1.121}$$

$$1-\alpha+\beta > 0 \;\rightarrow\; K(1-Te^{-T}-2e^{-T}-T+1) > -2-e^{-T} \tag{1.122}$$

Por exemplo, para T=1s as três condições anteriores implicam

$$K > 0 \;\; , \;\; K < 2{,}392 \;\;\; e \;\; K < 22{,}768 \tag{1.123}$$

ou seja, o sistema neste caso será estável se $0 < K < 2{,}392$.   □

1.8- EXERCÍCIOS

1) Dada a equação a diferenças

$$\alpha'_0 \Delta^n y(k) + \alpha'_1 \Delta^{(n-1)} y(k) + \cdots + \alpha'_n y(k) = u(k)$$

e a equação discreta

$$\alpha_0 y(k) + \alpha_1 y(k-1) + \cdots + \alpha_n y(k-n) = u(k)$$

sendo $\Delta y(k) = y(k) - y(k-1)$, expressar α_i, $\forall\, i \in [0, n]$, em função de $\alpha'_0, \alpha'_1, \ldots, \alpha'_n$.

2) Determinar a equação discreta que descreve as tensões de nó do circuito elétrico

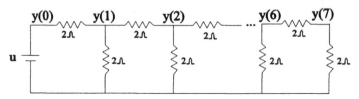

Se u=10V, calcular y(4).

3) Uma técnica de integração numérica aproximada de uma função u(t) consiste em, dados três pontos u(k-2), u(k-1) e u(k), interpolar-se uma parábola e, com base nesta, calcular-se a área entre os instantes (k−1)T e kT. Obter a equação discreta relativa a esta aproximação e determinar o erro que se comete ao empregá-la para calcular

$$I = \int_0^{t_f} (4t^3 + t)\, dt, \quad \text{com } t_f = 5 \text{ e } T = 1$$

4) Determinar a transformada z, explicitando a região de convergência, dos seguintes sinais discretos:

4.a) $\quad y(k) = \begin{cases} (3)^k, & k \geq 0 \\ (5)^k, & k < 0 \end{cases}$

4.b) $\quad y(k) = \begin{cases} k(k+1), & k \geq 0 \\ 0, & k < 0 \end{cases}$

4.c) $\quad y(k) = \begin{cases} 0, & k \geq 0 \\ (-2)^k / k, & k < 0 \end{cases}$

4.d) $\quad y(k) = \begin{cases} \binom{m}{k} \cdot (2)^k, & 0 \leq k \leq m \\ 0, & k < 0 \end{cases}$

4.e) $\quad y(k) = \{1,\ 2x2,\ 3x(2)^2,\ 4x(2)^3,\ 5x(2)^4,\ ...\},\ k \geq 0$

4.f) $\quad y(k) = \begin{cases} e^{-\alpha kT}.\operatorname{sen}(wkT)\ ,\ \alpha > 0\ ; & k \geq 0 \\ 0 & ;\ k < 0 \end{cases}$

5) Dada a seqüência de Fibonacci $\{0,\ 1,\ 1,\ 2,\ 3,\ 5,\ 8,\ 13,\ ...\ \}$, obter a expressão de y(k) em função de k e calcular a razão áurea definida por

$$GR = \lim_{k \to \infty} \frac{y(k+1)}{y(k)}$$

6) Determinar a solução das equações discretas

6.a) $\quad y(k+2) - 0{,}9y(k-1) + 0{,}2y(k) = u(k+2) + u(k+1)\ ,$

admitindo $y(k)=0,\ k<0$ e $u(k) = \begin{cases} k\ ,\ k \geq 0 \\ 0\ ,\ k < 0 \end{cases}$

6.b) $\quad y(k) + y(k-1) + 0{,}51y(k-2) = u(k) - u(k-2)\ ,$

supondo $y(-2)=0\ ,\ y(-1)=1$ e $u(k) = \begin{cases} 1\ ,\ k \geq 0 \\ 0\ ,\ k < 0 \end{cases}$

7) O diagrama de blocos abaixo refere-se ao controle digital da velocidade de um automóvel.

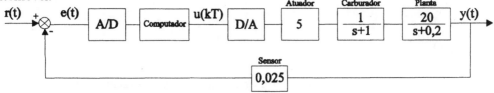

Considerando-se que o computador efetua a operação

$u(kT)=0{,}5u((k-1)T)+0{,}15e((k-1)T)$, com $T=0{,}2s$, e sabendo-se que $r(kT) = \begin{cases} 1\ , & k \geq 0 \\ 0\ , & k < 0 \end{cases}$, calcular $y(kT)$.

Sugestão: Utilize algum *software* comercial para conferir a resposta obtida. Como exemplo, consideraremos a utilização do MATLAB, da MathWorks (1991), para calcular a resposta ao degrau. Para tanto, proceda conforme a seguir:

7.1) Encontre uma representação em variáveis de estado para $G(s) = \dfrac{100}{s^2 + 1{,}2s + 0{,}2}$. Por exemplo, $\dot{x}(t)=Ax(t)+Bu(t)\ ,\ y(t)=Cx(t)+Du(t)$

onde $A = \begin{bmatrix} 0 & 1 \\ -0{,}2 & -1{,}2 \end{bmatrix},\ B = \begin{bmatrix} 0 \\ 100 \end{bmatrix},\ C = \begin{bmatrix} 1 & 0 \end{bmatrix},\ D=0$

e a seguir use o comando [Phi,Gamma]=c2d(A,B,T), com T=0.2. Este comando obterá a representação discreta x(k+1)=Phi.x(k)+Gamma.u(k).

7.2) Utilize agora o comando [num,den]=ss2tf(Phi,Gamma,C,D,1), para obter a função de transferência G(z) correspondente.

7.3) A seguir determine $T(z)=\dfrac{C(z)G(z)}{1+C(z)G(z)H(z)}$, onde H(z)=0,025, e para obter a resposta ao degrau unitário utilize o comando y=dstep(num,den,50), onde num e den são vetores com os coeficientes do numerador e denominador de T(z), e a seguir utilize plot(y) para efetuar o gráfico da resposta ao degrau unitário.

8) Dado um sistema contínuo com representação $G(s) = \dfrac{e^{-2,5s}}{s(s+2)}$, determinar, para T=1s, a função de transferência discreta correspondente.

9) O diagrama simplificado do sistema de controle de atitude de um foguete é mostrado abaixo, sendo $\Theta_t(t)$ o ângulo da tubeira, que desenvolve um empuxo E(t).

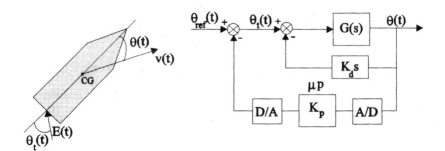

Supondo-se que a dinâmica de corpo rígido possa ser representada por

$$G(s)=\dfrac{0,465}{s^2 - 0,015}$$

determinar, para T=0,03s e k_d=1,0, o intervalo de valores de k_p para o qual o sistema de controle é estável. Repetir para k_d=0 e interpretar o resultado.

10) A técnica de discretização aproximada denominada *mapeamento de deferenciais* é caracterizada pela relação $s=(1-z^{-1})/T$.

10.a) Desenhe, no plano z, a região correspondente ao mapeamento do semi-plano esquerdo e do eixo s=jw no plano s.

10.b) Discretize a função de transferência $\dfrac{Y(s)}{R(s)}=T(s)=\dfrac{4}{s^2+2s+4}$

10.c) Determine a resposta do sistema contínuo ao degrau unitário e compare-a com a resposta ao degrau unitário do sistema discreto, para período de amostragem T=0,2s. Repita com T=0,4s.

11) Seja o sistema discreto multivariável com representação

$$y_1(k+2) + y_2(k) + 2{,}1y_2(k-1) = -u(k) + 2u(k-1)$$

$$y_2(k-2) + y_1(k+1) + 0{,}2y_1(k) = \delta(k-1)$$

Supondo

$$u(k) = \begin{cases} 1, & k \geq -1 \\ 0, & k < -1 \end{cases}, \quad y_1(0)=0 \text{ e } y_2(-2)=0,$$

determinar a expressão da saída $y_1(k)$, $k \geq 0$.

12) Admitindo-se que o sistema amostrado

$$y(k+1) = ay(k) + b_1 u(k-1) + b_2 u(k-2)$$

tenha sido obtido discretizando-se o sistema contínuo

$$\frac{d}{dt}y(t) = -\alpha y(t) + \beta u(t-\tau)$$

com T=1 s e incluindo segurador de ordem zero, determinar τ em função de a, b_1 e b_2.

13) Dado o diagrama de blocos a seguir, determinar a saída Y(z) em função da referência R(z) e do distúrbio D(z).

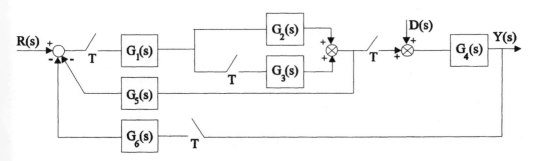

14) Dado o diagrama de blocos a seguir,

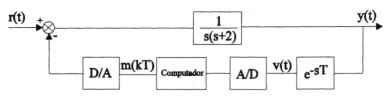

obter a expressão de y(kT), com T=1 s, sabendo-se que $r(t)=U_{-1}(t)$ e que o computador efetua a operação m(kT)=v(kT).

15) Considere o diagrama de blocos mostrado no exercício 7. Supondo-se que o computador efetua a operação u(kT)=3e(kT) (Lei de controle extremamente simples, para comodidade analítica), com T=0,2 s, e que

$$r(kT) = \begin{cases} 1, & k \geq 0 \\ 0, & k < 0 \end{cases}$$

15.a) Determinar y(kT).
15.b) Admitindo-se que o automóvel esteja se deslocando, em regime, a 80 km/h, calcular a tensão na saída do conversor D/A.

16) O diagrama de blocos relativo ao controle digital de posição de um painel solar é mostrado abaixo.

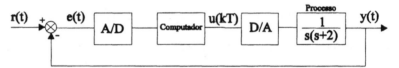

16.a) Admitindo-se que o computador efetua a operação u(kT)=2e(kT), determinar os valores de T para os quais o sistema retém o atributo estabilidade assintótica.
16.b) Supondo-se T=0,2s e elevando-se o ganho c da lei de controle u(kT)=ce(kT), obter a freqüência angular com a qual a saída y(t) oscilará.

17) Com o intuito de se aumentar a confiabilidade de um sistema de controle digital, é usual empregar-se a seguinte estrutura:

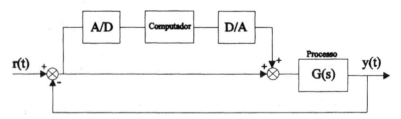

17.a) Admitindo-se $G(s)=\dfrac{1}{s(s+2)}$ e T=0,5s , determine a função de transferência C(z) que possibilita a obtenção da seqüência {y(kT)}={0; 0,6; 1; 1; ...} para entrada $r(t)=U_{-1}(t)$ (degrau unitário).
17.b) Supondo-se que o computador falhe de modo catastrófico, determine a saída y(t) e comente o resultado.

2 - MODELAGEM NO ESPAÇO DE ESTADO

2.1- INTRODUÇÃO

No final da década de 50, a teoria de controle baseada na representação entrada-saída, isto é, função de transferência, já estava bastante solidificada. Grande contribuição, no sentido de alargar o escopo da teoria de controle, foi dada por R.E. Kalman, que por volta de 1960 estendeu idéias originais de Hamilton e Poincaré, introduzindo a representação de sistemas dinâmicos em variáveis de estado. Vide Chen (1984) para detalhes.

Em várias técnicas de projeto de controladores digitais é conveniente utilizar a representação em variáveis de estado, ao invés da transformada z, motivo pelo qual abordaremos também a representação em variáveis de estado neste capítulo. Aplicações serão apresentadas nos capítulos 3 e 4.

2.2- DISCRETIZAÇÃO DE SISTEMAS CONTÍNUOS

Admitamos que no diagrama de blocos da Fig. 2.1 S seja um sistema linear, multivariável e invariante no tempo.

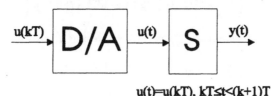

Fig. 2.1- Sistema dinâmico excitado por sinal u(t) degrau por partes.

A representação de S em variáveis de estado, no domínio contínuo, é

$$\dot{x}(t) = Fx(t) + Gu(t) \quad \text{(Equação de estado)} \quad (2.1)$$
$$y(t) = Cx(t) + Du(t) \quad \text{(Equação de saída)} \quad (2.2)$$

Dadas as condições iniciais no instante t_0, a solução da equação de estado (2.1) é dada por, vide Chen (1984) para detalhes,

$$x(t) = e^{F(t-t_0)} x(t_0) + \int_{t_0}^{t} e^{F(t-\tau)} G\, u(\tau)\, d\tau \quad (2.3)$$

O nosso objetivo é calcular $x((k+1)T)$, dado $x(kT)$. Para n=3 temos o cenário da Fig. 2.2.

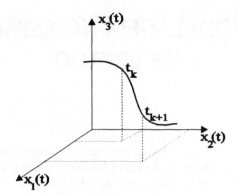

Fig. 2.2- Trajetória no espaço de estado.

Definamos agora $t_k=kT$ e $t_{k+1}=(k+1)T$. Da equação (2.3) e do fato de que o sinal de controle u(l) é constante no intervalo $kT \leq l < (k+1)T$, resulta

$$x((k+1)T) = e^{FT} x(kT) + \int_{kT}^{(k+1)T} e^{F((k+1)T-l)} G\, u(l)\, dl =$$

$$e^{FT} x(kT) + \left(\int_{kT}^{(k+1)T} e^{F((k+1)T-l)} G\, dl\right) u(kT) \qquad (2.4)$$

Fazendo-se agora $\tau=(k+1)T-l$, que implica $d\tau=-dl$, decorre

$$x((k+1)T) = e^{FT} x(kT) - \left(\int_T^0 e^{F\tau} G\, d\tau\right) u(kT) = e^{FT} x(kT) + \left(\int_0^T e^{F\tau} G\, d\tau\right) u(kT) \qquad (2.5)$$

que é usualmente reescrita, omitindo-se T dos índices de x e u, na forma

$$x(k+1) = Ax(k) + Bu(k) \quad,\quad \text{com } A=A(T)=e^{FT} \text{ e } B=B(T)=\int_0^T e^{F\tau} G\, d\tau \qquad (2.6)$$

Quanto à equação de saída (2.2), sua versão discreta é obtida simplesmente substituindo-se t por k, pois não possui dinâmica. Assim,

$$y(k) = Cx(k) + Du(k) \qquad (2.7)$$

Observação: Há varias maneiras de se computar as matrizes A(T) e B(T) em (2.6). A mais imediata consiste na expansão de e^{FT} em série, isto é,

$$A(T) = e^{FT} = \sum_{m=0}^{p} \frac{(FT)^m}{m!} \quad \text{e} \quad B(T) = \sum_{m=0}^{p} \frac{F^m T^{m+1}}{(m+1)!}\, G$$

sendo p determinado experimentalmente ou, por exemplo, pelo critério de Paynter, vide Jacquot (1981) para detalhes,

$$\frac{1}{p!} (nq)^p\, e^{nq} = 0,001 \quad, \text{ onde } q=\max|F_{ij}T| \text{ e n é a dimensão de F} \qquad \square$$

Expressões analíticas para A(T) e B(T) podem ser obtidas empregando-se duas

Modelagem no Espaço de Estado

principais técnicas: transformada de Laplace e funções de matrizes.

2.2.1- Emprego da Transformada de Laplace

Obtém-se de início a matriz de transição de estado $\Phi(t)=e^{Ft}$, via transformada inversa de Laplace, e a seguir calcula-se $A(T)$ e $B(T)$ conforme em (2.6).

Exemplo: Determinar o modelo discreto do sistema

$$\begin{bmatrix} \dot{x}_1(t) \\ \dot{x}_2(t) \end{bmatrix} = \begin{bmatrix} 0 & 1 \\ -2 & -3 \end{bmatrix} \begin{bmatrix} x_1(t) \\ x_2(t) \end{bmatrix} + \begin{bmatrix} 0 \\ 1 \end{bmatrix} u(t) \ , \ x(0)=\begin{bmatrix} x_1(0) \\ x_2(0) \end{bmatrix} \qquad (2.8)$$

$$\begin{bmatrix} y_1(t) \\ y_2(t) \end{bmatrix} = \begin{bmatrix} 1 & 0 \\ 0 & 4 \end{bmatrix} \begin{bmatrix} x_1(t) \\ x_2(t) \end{bmatrix} + \begin{bmatrix} 2 \\ 1 \end{bmatrix} u(t) \qquad (2.9)$$

Conforme sabemos, a matriz de transição de estado é dada por, vide Chen (1984),

$$\Phi(t) = e^{Ft} = \mathcal{L}^{-1}[(sI-F)^{-1}] \qquad (2.10)$$

onde

$$(sI-F)^{-1} = \frac{\text{Adj}(sI-F)}{\det(sI-F)} = \frac{1}{s^2+3s+2} \begin{bmatrix} s+3 & 1 \\ -2 & s \end{bmatrix} = \begin{bmatrix} \dfrac{s+3}{(s+1)(s+2)} & \dfrac{1}{(s+1)(s+2)} \\ \dfrac{-2}{(s+1)(s+2)} & \dfrac{s}{(s+1)(s+2)} \end{bmatrix}$$

e portanto

$$e^{Ft} = \begin{bmatrix} 2e^{-t}-e^{-2t} & e^{-t}-e^{-2t} \\ -2e^{-t}+2e^{-2t} & -e^{-t}+2e^{-2t} \end{bmatrix}$$

resultando, de (2.6),

$$A(T) = e^{FT} = \begin{bmatrix} 2e^{-T}-e^{-2T} & e^{-T}-e^{-2T} \\ -2e^{-T}+2e^{-2T} & -e^{-T}+2e^{-2T} \end{bmatrix} \qquad (2.11)$$

Quanto a $B(T)$, de (2.6) temos

$$B(T) = \int_0^T \begin{bmatrix} 2e^{-\tau}-e^{-2\tau} & e^{-\tau}-e^{-2\tau} \\ -2e^{-\tau}+2e^{-2\tau} & -e^{-\tau}+2e^{-2\tau} \end{bmatrix} \begin{bmatrix} 0 \\ 1 \end{bmatrix} d\tau = \begin{bmatrix} -e^{-T}+(e^{-2T}+1)/2 \\ e^{-T}+e^{-2T} \end{bmatrix}$$

Logo, o modelo discreto correspondente ao sistema contínuo (2.8)-(2.9) é

$$\begin{bmatrix} x_1(k+1) \\ x_2(k+1) \end{bmatrix} = \begin{bmatrix} 2e^{-T}-e^{-2T} & e^{-T}-e^{-2T} \\ -2e^{-T}+2e^{-2T} & -e^{-T}+2e^{-2T} \end{bmatrix} \begin{bmatrix} x_1(k) \\ x_2(k) \end{bmatrix} + \begin{bmatrix} -e^{-T}+(e^{-2T}+1)/2 \\ e^{-T}+e^{-2T} \end{bmatrix} u(k) \qquad (2.12)$$

$$\begin{bmatrix} y_1(k) \\ y_2(k) \end{bmatrix} = \begin{bmatrix} 1 & 0 \\ 0 & 4 \end{bmatrix} \begin{bmatrix} x_1(k) \\ x_2(k) \end{bmatrix} + \begin{bmatrix} 2 \\ 1 \end{bmatrix} u(k) \qquad (2.13)$$

□

2.2.2- Utilização de Funções de Matrizes

Necessitamos do seguinte teorema, cujo verificação pode ser encontrada, por exemplo, em Chen (1984).

Teorema: Seja $\Delta(\lambda)=\det(\lambda I-F)=\lambda^n+a_1\lambda^{n-1}+\cdots+a_{n-1}\lambda+a_n=\prod_{i=1}^{n'}(\lambda-\lambda_i)^{m_i}$ o polinômio característico da matriz F. Se $h(\lambda)$ e $g(\lambda)$ forem duas funções tais que

$$\frac{d^l}{d\lambda^l}h(\lambda)|_{\lambda=\lambda_i} = \frac{d^l}{d\lambda^l}g(\lambda)|_{\lambda=\lambda_i} \ , \quad i=1,\,2,\,...,\,n' \quad e \quad l=0,\,1,\,...\,,\,m_i-1 \qquad (2.14)$$

então

$$h(F) = g(F) \qquad (2.15)$$

□

No caso específico de $A(T)=e^{FT}$, utilizamos as funções

$$h(\lambda) = e^{\lambda T} \qquad e \qquad g(\lambda) = \alpha_0 + \alpha_1\lambda + \cdots + \alpha_{n-1}\lambda^{n-1} \qquad (2.16)$$

Exemplo: Consideremos o sistema contínuo descrito por (2.8)-(2.9). Temos

$$\det(\lambda I-F) = \begin{vmatrix} \lambda & -1 \\ 2 & \lambda+3 \end{vmatrix} = \lambda^2 + 3\lambda + 2 = (\lambda+1)(\lambda+2), \text{ donde } \lambda_1=-1,\, m_1=1 \text{ e } \lambda_2=-2,\, m_2=1$$

Logo, de (2.16) resulta $h(\lambda)=e^{\lambda T}$ e $g(\lambda)=\alpha_o+\alpha_1\lambda$. Com base no teorema, devemos impor

$$h(-1)=g(-1) \text{ e } h(-2)=g(-2) \quad \rightarrow \quad \alpha_0 = 2e^{-T}-e^{-2T} \quad e \quad \alpha_1 = e^{-T}-e^{-2T}$$

e portanto

$$A(T) = e^{FT} = h(F) = g(F) = \alpha_0 I + \alpha_1 F = (2e^{-T}-e^{-2T})\begin{bmatrix} 1 & 0 \\ 0 & 1 \end{bmatrix} +$$

$$(e^{-T}-e^{-2T})\begin{bmatrix} 0 & 1 \\ -2 & -3 \end{bmatrix} = \begin{bmatrix} 2e^{-T}-e^{-2T} & e^{-T}-e^{-2T} \\ -2e^{-T}+2e^{-2T} & -e^{-T}+2e^{-2T} \end{bmatrix}$$

que, conforme esperado, coincide com o resultado obtido no exemplo anterior, vide (2.11). □

2.3- SOLUÇÃO DA EQUAÇÃO DINÂMICA DISCRETA

Dadas as condições iniciais $x(k_0)$ e o controle $u(k)$, $k \geq k_0$, podemos escrever, com base em (2.6),

Modelagem no Espaço de Estado

$x(k_0+1) = Ax(k_0) + Bu(k_0)$
$x(k_0+2) = Ax(k_0+1) + Bu(k_0+1) = A^2x(k_0) + ABu(k_0) + Bu(k_0+1)$
$x(k_0+3) = Ax(k_0+2) + Bu(k_0+2) = A^3x(k_0) + A^2Bu(k_0) + ABu(k_0+1) + Bu(k_0+2)$
$\vdots$
$x(k_0+k') = A^{k'}x(k_0) + A^{k'-1} Bu(k_0) + A^{k'-2} Bu(k_0+1) + \cdots + Bu(k_0+k'-1)$, ou seja,

$$x(k_0+k') = A^{k'}x(k_0) + \sum_{l=k_0}^{k'+k_0-1} A^{k'+k_0-l-1} Bu(l) \quad \text{e substituindo-se } k=k'+k_0, \text{ resulta}$$

$$x(k) = A^{(k-k_0)}x(k_0) + \sum_{l=k_0}^{k-1} A^{k-l-1} Bu(l) = \Phi(k-k_0)x(k_0) + \sum_{l=k_0}^{k-1} A^{k-l-1} Bu(l) \quad (2.17)$$

sendo $\Phi(k-k_0)=A^{(k-k_0)}$ a matriz de transição de estado no domínio discreto.

Quanto à equação de saída, de (2.7) e (2.17) decorre imediatamente

$$y(k) = C\Phi(k-k_0)x(k_0) + \sum_{l=k_0}^{k-1} CA^{k-l-1} Bu(l) \quad (2.18)$$

Alternativamente, poderíamos utilizar a abordagem em transformada z. Mais precisamente, transformando-se a equação a estado (2.6), isto é $x(k+1)=Ax(k)+Bu(k)$, resulta
$zX(z) - zx(k_0) = AX(z) + BU(z)$, donde $X(z) = z(zI-A)^{-1}x(k_0) + (zI-A)^{-1}BU(z)$
ou seja

$$X(z) = \Phi(z)\, x(k_0) + (zI-A)^{-1}BU(z) \quad (2.19)$$

Transformando-se e equação de saída (2.7) e substituindo-se (2.19), decorre

$$Y(z) = CX(z) + DU(z) = C\Phi(z)\, x(k_0) + C(zI-A)^{-1}BU(z) + DU(z) \quad (2.20)$$

Observação: Caso as condições iniciais sejam nulas, isto é, $x(k_0)=0$, então a resposta é totalmente determinada, vide (2.20), pela função de transferência

$$G(z) = \frac{Y(z)}{U(z)} = C(zI-A)^{-1}B + D \qquad \square$$

Exemplo: Determinar a matriz de transição de estado discreta, usando transformada z inversa, para o sistema descrito por (2.8)-(2.9), supondo $k_0=0$ e período de amostragem $T=0,2s$.

Devemos avaliar $\Phi(k)=\mathcal{Z}^{-1}[\Phi(z)]$. Substituindo-se $T=0,2s$ em (2.12), resulta

$$x(k+1) = \begin{bmatrix} 0,967 & 0,148 \\ -0,297 & 0,522 \end{bmatrix} x(k) + \begin{bmatrix} 0,016 \\ 1,489 \end{bmatrix} u(k)$$

donde

$$\det(zI-A) = \begin{vmatrix} z-0,967 & -0,148 \\ 0,297 & z-0,522 \end{vmatrix} = z^2 - 1,489z + 0,549 = (z-0,670)(z-0,819) \text{ , e portanto a}$$

matriz de transição de estado $\Phi(z)$ é dada por

$$\Phi(z) = z(zI-A)^{-1} = z\,\frac{\text{Adj}(zI-A)}{\det(zI-A)} = \begin{bmatrix} \dfrac{z(z-0,522)}{(z-0,670)(z-0,819)} & \dfrac{0,148z}{(z-0,670)(z-0,819)} \\[2ex] \dfrac{-0,297z}{(z-0,670)(z-0,819)} & \dfrac{z(z-0,967)}{(z-0,670)(z-0,819)} \end{bmatrix}$$

Logo,

$$\Phi(k) = \mathcal{Z}^{-1}\!\left[\begin{matrix} \dfrac{-0,993z}{(z-0,670)} + \dfrac{1,993z}{(z-0,819)} & \dfrac{-0,993z}{(z-0,670)} + \dfrac{0,993z}{(z-0,819)} \\[2ex] \dfrac{1,993z}{(z-0,670)} - \dfrac{1,993z}{(z-0,819)} & \dfrac{1,993z}{(z-0,670)} - \dfrac{0,993z}{(z-0,819)} \end{matrix} \right]$$

ou seja,

$$\Phi(k) = \begin{bmatrix} -0,993(0,670)^k + 1,993(0,819)^k & -0,993(0,670)^k + 0,993(0,819)^k \\[2ex] 1,993(0,670)^k - 1,993(0,819)^k & 1,993(0,670)^k - 0,993(0,819)^k \end{bmatrix}$$
□

2.4- CONTROLABILIDADE E OBSERVABILIDADE

São propriedades estruturais importantes de sistemas representados em variáveis de estado. Por exemplo, no capítulo 4 trataremos do filtro de Kalman, que objetiva estimar os estados com base nas saídas disponíveis, e veremos que este problema só possui solução se o sistema de interesse for observável.

2.4.1- Controlabilidade

Um sistema de ordem n é controlável se for possível determinar uma seqüência de controle tal que um ponto arbitrário $x(n)$ possa ser atingido a partir de qualquer estado inicial $x(0)$.

De (2.17), com $k_0=0$, podemos escrever

$$x(k) = A^k x(0) + \sum_{l=0}^{k-1} A^{k-l-1} Bu(l) \tag{2.21}$$

e o somatório pode ser reescrito na forma vetorial, resultando

$$x(n)=\Phi(n)x(0) +\begin{bmatrix} A^{n-1}B & A^{n-2}B & \cdots & B \end{bmatrix} \begin{bmatrix} u(0) \\ u(1) \\ \vdots \\ u(n\text{-}1) \end{bmatrix} =\Phi(n)x(0) + \mathcal{C}(A,B)U \tag{2.22}$$

onde $\mathcal{C}(A,B)$ é definida como sendo a matriz de controlabilidade do sistema, e podemos reescrever a equação (2.22) na forma

$$x(n) - \Phi(n)x(0) = \mathcal{C}(A,B)U \tag{2.23}$$

Considerando-se que $\mathcal{C}(A,B)$ tem dimensão $n x m$ e U tem dimensão $nmx1$, para dados valores de x(n) e x(0) a relação (2.23) origina um sistema de equações com n equações e nm incógnitas, que são os controles u(0), u(1), ..., u(n-1) necessários para se atingir x(n) partindo-se de x(0). Assim, se $rank[\mathcal{C}(A,B)]=n$, o sistema de equações terá solução para quaisquer x(n) e x(0). A solução não é necessariamente única, a não ser que m=1, isto é, o sistema só possua uma entrada.

Exemplo: Dado o sistema com representação

$$x(k+1) = \begin{bmatrix} 0{,}967 & 0{,}148 \\ -0{,}297 & 0{,}522 \end{bmatrix} x(k) + \begin{bmatrix} 0{,}016 \\ 1{,}489 \end{bmatrix} u(k) \quad , \quad x(0) = \begin{bmatrix} 1 \\ 2 \end{bmatrix} \quad (2.24)$$

determinar a seqüência de controle {u(0), u(1)} que permite obter $x(2) = \begin{bmatrix} 5 \\ 5 \end{bmatrix}$.

Verifiquemos, de início, se o sistema dado é controlável. Para tanto, notemos que

$$\mathcal{C}(A,B) = \begin{bmatrix} 0{,}236 & 0{,}016 \\ 0{,}773 & 1{,}489 \end{bmatrix} \quad , \quad \text{donde } rank[\mathcal{C}(A,B)]=2$$

e portanto o sistema é controlável. Para a determinação da seqüência de controle desejada, notemos que

$$x(1) = Ax(0) + Bu(0) \quad e \quad x(2) = A^2 x(0) + ABu(0) + Bu(1)$$

donde

$$\begin{bmatrix} 5 \\ 5 \end{bmatrix} = \begin{bmatrix} 0{,}891 & 0{,}220 \\ -0{,}442 & 0{,}229 \end{bmatrix} \begin{bmatrix} 1 \\ 2 \end{bmatrix} + \begin{bmatrix} 0{,}236 \\ 0{,}773 \end{bmatrix} u(0) + \begin{bmatrix} 0{,}016 \\ 1{,}489 \end{bmatrix} u(1)$$

ou seja,

$$\begin{cases} 0{,}236 u(0) + 0{,}016 u(1) = 3{,}669 \\ 0{,}773 u(0) + 1{,}489 u(1) = 4{,}984 \end{cases} \rightarrow u(0)=15{,}880 \text{ e } u(1)=-4{,}896$$

Na Fig. 2.3 temos a evolução da trajetória, onde se explicita o valor do período de amostragem T=0,2, com o qual se obteve (2.24) a partir de (2.12).

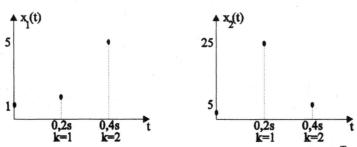

Fig. 2.3- Evolução da trajetória do sistema (2.24), com $x(2)=[5\ 5]^T$.

Deve ser ressaltado que a trajetória neste exemplo só permanecerá no ponto $x(2)=\begin{bmatrix} 5 & 5 \end{bmatrix}^T$ se o mesmo for um ponto de equilíbrio. Voltaremos a este assunto ao estudarmos, no capítulo 3, os controladores tipo *deadbeat*. □

Poderíamos, neste ponto, indagar se seria possível atingir o ponto x(n) em um número de passos maior que n, caso não o fosse com n passos. A resposta é não, o que pode ser visto supondo-se n+1 passos. Neste caso,

$$\overline{C}(A,B) = [A^n B \quad A^{n-1}B \cdots B]$$

onde, pelo teorema de Cayley-Hamilton (Chen, 1984), a matriz A^n pode ser escrita como uma combinação linear de A^{n-1}, A^{n-2}, ..., A, I. Logo, se não conseguirmos atingir o ponto x(n) em n passos, não mais o atingiremos.

Observação: Alguns autores tomam a definição 2.4.1 como sendo alcancibilidade (*reachability*). Ao definirem controlabilidade, assumem x(n)=0. Logo, se $A^n x(0)=0$, então o sistema será controlável com entrada nula, mesmo que $C(A,B)$ não tenha *rank* n. □

2.4.2- Observabilidade

Um sistema é observável se existir um k finito tal que o conhecimento das entradas u(0), u(1), ..., u(k-1) e das saídas y(0), y(1), ..., y(k-1) seja suficiente para se determinar o estado inicial x(0) do sistema.

Conforme já visto em (2.7), a equação de saída é dada por

$$y(k) = Cx(k) + Du(k) \tag{2.25}$$

e usando-se recursivamente a equação de estado x(k+1)=Ax(k)+Bu(k) resulta

$$
\begin{aligned}
y(0) &= Cx(0) + Du(0) \\
y(1) &= Cx(1) + Du(1) = CAx(0) + CBu(0) + Du(1) \\
y(2) &= Cx(2) + Du(2) = CA^2x(0) + CABu(0) + CBu(1) + Du(2) \\
&\vdots \\
y(n\text{-}1) &= CA^{n-1}x(0) + \sum_{l=0}^{n-2} CA^{n-l-2}Bu(l) + Du(n\text{-}1)
\end{aligned}
$$

ou seja,

$$
\begin{bmatrix}
y(0) - Du(0) \\
y(1) - CBu(0) - Du(1) \\
\vdots \\
y(n\text{-}1) - \displaystyle\sum_{l=0}^{n-2} CA^{n-l-2}Bu(l) - Du(n\text{-}1)
\end{bmatrix}
\triangleq \overline{Y} =
\begin{bmatrix}
C \\
CA \\
\vdots \\
CA^{n-1}
\end{bmatrix}
x(0) \triangleq \mathcal{O}(C,A)\, x(0)
\tag{2.26}
$$

Se y(k) tiver dimensão px1, então $\overline{Y}$ terá dimensão npx1 e $\mathcal{O}(C,A)$ npxn, qual seja, teremos np equações e n incógnitas. Se a matriz $\mathcal{O}(C,A)$ possuir *rank* igual a n, será possível determinar x(0). Pelo mesmo motivo já comentado na seção sobre controlabilidade, na ausência de observabilidade a tomada de medidas adicionais não

Modelagem no Espaço de Estado

permite a determinação do estado inicial.

Exemplo: Verificar se o sistema com representação

$$x(k+1) = \begin{bmatrix} 0,1 & 0 \\ 1 & -0,4 \end{bmatrix} x(k) + \begin{bmatrix} 1 \\ 1 \end{bmatrix} u(k) \qquad (2.27)$$

$$y(k) = \begin{bmatrix} -2 & 1 \end{bmatrix} x(k) + u(k) \qquad (2.28)$$

é observável.

Neste caso temos

$$\mathcal{O}(C,A) = \begin{bmatrix} C \\ CA \end{bmatrix} = \begin{bmatrix} -2 & 1 \\ 0,8 & -0,4 \end{bmatrix}, \text{ donde } rank[\mathcal{O}(C,A)] = 1. \text{ Logo, o sistema não é observável.} \quad \square$$

Observação: O teorema da decomposição canônica de Kalman (Chen, 1984) estabelece que todo sistema linear pode ser decomposto conforme mostrado na Fig. 2.4, onde CO-parte controlável e observável, C$\overline{\text{O}}$-parte controlável mas não observável, $\overline{\text{C}}$O-parte não controlável mas observável e $\overline{\text{CO}}$-parte não controlável nem observável.

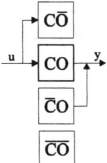

Fig. 2.4- Decomposição canônica de sistemas lineares. $\qquad\square$

2.5- REPRESENTAÇÃO DE SISTEMAS DISCRETOS EM VARIÁVEIS DE ESTADO

Nesta seção consideraremos as várias maneiras de se representar um sistema discreto com representação entrada-saída (função de transferência) na forma de variáveis de estado.

2.5.1- Forma Canônica Controlável (Programação Direta 1)

Considere o sistema com representação

$$y(k) + \alpha_1 y(k-1) + \alpha_2 y(k-2) + \cdots + \alpha_{n-1} y(k-n+1) + \alpha_n y(k-n) = \beta_1 u(k-1) + \beta_2 u(k-2) + \cdots + \beta_n u(k-n) \quad (2.29)$$

ou seja

$$G(z) = \frac{Y(z)}{U(z)} = \frac{\beta_1 z^{-1} + \beta_2 z^{-2} + \cdots + \beta_{n-1} z^{-n+1} + \beta_n z^{-n}}{1 + \alpha_1 z^{-1} + \cdots + \alpha_{n-1} z^{-n+1} + \alpha_n z^{-n}} \qquad (2.30)$$

Definindo-se a variável auxiliar V(z) tal que

$$\frac{Y(z)}{V(z)}\frac{V(z)}{U(z)}=\left(\beta_1 z^{-1}+\beta_2 z^{-2}+\cdots+\beta_{n-1}z^{-n+1}+\beta_n z^{-n}\right)\left(\frac{1}{1+\alpha_1 z^{-1}+\cdots+\alpha_{n-1}z^{-n+1}+\alpha_n z^{-n}}\right)$$

(2.31)

resulta

$$V(z) = -\alpha_1 z^{-1}V(z) - \alpha_2 z^{-2}V(z) - \cdots - \alpha_n z^{-n}V(z) + U(z)$$

(2.32)

e

$$Y(z) = \beta_1 z^{-1}V(z) + \beta_2 z^{-2}V(z) + \cdots + \beta_n z^{-n}V(z)$$

(2.33)

Finalmente, definindo-se

$$X_n(z) = z^{-1}V(z) \quad , \quad X_{n-1}(z) = z^{-2}V(z) \quad , \quad \ldots \quad , \quad X_1(z) = z^{-n}V(z)$$

(2.34)

resulta

$$x_n(k+1) = -\alpha_1 x_n(k) - \alpha_2 x_{n-1}(k) - \cdots - \alpha_n x_1(k) + u(k)$$

(2.35)

e

$$y(k) = \beta_1 x_n(k) + \beta_2 x_{n-1}(k) + \cdots + \beta_n x_1(k)$$

(2.36)

Reescrevendo-se (2.35) e (2.36) na forma matricial, obtemos a representação em variáveis de estado

$$x(k+1) = \begin{bmatrix} 0 & 1 & 0 & \cdots & 0 \\ 0 & 0 & 1 & \cdots & 0 \\ \vdots & \vdots & \vdots & \vdots & \vdots \\ 0 & 0 & 0 & \cdots & 1 \\ -\alpha_n & -\alpha_{n-1} & -\alpha_{n-2} & \cdots & -\alpha_1 \end{bmatrix} x(k) + \begin{bmatrix} 0 \\ 0 \\ \vdots \\ 0 \\ 1 \end{bmatrix} u(k)$$

(2.37)

$$y(k) = \begin{bmatrix} \beta_n & \beta_{n-1} & \cdots & \beta_2 & \beta_1 \end{bmatrix} x(k)$$

(2.38)

Exemplo: Determinar a realização na forma canônica controlável do sistema descrito por

$$G(z) = \frac{z^2 + 5z + 4}{z^2 - 7z + 9} = 1 + \frac{12z - 5}{z^2 - 7z + 9} = 1 + \frac{12z^{-1} - 5z^{-2}}{1 - 7z^{-1} + 9z^{-2}}$$

(2.39)

Notemos que $Y(z)/U(z)=G(z)=1+\overline{G}(z)$, ou seja, $Y(z)=U(z)+\overline{G}(z)U(z)=U(z)+\overline{Y}(z)$, donde $y(k)=u(k)+\overline{y}(k)$. Logo, devemos efetuar a realização de $\overline{G}(z)$, pois está na forma (2.30). Por comparação com (2.37) e (2.38), podemos escrever diretamente

$$\begin{bmatrix} x_1(k+1) \\ x_2(k+1) \end{bmatrix} = \begin{bmatrix} 0 & 1 \\ -9 & 7 \end{bmatrix}\begin{bmatrix} x_1(k) \\ x_2(k) \end{bmatrix} + \begin{bmatrix} 0 \\ 1 \end{bmatrix} u(k)$$

$$y(k) = \begin{bmatrix} -5 & 12 \end{bmatrix}\begin{bmatrix} x_1(k) \\ x_2(k) \end{bmatrix} + u(k)$$

O diagrama de blocos correspondente a esta realização é mostrado na Fig. 2.5.

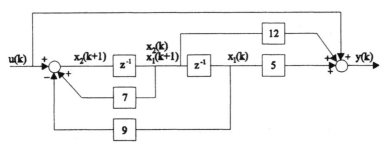

Fig. 2.5- Realização de (2.39) na forma canônica controlável.

□

2.5.2- Forma Canônica Observável (Programação Direta 2)

Considere um sistema com representação

$$G(z) = \frac{Y(z)}{U(z)} = \frac{\beta_0 + \beta_1 z^{-1} + \beta_2 z^{-2} + \cdots + \beta_{n-1} z^{-n+1} + \beta_n z^{-n}}{1 + \alpha_1 z^{-1} + \cdots + \alpha_{n-1} z^{-n+1} + \alpha_n z^{-n}} \qquad (2.40)$$

Definindo-se as variáveis de estado

$$\begin{aligned} x_1(k+1) &= -\alpha_1 y(k) + \beta_1 u(k) + x_2(k) \\ x_2(k+1) &= -\alpha_2 y(k) + \beta_2 u(k) + x_3(k) \\ &\vdots \\ x_n(k+1) &= -\alpha_n y(k) + \beta_n u(k) \end{aligned}$$

e fazendo-se

$$y(k) = x_1(k) + \beta_0 u(k)$$

resulta

$$\begin{aligned} x_1(k+1) &= -\alpha_1 x_1(k) + x_2(k) + (\beta_1 - \alpha_1 \beta_0) u(k) \\ x_2(k+1) &= -\alpha_2 x_1(k) + x_3(k) + (\beta_2 - \alpha_2 \beta_0) u(k) \\ &\vdots \\ x_n(k+1) &= -\alpha_n x_1(k) + (\beta_n - \alpha_n \beta_0) u(k) \end{aligned}$$

Finalmente, substituindo-se $x_1(k)$, $x_2(k)$, ..., $x_n(k)$ na definição de y(k), decorre

$$y(k) = -\sum_{j=1}^{n} \alpha_j y(k\text{-}j) + \sum_{i=0}^{n} \beta_i u(k\text{-}i) \qquad (2.41)$$

cuja função de transferência é G(z) dada em (2.40). Temos então a seguinte representação em variáveis de estado de (2.40),

$$x(k+1) = \begin{bmatrix} -\alpha_1 & 1 & 0 & \cdots & 0 \\ -\alpha_2 & 0 & 1 & \cdots & 0 \\ \vdots & \vdots & \vdots & \vdots & \vdots \\ -\alpha_{n-1} & 0 & 0 & \cdots & 1 \\ -\alpha_n & 0 & 0 & \cdots & 0 \end{bmatrix} x(k) + \begin{bmatrix} \beta_1 - \alpha_1 \beta_0 \\ \beta_2 - \alpha_2 \beta_0 \\ \vdots \\ \beta_{n-1} - \alpha_{n-1} \beta_0 \\ \beta_n - \alpha_n \beta_0 \end{bmatrix} u(k) \qquad (2.42)$$

$$y(k) = \begin{bmatrix} 1 & 0 & \cdots & 0 & 0 \end{bmatrix} x(k) + \beta_0 u(k) \quad (2.43)$$

e o diagrama de blocos correspondente é mostrado na Fig. 2.6.

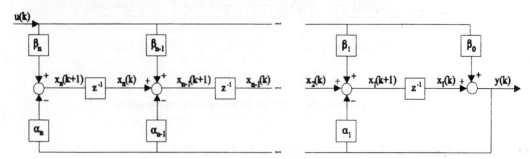

Fig. 2.6- Realização de (2.40) na forma canônica observável.

Exemplo: Determinar a realização na forma canônica observável do sistema descrito por

$$G(z) = \frac{1 + 5z^{-1} + 4z^{-2}}{1 - 7z^{-1} + 9z^{-2}} \quad (2.44)$$

Por comparação com (2.42)-(2.43), podemos escrever

$$\begin{bmatrix} x_1(k+1) \\ x_2(k+1) \end{bmatrix} = \begin{bmatrix} 7 & 1 \\ -9 & 0 \end{bmatrix} \begin{bmatrix} x_1(k) \\ x_2(k) \end{bmatrix} + \begin{bmatrix} 12 \\ -5 \end{bmatrix} u(k)$$

$$y(k) = \begin{bmatrix} 1 & 0 \end{bmatrix} \begin{bmatrix} x_1(k) \\ x_2(k) \end{bmatrix} + u(k)$$

que corresponde ao diagrama de blocos mostrado na Fig. 2.7.

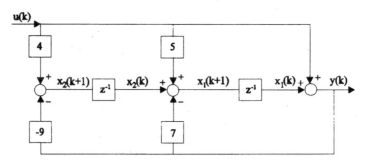

Fig. 2.7- Representação de (2.44) na forma canônica observável. □

2.5.3- Realização Paralela

Consideremos o sistema com representação

$$G(z) = c_0 + \frac{\beta_1 z^{n-1} + \beta_2 z^{n-2} + \cdots + \beta_n}{z^n + \alpha_1 z^{n-1} + \cdots + \alpha_n} = c_0 + \frac{\beta_1 z^{n-1} + \beta_2 z^{n-2} + \cdots + \beta_n}{\prod_{j=1}^{n}(z - p_j)} \quad (2.45)$$

Expandindo-se $G(z)$ em frações parciais, resulta

donde
$$G(z) = c_0 + \frac{c_1}{z-p_1} + \frac{c_2}{z-p_2} + \cdots + \frac{c_n}{z-p_n} \qquad (2.46)$$

$$Y(z) = c_0 U(z) + \frac{c_1 U(z)}{z-p_1} + \frac{c_2 U(z)}{z-p_2} + \cdots + \frac{c_n U(z)}{z-p_n} \qquad (2.47)$$

Definindo-se agora

$$x_1(k+1) = p_1 x_1(k) + u(k), \text{ ou seja } X_1(z) = \frac{U(z)}{z-p_1}$$

$$x_2(k+1) = p_2 x_2(k) + u(k), \text{ ou seja } X_2(z) = \frac{U(z)}{z-p_2}$$

$$\vdots$$

$$x_n(k+1) = p_n x_n(k) + u(k), \text{ ou seja } X_n(z) = \frac{U(z)}{z-p_n}$$

resulta
$$Y(z) = c_0 U(z) + c_1 X_1(z) + c_2 X_2(z) + \cdots + c_n X_n(z) \qquad (2.48)$$

correspondendo ao diagrama de blocos mostrado na Fig. 2.8.

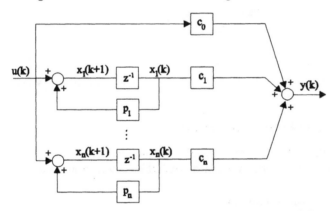

Fig. 2.8- Representação na forma canônica paralela.

Logo, temos a seguinte representação em variáveis de estado,

$$\begin{bmatrix} x_1(k+1) \\ x_2(k+1) \\ \vdots \\ x_n(k+1) \end{bmatrix} = \begin{bmatrix} p_1 & & & 0 \\ & p_2 & & \\ & & \ddots & \\ 0 & & & p_n \end{bmatrix} \begin{bmatrix} x_1(k) \\ x_2(k) \\ \vdots \\ x_n(k) \end{bmatrix} + \begin{bmatrix} 1 \\ 1 \\ \vdots \\ 1 \end{bmatrix} u(k) \qquad (2.49)$$

$$y(k) = \begin{bmatrix} c_1 & c_2 & \cdots & c_n \end{bmatrix} x(k) + c_0 u(k) \qquad (2.50)$$

Exemplo: Determinar a realização na forma paralela do sistema descrito por

$$G(z) = \frac{z^2 + 5z + 3}{z^2 + z - 2} \qquad (2.51)$$

Fatorando-se $G(z)$, resulta

donde
$$G(z) = 1 + \frac{4z+5}{z^2+z-2} = 1 + \frac{c_1}{z-1} + \frac{c_2}{z+2} = 1 + \frac{3}{z-1} + \frac{1}{z+2}$$

$$\begin{bmatrix} x_1(k+1) \\ x_2(k+1) \end{bmatrix} = \begin{bmatrix} 1 & 0 \\ 0 & -2 \end{bmatrix} \begin{bmatrix} x_1(k) \\ x_2(k) \end{bmatrix} + \begin{bmatrix} 1 \\ 1 \end{bmatrix} u(k)$$

$$y(k) = \begin{bmatrix} 3 & 1 \end{bmatrix} \begin{bmatrix} x_1(k) \\ x_2(k) \end{bmatrix} + u(k)$$

com o diagrama de blocos mostrado na Fig. 2.9.

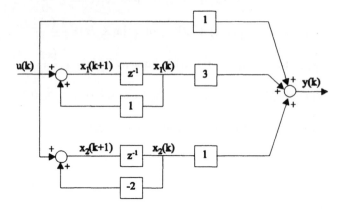

Fig. 2.9- Representação de (2.51) na forma canônica paralela.   □

2.5.4- Realização em Cascata (ou Iterativa)

Consiste em se reescrever a função de transferência como um produto de blocos de primeira ordem, e considerar a saída de cada bloco com sendo uma variável de estado.

Exemplo: Considere o sistema descrito por

$$\frac{Y(z)}{U(z)} = G(z) = 1 + \frac{4z+5}{z^2+z-2} = 1 + \frac{4(z+5/4)}{(z-1)(z+2)} \qquad (2.52)$$

cuja representação em diagrama de blocos é mostrada na Fig. 2.10.

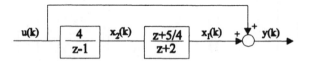

Fig. 2.10- Realização em cascata ou iterativa de (2.52).

Logo, designando-se as variáveis de estado como sendo as saídas de cada bloco de primeira ordem, resulta

$$\begin{aligned} x_2(k+1) &= x_2(k) + 4u(k) \\ x_1(k+1) &= -2x_1(k) + x_2(k+1) + \tfrac{5}{4}x_2(k) = -2x_1(k) + \tfrac{9}{4}x_2(k) + 4u(k) \\ y(k) &= x_1(k) + u(k) \end{aligned}$$

Modelagem no Espaço de Estado

donde

$$\begin{bmatrix} x_1(k+1) \\ x_2(k+1) \end{bmatrix} = \begin{bmatrix} -2 & 9/4 \\ 0 & 1 \end{bmatrix} \begin{bmatrix} x_1(k) \\ x_2(k) \end{bmatrix} + \begin{bmatrix} 4 \\ 4 \end{bmatrix} u(k)$$

$$y(k) = \begin{bmatrix} 1 & 0 \end{bmatrix} \begin{bmatrix} x_1(k) \\ x_2(k) \end{bmatrix} + u(k)$$

$\square$

Dependendo da aplicação ou do *hardware* disponível para implementação, uma forma de realização pode ser mais indicada que as outras. Por exemplo, no estudo de projeto de controladores via alocação de pólos, no capítulo 3, veremos que a realização na forma canônica controlável facilita consideravelmente a obtenção do controlador. Adicionalmente, as realizações diferem nas propriedades de robustez numérica, no que se refere por exemplo à influência de erros de truncamento, vide Katz (1981) para detalhes.

2.6- ANÁLIDE DE ESTABILIDADE

Seja o sistema discreto com representação

$$x(k+1) = F(x(k),k) \tag{2.53}$$

Definição: Um ponto de equilíbrio x^e (isto é, $x^e = f(x^e, k, k_0) \; \forall k > k_0$) é estável no instante k_0 se e somente se para qualquer $\epsilon > 0$ existir $\delta(\epsilon, k_0)$, positivo, tal que $\|x(k_0) - x^e\| < \delta$ implique $\|x(k) - x^e\| < \epsilon, \; \forall k \geq k_0$.

Este ponto de equilíbrio será assintoticamente estável se $\|x(k) - x^e\| \to 0$ quando $k \to \infty$.

$\square$

Se o sistema for linear e invariante no tempo, podemos escrever (2.53) na forma

$$x(k+1) = Ax(k) \tag{2.54}$$

Teorema: O sistema $x(k+1) = Ax(k)$ é assintoticamente estável se e somente se os autovalores da matriz A tiverem módulo menor que a unidade.

Verificação: Como já visto, por exemplo em (2.21), a solução de (2.54) é da forma $x(k) = A^k x(0)$. Definindo-se $\overline{x}(k) = Px(k)$, resulta

$$P^{-1}\overline{x}(k+1) = AP^{-1}\overline{x}(k) \; \rightarrow \; \overline{x}(k+1) = PAP^{-1}\overline{x}(k) \stackrel{\Delta}{=} \overline{A}\overline{x}(k) \quad e \quad \overline{x}(k) = \overline{A}^k\overline{x}(0) \tag{2.55}$$

Se a matriz de mudança de base P for tal que $\overline{A}$ seja diagonal, então

$$\overline{A} = \begin{bmatrix} \lambda_1 & 0 & \cdots & 0 \\ 0 & \lambda_2 & \cdots & 0 \\ \vdots & \vdots & \ddots & \vdots \\ 0 & 0 & \cdots & \lambda_n \end{bmatrix} \rightarrow \overline{A}^k = \begin{bmatrix} \lambda_1^k & 0 & \cdots & 0 \\ 0 & \lambda_2^k & \cdots & 0 \\ \vdots & \vdots & \ddots & \vdots \\ 0 & 0 & \cdots & \lambda_n^k \end{bmatrix} \tag{2.56}$$

e portanto de (2.55) $\overline{x}(k)$ será combinação linear de modos λ_i^k, o mesmo ocorrendo com $x(k)$, pois $x(k)=P^{-1}\overline{x}(k)$. Se $|\lambda_i| < 1$, então $x(k) \to 0$ quando $k \to \infty$.

No caso geral, $\overline{A}$ é diagonal por blocos e $x(k)$ é combinação linear de termos da forma $p_i \lambda_i^k$, onde p_i é polinômio em k, que, devido a L'Hospital, convergem para zero se $|\lambda_i| < 1$, conforme mostrado no exemplo que segue a equação (1.113). ☐

Modelagem no Espaço de Estado

2.7- EXERCÍCIOS

1) Dado um sistema discreto com representação

$$\begin{bmatrix} x_1(k+1) \\ x_2(k+1) \\ x_3(k+1) \end{bmatrix} = \begin{bmatrix} 0 & 1 & 0 \\ -0,4 & 1,3 & 0 \\ 0 & 0 & -0,5 \end{bmatrix} \begin{bmatrix} x_1(k) \\ x_2(k) \\ x_3(k) \end{bmatrix} + \begin{bmatrix} 0 \\ 1 \\ 0 \end{bmatrix} u(k)$$

$$y(k) = \begin{bmatrix} 0 & 1 & 1 \end{bmatrix} \begin{bmatrix} x_1(k) \\ x_2(k) \\ x_3(k) \end{bmatrix}$$

verificar se este sistema é controlável e observável.

2) Dado um sistema discreto com representação

$$\begin{bmatrix} x_1(k+1) \\ x_2(k+1) \\ x_3(k+1) \end{bmatrix} = \begin{bmatrix} 0 & 1 & 2 \\ 0 & 0 & 3 \\ 0 & 0 & 0 \end{bmatrix} \begin{bmatrix} x_1(k) \\ x_2(k) \\ x_3(k) \end{bmatrix} + \begin{bmatrix} 0 \\ 1 \\ 0 \end{bmatrix} u(k)$$

2.1) Obtenha a seqüência de controle que transfere o estado $x(0)=[1\ 1\ 1]^T$ para a origem, especificando o número mínimo de passos que possibilita esta transferência.
2.2) Partindo-se da origem $x(0)=[0\ 0\ 0]^T$, determine o número de passos necessários para se alcançar o ponto $x(.)=[1\ 1\ 1]^T$.

3) Dado um processo com representação $G(s)=\dfrac{e^{-0,5s}}{s(s+1)}$, obter as representações descritas

na seção 2.5, admitindo discretização com período de amostragem $T=0,2s$.

3 - PROJETO DE CONTROLADORES DIGITAIS

3.1- INTRODUÇÃO

Uma vez apresentados os dois capítulos anteriores relacionados à análise de sistemas amostrados e discretos, consideraremos em seguida o problema de síntese. Basicamente, estaremos interessados em determinar a função de transferência, ou a representação em variáveis de estado, de um controlador digital de modo que certas especificações de projeto sejam satisfeitas. Deve ficar claro que a etapa de especificação de desempenho não é de maneira alguma trivial.

Como introdução, consideraremos algumas especificações clássicas de projeto.

a) Resposta Transitória

Possíveis indíces de desempenho, para sistemas de segunda ordem ou que possuem comportamento dominante de segunda ordem, são mostrados na Fig. 3.1, onde t_r=tempo de subida, t_p=tempo de pico, t_s=tempo de estabilização, M_p=máximo de ultrapassagem (*overshoot*) e y_{ref}=referência tipo degrau.

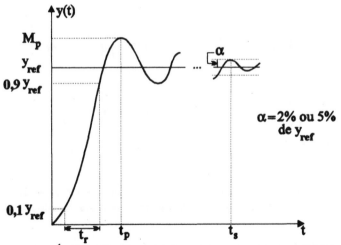

Fig. 3.1- Índices de desempenho para resposta transitória.

Observação: Relação entre a resposta em freqüência e transitório- Seja o sistema contínuo realimentado mostrado na Fig. 3.2, com função de transferência em malha fechada dada por

$$Y(s) = \frac{G(s)}{1 + G(s)H(s)} R(s) = T(s)R(s) \tag{3.1}$$

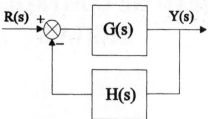

Fig. 3.2- Sistema realimentado.

Sabemos que

$$T(t) = \frac{1}{2\pi j} \int_{\sigma-j\infty}^{\sigma+j\infty} T_f(s) \, e^{sT} \, ds \quad \text{onde} \quad T_f(s) = \int_0^\infty T(s) \, e^{-sT} \, dt \quad (3.2)$$

e se a região de convergência de $T_f(s)$ incluir o eixo imaginário, então

$$T(t) = \frac{1}{2\pi j} \int_{-j\infty}^{j\infty} T_f(jw) \, e^{jwT} \, j \, dw = \frac{1}{2\pi} \int_{-\infty}^{\infty} T_f(jw) \, e^{jwT} \, dw \quad (3.3)$$

e

donde

$$T_f(jw) = \int_0^\infty T(t) \, e^{-jwt} \, dt \quad (3.4)$$

$$T(0) = \frac{1}{2\pi} \int_{-\infty}^{\infty} T_f(jw) \, dw \quad e \quad T_f(0) = \int_0^\infty T(t) \, dt \quad (3.5)$$

Portanto,

$$T(0) \, T_f(0) = \frac{1}{2\pi} \left(\int_{-\infty}^{\infty} T_f(jw) \, dw \right) \int_0^\infty T(t) \, dt \quad (3.6)$$

ou seja

$$\left(\int_0^\infty T(t) \, dt / T(0) \right) \left(\int_{-\infty}^{\infty} T_f(jw) \, dw / T_f(0) \right) = 2\pi \quad (3.7)$$

que nos permite escrever a aproximação

$$t_p \sim \frac{1}{w_p} \quad (3.8)$$

onde t_p é o tempo de pico e w_p é a banda passante do sistema de controle. Exceto para sistemas de segunda ordem, não é possível caracterizar exatamente a resposta transitória dada a resposta em freqüência.

Em decorrência da relação entre tempo de pico t_p e banda passante w_p exibida em (3.8), aparentemente quanto maior a banda passante melhor o desempenho transitório. Contudo, à medida em que a banda passante aumenta eleva-se também a sensibilidade a ruídos. Assim, um compromisso entre largura de banda e rejeição a ruído deve ser estabelecido.

Usualmente os índices de desempenho no domínio da freqüência são BW=largura de banda, w_m=freqüência de ressonância e M_m=máximo de ultrapassagem, conforme mostrado na Fig. 3.3. Para sistemas de segunda ordem esses índices são funções explícitas do fator de amortecimento ξ e da freqüência natural w_n.

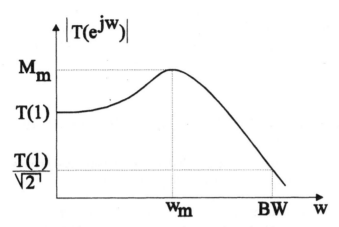

Fig. 3.3- Índices de desempenho no domínio da freqüência.

b) Acurabilidade Estática

Corresponde ao erro em regime. Usualmente há um compromisso entre acurabilidade estática e estabilidade relativa, medida pela margem de fase e margem de ganho.

c) Estabilidade Relativa

Medida pela proximidade do diagrama de Nyquist ao ponto $(-1,0)$, conforme indicado na Fig. 3.4, onde a margem de fase α é definida por $\alpha=180°+\angle GH(jw_f)$ e a margem de ganho a é definida por $a=1/\|GH(jw_g)\|$.

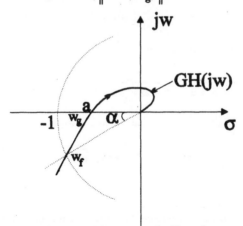

Fig. 3.4- Diagrama de Nyquist.

Para sistemas de segunda ordem, há relação exata entre a margem de fase α na Fig. 3.4 e o máximo de ultrapassagem M_p na Fig. 3.1.

Os índices citados anteriormente dizem respeito à abordagem clássica. Para a formulação em variáveis de estado, usualmente utilizamos critério tipo linear quadrático. Caso algumas variáveis de estado não sejam disponíveis, devemos utilizar observadores de estados para reconstituí-las. Caso haja ruído atuando no sistema com observação parcial, em geral o filtro de Kalman é utilizado para estimar o estado. No capítulo 4 retornaremos a este problema de controle e de estimação.

3.2- DISCRETIZAÇÃO DE CONTROLADORES PROJETADOS NO DOMÍNIO CONTÍNUO

Caso se decida utilizar um controlador digital com base apenas no argumento de que o *hardware* correspondente é mais econômico e flexível, é evidente que podemos procurar por um sistema amostrado, ou digital, que reproduza o comportamento do sistema de controle contínuo original. Logo, podemos utilizar qualquer técnica de projeto no domínio contínuo e discretizar em seguida o controlador resultante, tentando satisfazer os requisitos originais de projeto.

Exemplo 1: Seja o sistema de controle mostrado na Fig. 3.5.

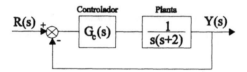

Fig. 3.5- Sistema de controle para *redesign* digital.

As especificações de freqüência natural $w_n=3$ rad/s e fator de amortecimento $\xi=0,5$ podem ser obtidas com o compensador

$$G_c(s) = \frac{9(s+2)}{(s+3)} \qquad (3.9)$$

Efetivamente, com este controlador resulta

$$T(s) = \frac{Y(s)}{R(s)} = \frac{9}{s^2+3s+9} = \frac{w_n^2}{s^2+2\xi w_n s + w_n^2} \quad \rightarrow \quad w_n=3 \text{ rad/s e } \xi=0,5 \qquad (3.10)$$

O sistema de controle digital correspondente tem a estrutura mostrada na Fig. 3.6.

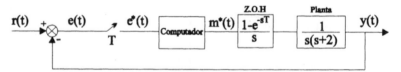

Fig. 3.6- Sistema de controle digital correspondente à Fig. 3.5.

Conforme já visto na seção 1.6.4, o segurador de ordem zero pode ser aproximado por $e^{-Ts/2}$, para valores pequenos o suficiente do período de amostragem T. Usualmente, o período de amostragem é determinado de tal modo que o segurador de ordem zero reduza a margem de fase de um valor entre 5° e 15°. Obviamente, haverá uma pequena deterioração em relação ao desempenho do sistema de

Projeto de Controladores Digitais

controle contínuo. Assim, denotando por R_{mf} a redução na margem de fase, temos

$$R_{mf} = \frac{Tw^{mf}}{2} \in \left(\frac{5\pi}{180}, \frac{15\pi}{180}\right) \quad , \quad \text{donde} \quad T \in \left(\frac{0,17}{w^{mf}}; \frac{0,52}{w^{mf}}\right) s \quad (3.11)$$

onde w^{mf} é a freqüência de margem de fase da função de transferência em malha aberta, ou seja,

$$|G_c(jw^{mf})G(jw^{mf})| = 1 \quad (3.12)$$

No caso em consideração,

$$w^{mf} = 2,384 \text{ rad/s} \quad , \quad \text{donde} \quad T \in (0,071; 0,218) \text{ s}$$

O problema agora se resume em determinar um compensador digital, ou filtro digital, $G_{cd}(z)$ cuja resposta se assemelhe à de $G_c(s)$. Neste exemplo utilizaremos a aproximação tipo ordem-zero, ou invariante ao degrau, conforme indicado na Fig. 3.7.

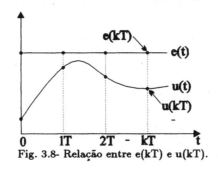

Fig. 3.7- Aproximação invariante ao degrau para $G_c(s)$.

Na Fig. 3.7 a função de transferência $G_{cd}(z)$ é tal que

$$\bar{U}(z) = G_{cd}(z) E(z) = \frac{1}{1-z^{-1}} G_{cd}(z) = \mathcal{Z}[\tfrac{1}{s} G_c(s)] \quad (3.13)$$

sendo a relação entre os sinais contínuos e discretos mostrados na Fig. 3.8.

Fig. 3.8- Relação entre e(kT) e u(kT).

Então, de (3.13) resulta

$$G_{cd}(z) = (1-z^{-1}) \mathcal{Z}[\tfrac{1}{s} G_c(s)] \quad (3.14)$$

e o sistema de controle analógico da Fig. 3.5 será substituído pelo sistema da Fig. 3.9.

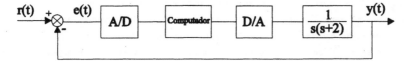

Fig. 3.9- Sistema de controle digital.

Utilizando a representação do capítulo 1, finalmente substituimos a Fig. 3.9 pelo modelo matemático mostrado na Fig. 3.10.

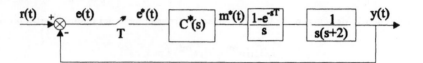

Fig. 3.10- Modelo do sistema de controle da Fig. 3.9.

Neste exemplo, a função de transferência C(z) na Fig. 3.10 é dada por $C(z)=G_{cd}(z)$. Logo, de (3.9), (3.14) e da seção 1.6.4 podemos escrever

$$C(z) = (1-z^{-1})\mathcal{Z}[\frac{9(s+2)}{s(s+3)}] = (1-z^{-1})\left\{ \lim_{s \to 0} \left(\frac{9(s+2)z}{(s+3)(z-e^{sT})} \right) + \lim_{s \to -3} \left(\frac{9(s+2)z}{s(z-e^{sT})} \right) \right\}$$

resultando a função de transferência

$$C(z) = \frac{9z - 6e^{-3T} - 3}{z - e^{-3T}}$$

Por exemplo, para período de amostragem T=0,1s obtemos

$$C(z) = \frac{9z - 7,445}{z - 0,741} = \frac{9 - 7,445z^{-1}}{1 - 0,741z^{-1}} \tag{3.15}$$

ou seja, o computador deve efetuar a operação

$$m(kT) = 0,741m(kT-T) + 9e(kT) - 7,445e(kT-T)$$

ou mais simplesmente, omitindo-se o período de amostragem T,

$$m(k) = 0,741m(k-1) + 9e(k) - 7,445e(k-1) \tag{3.16}$$

Para período de amostragem T=0,2s resulta

$$C(z) = \frac{9 - 6,233z^{-1}}{1 - 0,549z^{-1}} \tag{3.17}$$

e portanto o computador deve efetuar a operação

$$m(kT) = 0,549m(kT-T) + 9e(kT) - 6,233e(kT-T)$$

ou simplesmente, omitindo-se T,

$$m(k) = 0,549m(k-1) + 9e(k) - 6,233e(k-1) \tag{3.18}$$

Na Fig. 3.11 são apresentadas as respostas para o caso contínuo e aquelas obtidas com T=0,1s e T=0,2s. As respostas para T=0,1s e T=0,2s foram obtidas interpolando-se linearmente os valores de y(k) e y(k+1). Conforme esperado, a resposta do sistema de controle se deteriora à medida em que o período de amostragem T se eleva, devido ao aumento do atraso de transporte introduzido pelo segurador de ordem zero.

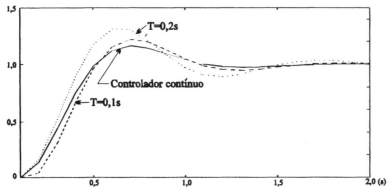

Fig. 3.11- Respostas para controladores contínuo e discretizados com T=0,1s e T=0,2s.

Obviamente, para um dado T no intervalo estabelecido em (3.11), não podemos considerar encerrada a fase de projeto. Devemos realizar simulações para detetar, por exemplo, a existência de saturação, e a seguir efetuar experimentos com o sistema físico real, ou seja, não podemos ignorar o importante aspecto da validação do projeto. □

Exemplo 2: Consideremos agora o sistema da Fig. 3.12.

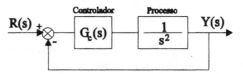

Fig. 3.12- Sistema de controle de processo com pólo duplo na origem.

Caso façamos

$$G_c(s) = \frac{52(s + 2,769)}{(s + 13)} \quad (3.19)$$

resultam pólos dominantes com freqüência natural w_n=4 rad/s e fator de amortecimento ξ=0,5. Admitamos que o controlador digital deva ser projetado com T=0,02s. Determinemos de início a aproximação de um segurador de ordem zero para T=0,02s. Temos

$$\frac{1 - e^{-sT}}{s} \approx e^{-sT/2} = \frac{1}{e^{sT/2}} \approx \frac{1}{1 + sT/2} = \frac{2/T}{s + 2/T} \quad (3.20)$$

donde

$$H_0^a(s) = \frac{100}{s + 100} \quad (3.21)$$

Notemos que o segurador não causará modificação apreciável no sistema anterior, pois o pólo de $H_0^a(s)$ está bastante afastado do pólo de G(s). Caso contrário, deveríamos reprojetar $G_c(s)$ considerando um processo com função de transferência $H_0^a(s)G_c(s)$. Resumindo, o sistema de controle digital resultante tem estrutura mostrada na Fig. 3.13.

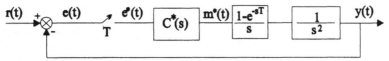

Fig. 3.13- Versão digital do sistema de controle da Fig. 3.12.

Na Fig. 3.13 a função de transferência $C(z)$ é dada por

$$C(z) = (1 - z^{-1})\mathcal{Z}[\tfrac{1}{s} G_c(s)] = (1 - z^{-1})\mathcal{Z}[\frac{52(s + 2{,}769)}{s(s + 13)}]$$

donde

$$C(z) = \frac{52 - 49{,}464z^{-1}}{1 - 0{,}771z^{-1}} \qquad (3.22)$$

Logo o computador deve efetuar a operação

$$m(kT) = 0{,}771m(kT\text{-}T) + 52e(kT) - 49{,}464e(kT\text{-}T)$$

ou ainda, omitindo-se T,

$$m(k) = 0{,}771m(k\text{-}1) + 52e(k) - 49{,}464e(k\text{-}1) \qquad (3.23)$$

□

3.3- AJUSTE EMPÍRICO DE CONTROLADORES ANALÓGICOS

Devido à grande aplicabilidade de controladores tipo PID, consideraremos nesta seção algumas técnicas empíricas para ajuste destes controladores, vide Åström e Wittenmark (1984) para detalhes. Seja o controlador analógico caracterizado pela relação

$$u(t) = K_p \left(e(t) + \frac{1}{T_i}\int_0^t e(\tau)\,d\tau + T_d \frac{de(t)}{dt} \right) = K_p\, e(t) + K_i \int_0^t e(\tau)\,d\tau + K_d \frac{de(t)}{dt} \qquad (3.24)$$

onde $e(t) = y_{ref}(t) - y(t)$.

Valores convenientes de K_p, T_i e T_d para um dado processo podem ser obtidos empiricamente com base nos métodos resumidos a seguir. O empirismo desses métodos advém do fato de se assumir que o processo controlado se comporta como um processo padrão utilizado para estabelecer tais métodos. Para o processo padrão, porém, utilizam-se procedimentos formais, vide Hang (1989) por exemplo.

3.3.1- Método da Resposta Transitória: Procede-se conforme indicado na Fig. 3.14. O processo de interesse é excitado por entrada tipo degrau, registrando-se a resposta correspondente. A seguir dois parâmetros, L e α, são extraídos da resposta e o controlador é imediatamente projetado com base nesses dois parâmetros. Obviamente, esta abordagem não se aplica a sistemas que em malha aberta são instáveis ou que possuam respostas que não se assemelham à resposta de um sistema de primeira ordem.

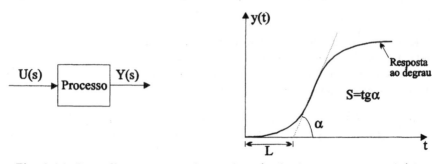

Fig. 3.14- Procedimento para ajuste via método da resposta transitória.

Estrutura do Controlador	K_p	T_i	T_d
P	1/LS		
PI	0,9/LS	3L	
PID	1,2/LS	2L	0,5L

3.3.2- Método do Ganho Crítico: O procedimento é mostrado na Fig. 3.15, e utiliza um controlador proporcional cujo ganho é variado até que se obtenha resposta com oscilação sustentada. O valor de ganho K que origina tal resposta é denominado K_{max} e o período de oscilação correspondente é denominado T_0. O controlador é então projeto com base nesses dois parâmetros.

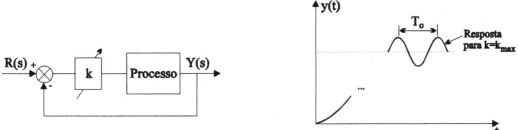

Fig. 3.15- Procedimento para ajuste via método do ganho crítico.

Estrutura do Controlador	K_p	T_i	T_d
P	$0,5K_{max}$		
PI	$0,45K_{max}$	$T_0/1,2$	
PID	$0,6K_{max}$	$T_0/2$	$T_0/8$

3.3.3 - Método do Decaimento de 1/4: Uma vez que a existência de instabilidade em certos casos do procedimento 3.3.2 pode ser drástica, pode-se utilizar a seguinte abordagem alternativa, ilustrada na Fig. 3.16. Neste caso, o ganho é variado até que a resposta apresente razão de 1/4 entre picos consecutivos, sendo então denominado $K_{1/4}$ e usado para projetar o controlador.

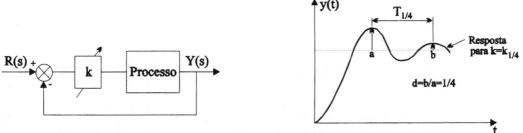

Fig. 3.16- Procedimento para ajuste via método do decaimento de 1/4.

Estrutura do Controlador	K_p	T_i	T_d
P	$K_{1/4}$		
PI	$0,9K_{1/4}$	$T_{1/4}$	
PID	$1,2K_{1/4}$	$T_{1/4}$	$T_{1/4}/4$

3.3.4 - Discretização do Controlador

Uma vez obtidos os parâmetros do controlador analógico (3.24), podemos utilizar as seguintes aproximações para obter o controlador digital correspondente:

1ª Aproximação:

$$\text{Derivação:} \quad \frac{d\,e(t)}{dt} = \frac{e(kT) - e(kT\text{-}T)}{T} \tag{3.25}$$

$$\text{Integração:} \quad \int_0^{kT} e(t)dt = T\sum_{i=1}^{k} e(iT) \quad (right\ side) \tag{3.26}$$

Logo, temos

$$u(k) = K_p e(k) + K_i T \sum_{i=1}^{k} e(i) + K_d \frac{e(k) - e(k\text{-}1)}{T} \tag{3.27}$$

e

$$u(k\text{-}1) = K_p e(k\text{-}1) + K_i T \sum_{i=1}^{k\text{-}1} e(i) + K_d \frac{e(k\text{-}1) - e(k\text{-}2)}{T} \tag{3.28}$$

resultando

$$u(k) - u(k\text{-}1) = K_p\big(e(k)-e(k\text{-}1)\big) + K_i T\,e(k) + \frac{K_d}{T}\big(e(k)-2e(k\text{-}1)+e(k\text{-}2)\big) \tag{3.29}$$

ou seja

$$\Delta u(k) = \left(K_p + K_i T + \frac{K_d}{T}\right) e(k) - \left(K_p + 2\,\frac{K_d}{T}\right) e(k\text{-}1) + \frac{K_d}{T}\,e(k\text{-}2) \tag{3.30}$$

2ª Aproximação:

Derivação: Conforme caso anterior, isto é, (3.25).

$$\text{Integração:} \quad \int_0^{kT} e(t)dt = T\sum_{i=0}^{k\text{-}1} \frac{e(iT) + e(iT+T)}{2} \tag{3.31}$$

Desta forma, temos

$$u(k) = K_p e(k) + K_i T \sum_{i=0}^{k\text{-}1} \frac{e(i) + e(i+1)}{2} + K_d \frac{e(k) - e(k\text{-}1)}{T} \tag{3.32}$$

e

$$u(k\text{-}1) = K_p e(k\text{-}1) + K_i T \sum_{i=0}^{k\text{-}2} \frac{e(i) + e(i+1)}{2} + K_d \frac{e(k\text{-}1) - e(k\text{-}2)}{T} \tag{3.33}$$

Projeto de Con   oladores Digitais   79

resultando

$$u(k) - u(k\text{-}1) = K_p\Big(e(k) - e(k\text{-}1)\Big) + K_i T\Big(\frac{e(k) + e(k\text{-}1)}{2}\Big) + \frac{K_d}{T}\Big(e(k) - 2e(k\text{-}1) + e(k\text{-}2)\Big)$$
(3.34)

ou seja

$$\Delta u(k) = \Big(K_p + \frac{K_i T}{2} + \frac{K_d}{T}\Big) e(k) - \Big(K_p + \frac{2K_d}{T} - \frac{K_i T}{2}\Big) e(k\text{-}1) + \frac{K_d}{T} e(k\text{-}2) \quad (3.35)$$

Convém notar que nas expressões anteriores o controle u(k) depende de e(k). Na implementação do controlador em tempo real, existe um atraso entre a aquisição de e(k) e o cálculo de u(k). No presente caso estamos supondo que este atraso é desprezível.

3.4- TÉCNICAS DE DISCRETIZAÇÃO

Nesta seção consideraremos algumas técnicas gerais para discretização de controladores projetados no domínio do tempo contínuo.

3.4.1- Aproximação com Segurador de Ordem Zero (ou Invariante ao Degrau)

Já visto anteriormente, conforme em (3.14). Apresentamos apenas uma justificativa mais formal. Considere os sistemas contínuo e discreto da Fig. 3.17.

Fig. 3.17- Procedimento para obtenção da aproximação invariante ao degrau.

Logo, para que a resposta seja invariante ao degrau devemos impor que $\bar{u}(kT)$ coincida com os valores de u(t) para t=kT. Para tanto devemos forçar a igualdade

$$\Big(\frac{1}{1 - z^{-1}}\Big) G_{cd}(z) = \mathcal{Z}[\tfrac{1}{s}G_c(s)] \tag{3.36}$$

donde

$$G_{cd}(z) = (1 - z^{-1})\, \mathcal{Z}[\frac{G_c(s)}{s}] \tag{3.37}$$

3.4.2- Mapeamento de Diferenciais

Seja $u(t)=\dfrac{de(t)}{dt}$. Então, substituindo-se a derivada pela aproximação de primeira ordem

$$u(t) = \frac{de(t)}{dt} \approx \frac{e(t) - e(t\text{-}T)}{T} \tag{3.38}$$

resulta

$$U(s) = sE(s) \quad \rightarrow \quad U(z) \approx \frac{1 - z^{-1}}{T} E(z) \tag{3.39}$$

e podemos substituir s por $\dfrac{1 - z^{-1}}{T}$, ou seja

$$G_{cd}(z) = G_c(s)\,\Big|_{s=\frac{1 - z^{-1}}{T}} \tag{3.40}$$

Esta técnica de discretização caracteriza-se pela extrema simplicidade, sendo facilmente programável em computador.

Exemplo: Seja o compensador

$$G_c(s) = \frac{9(s+2)}{(s+3)} = \frac{U(s)}{E(s)} \tag{3.41}$$

ou seja,

$$\frac{du(t)}{dt} + 3u(t) = 9\frac{de(t)}{dt} + 12e(t) \tag{3.42}$$

Substituindo-se a derivada pela aproximação de primeira ordem, resulta

$$\frac{u(t)-u(t\text{-}T)}{T} + 3u(t) = 9\frac{(e(t)-e(t\text{-}T))}{dt} + 12e(t) \;\rightarrow\; u(t) = \frac{1}{1+3T}\Big(u(t\text{-}T) + (9{+}18T)e(t) - 9e(t\text{-}T)\Big)$$

que avaliada para t=kT origina

$$u(kT) = \frac{1}{1+3T}\Big(u(kT\text{-}T) + (9{+}18T)e(kT) - 9e(kT\text{-}T)\Big) \tag{3.43}$$

ou seja,

$$u(k) = \frac{1}{1+3T}\Big(u(k\text{-}1) + (9{+}18T)e(k) - 9e(k\text{-}1)\Big) \tag{3.44}$$

Poderíamos também substituir diretamente s por $(1{-}z^{-1})/T$ em $G_c(s)$ dada em (3.14), isto é,

$$G_{cd}(z) = \frac{9(s+2)}{(s+3)} \Big|_{s=\frac{1-z^{-1}}{T}} = \frac{9(1-z^{-1}+2T)}{1-z^{-1}+3T} = \frac{9+18T-9z^{-1}}{1+3T-z^{-1}} = \frac{(9+18T-9z^{-1})/(1+3T)}{1-(z^{-1}/(1+3T))} = \frac{U(z)}{E(z)}$$

donde

$$u(k) = \frac{1}{1+3T}\Big(u(k\text{-}1) + (9{+}18T)e(k) - 9e(k\text{-}1)\Big)$$

que coincide com (3.44), conforme esperado. $\qquad\qquad\square$

3.4.3- Integração Retangular

Suponhamos que o controlador analógico possua função de transferência

$$G_c(s) = \frac{\beta_0 + \beta_1 s^{-1} + \cdots + \beta_n s^{-n}}{1 + \alpha_1 s^{-1} + \cdots + \alpha_n s^{-n}} \tag{3.45}$$

Utilizando-se a aproximação

$$u(kT) = T\sum_{j=0}^{k-1} e(jT) \quad (\textit{left-side approximation}) \tag{3.46}$$

para a integral $u(kT) = \displaystyle\int_0^{kT} e(t)dt$, resulta

$$u(kT) - u(kT\text{-}T) = Te(kT\text{-}T) \;\rightarrow\; U(z) = \frac{Tz^{-1}}{1-z^{-1}}E(z) \;\rightarrow\; U(z) = \frac{T}{z-1}E(z) \tag{3.47}$$

e uma vez que u(t) é a integral de e(t), temos também $U(s)=\frac{1}{s}E(s)$. Assim, devido a (3.47) substituiremos $(1/s)$ por $(T/(z-1))$, resultando

$$G_{cd}(z) = G_c(s)\Big|_{s=\frac{z-1}{T}} \tag{3.48}$$

Exemplo: Considere o compensador analógico

$$G_c(s) = \frac{9(s+2)}{(s+3)} = \frac{U(s)}{E(s)} \quad (3.49)$$

Substituindo-se s por $(z-1)/T$, resulta

$$G_{cd}(z) = \frac{9(s+2)}{(s+3)}\bigg|_{s=\frac{1-z}{T}} = \frac{9(z-1+2T)}{z-1+3T} = \frac{9 + (18T-9)z^{-1}}{1 + (3T-1)z^{-1}} \quad (3.50)$$

e considerando, por exemplo, T=0,1s, temos

$$G_{cd}(z) = \frac{9 - 7{,}2\,z^{-1}}{1 - 0{,}7z^{-1}} \quad (3.51)$$

ou seja, o computador deve efetuar a operação

$$u(k) = 0{,}7u(k\text{-}1) + 9e(k) - 7{,}2e(k\text{-}1) \quad (3.52)$$

□

Observação.: Poder-se-ía indagar se todo compensador analógico $G_c(s)$ estável possuirá correspondente digital $G_{cd}(z)$ também estável quando discretizado substituindo-se s por $(z-1)/T$. Basta notar que o mapeamento do plano s no plano z via $z = Ts + 1$ possui a forma indicada na Fig. 3.18.

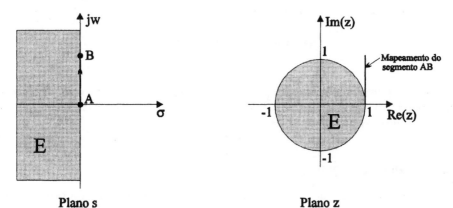

Fig. 3.18- Mapeamento via $z = Ts + 1$.

Logo, mesmo que $G_c(s)$ seja estável (pólos no semiplano esquerdo), podemos ter $G_{cd}(z)$ instável (pólos fora do círculo unitário).
□

3.4.4- Transformação Bilinear (ou Transformação de Tustin)

Admitamos agora que a aproximação trapezoidal seja utilizada para a integral, isto é,

$$u(kT) = \frac{T}{2} \sum_{j=0}^{k-1} \left(e(jT) + e(jT+T) \right) \quad (3.53)$$

donde

$$u(kT) - u(kT\text{-}T) = \frac{T}{2}\left(e(kT\text{-}T) + e(kT)\right) \quad \rightarrow \quad U(z) = \frac{T}{2}\frac{1+z^{-1}}{1-z^{-1}}E(z) \quad (3.54)$$

Assim, $G_{cd}(z)$ pode ser obtido a partir de $G_c(s)$ substituindo-se $\frac{1}{s}$ por

$\frac{T}{2}\frac{1+z^{-1}}{1-z^{-1}}=\frac{T}{2}\frac{z+1}{z-1}$, ou seja,

$$G_{cd}(z) = G_c(s)\ \Big|_{s=\frac{2}{T}\frac{z-1}{z+1}} \tag{3.55}$$

Exemplo: Considerando ainda o compensador

$$G_c(s) = \frac{9(s+2)}{(s+3)} = \frac{U(z)}{E(z)} \tag{3.56}$$

e substituindo-se s por $\frac{2}{T}\frac{z-1}{z+1}$ resulta

$$G_{cd}(z) = \frac{9\left(\frac{2z-1}{Tz+1} + 2\right)}{\frac{2z-1}{Tz+1} + 3} = \frac{(18+18T)z + 18T - 18}{(2+3T)z + 3T - 2}$$

Para T=0,1s, por exemplo, temos

$$G_{cd}(z) = \frac{8,609 - 7,043\ z^{-1}}{1 - 0,739z^{-1}} \tag{3.57}$$

ou seja, o computador deve efetuar a operação

$$u(k) = 0{,}739u(k\text{-}1) + 8{,}609e(k) - 7{,}043e(k\text{-}1) \tag{3.58}$$

□

Observação: A transformação $s=\frac{2}{T}\frac{z-1}{z+1}$ mapeia a semiplano complexo esquerdo, do plano s, dentro do círculo unitário no plano z. Logo, se a função de transferência $G_c(s)$ for estável, $G_{cd}(z)$ também será estável, para qualquer período de amostragem T. □

3.4.5- Transformação Bilinear com *Prewarping*

Consideremos de início a resposta em freqüência da função de transferência discreta

$$G_{cd}(z) = \frac{U(z)}{E(z)} \tag{3.59}$$

que equivale a analisar o módulo e a fase do número complexo $G_{cd}(z)$, em função de w, para entrada e(kT) da forma

$$e(kT) = \text{senwkT}\ \rightarrow\ E(z) = \mathcal{Z}[\text{senwkT}] = \frac{z\ \text{senwT}}{(z - e^{jwT})(z - e^{-jwT})} \tag{3.60}$$

Logo, de (3.59) e (3.60) resulta

$$U(z) = G_{cd}(z)\ \frac{z\ \text{senwT}}{(z - e^{jwT})(z - e^{-jwT})} = \frac{c_1 z}{z - e^{jwT}} + \frac{c_2 z}{z - e^{-jwT}} + U_G(z) \tag{3.61}$$

onde $U_G(z)$ representa a contribuição das condições iniciais, que depende dos pólos de $G_{cd}(z)$. Caso $G_{cd}(z)$ seja assintoticamente estável, isto é, possua todos os pólos

Projeto de Controladores Digitais

estritamente dentro do círculo unitário, então

$$u_G(kT) \to 0 \quad \text{para} \quad k \to \infty \qquad (3.62)$$

donde, em regime,

$$U_{ss}(z) = \frac{c_1 z}{z - e^{jwT}} + \frac{c_2 z}{z - e^{-jwT}} \qquad (3.63)$$

com

$$c_1 = \frac{G_{cd}(e^{jwT}) \, \text{sen} wT}{e^{jwT} - e^{-jwT}} = \frac{G_{cd}(e^{jwT})}{2j} \qquad e \qquad c_2 = c_1^* \qquad (3.64)$$

Finalmente, expressando-se o número complexo $G_{cd}(e^{jwT})$ em (3.64) na forma polar, qual seja,

$$G_{cd}(e^{jwT}) = |G_{cd}(e^{jwT})| \, e^{j\theta} \qquad (3.65)$$

resulta

$$c_1 = \frac{|G_{cd}(e^{jwT})| \, e^{j\theta}}{2j} \qquad e \qquad c_2 = \frac{|G_{cd}(e^{jwT})| \, e^{-j\theta}}{-2j} \qquad (3.66)$$

donde, de (3.63),

$$u_{ss}(kT) = c_1(e^{jwT})^k + c_2(e^{-jwT})^k = |G_{cd}(e^{jwT})| \left(\frac{e^{j(kwT+\theta)} - e^{-j(kwT+\theta)}}{2j} \right) =$$

$$|G_{cd}(e^{jwT})| \, \text{sen}(wkT+\theta) \qquad (3.67)$$

De (3.67) concluimos que $G_{cd}(e^{jwT})$ é a resposta em freqüência nos instantes de amostragem, pois seu módulo coincide com o módulo da saída $u_{ss}(kT)$ em (3.67) e o defasamento entre $e(kT)$ e $u_{ss}(kT)$ é θ.

Substituindo-se agora $s = jw_c$ e $z = e^{jw_d T}$ na transformação bilinear, decorre

$$\frac{jw_c T}{2} = \frac{e^{jw_d T} - 1}{e^{jw_d T} + 1} = \frac{e^{jw_d T/2} - e^{-jw_d T/2}}{e^{jw_d T/2} + e^{jw_d T/2}} = \frac{2j\text{sen}\left(\frac{w_d T}{2}\right)}{2\cos\left(\frac{w_d T}{2}\right)} = j \, \text{tg}\left(\frac{w_d T}{2}\right) \qquad (3.68)$$

donde conluimos que a relação entre as freqüências nos domínios contínuo e discreto é

$$w_c = \frac{2}{T} \, \text{tg}\left(\frac{w_d T}{2}\right) \qquad (3.69)$$

havendo portanto uma distorção (*warping*) em freqüência. Por exemplo, se $|G_c(jw)|$ apresenta alguma particularidade na freqüência $w_c = 4,228$ rad/s e $G_{cd}(z)$ foi obtida discretizando-se a função de transferência $G_c(s)$ com período de amostragem $T = 0,2$s, então $|G_{cd}(e^{jwT})|$ apresentará esta mesma singularidade para a freqüência $w_d = 4$ rad/s. Obviamente, quanto maior T, maior será a distorção.

Para corrigirmos esta distorção devemos fazer o *prewarping* das freqüências críticas de $G_c(s)$, ou seja, substituimos cada termo da forma $(s + p)$ em $G_c(s)$ por $(s + \bar{p})$, onde $\bar{p} = \frac{2}{T} \, \text{tg}\left(\frac{pT}{2}\right)$. Caso tenhamos termos da forma $s^2 + 2\xi w_n s + w_n^2$ em $G_c(s)$, então w_n é considerada a freqüência crítica.

Exemplo: Seja o compensador (3.56), isto é,

$$G_c(s) = \frac{9(s+2)}{(s+3)} = \frac{U(z)}{E(z)}$$

Fazendo-se o *prewarping* supondo-se T=0,2s, resulta

$$G_{cp}(s) = \frac{9(s+2,027)}{(s+3,093)}$$

e empregando-se a transformação bilinear, isto é, substituindo-se s por $\frac{2}{T}\frac{z-1}{z+1}$, decorre

$$G_{cdp}(z) = \frac{(18,243+18T)z + 18,243T - 18}{(2+3,039T)z + 3,093T - 2} = \frac{8,340 - 5,480z^{-1}}{1 - 0,527z^{-1}}$$

ou seja, o computador deve efetuar a operação

$$u(k) = 0,527u(k-1) + 8,340e(k) - 5,480e(k-1) \qquad (3.70)$$

que deve ser comparada com (3.58), de modo a se vislumbrar o efeito do *prewarping*. □

Para descrição de uma aplicação relevante da transformação bilinear com *prewarping*, vide Katz (1981), onde se efetua o projeto de piloto automático para míssil.

3.4.6- Mapeamento de Pólos e Zeros

Consideremos o mapeamento $z=e^{sT}$, onde $s=\sigma+jw$, e seja $w_s=2\pi/T$ a freqüência de amostragem. Então,

$$z = e^{\sigma T} e^{jwT} = e^{\sigma T} e^{jw\frac{2\pi}{w_s}} \qquad (3.71)$$

Por definição, para $-\frac{w_s}{2} \le w \le \frac{w_s}{2}$ temos a faixa primária, no plano s, e seu mapeamento, no plano z, conforme mostrado na Fig. 3.19. O mapeamento do ponto $s=jw_s/2$ também é explicitado.

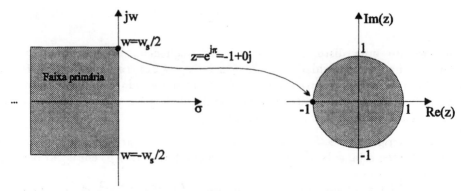

Fig. 3.19- Mapeamento da faixa primária e do ponto $w=w_s/2$.

Projeto de Controladores Digitais

Assim, a faixa primária é mapeada no círculo unitário. Qualquer ponto fora desta faixa também será mapeado dentro deste círculo. Portanto, a máxima freqüência com valor distinto será $s=j(w_s/2)$, que é mapeada no ponto $z=-1$.

Consideremos agora a função de transferência

$$G_c(s) = \frac{K \prod_{j=1}^{m} (s + \beta_j) \prod_{j=1}^{m'} \left((s+a_j)^2 + b_j^2\right)}{\prod_{i=1}^{n} (s + \alpha_i) \prod_{i=1}^{n'} \left((s+c_i)^2 + d_i^2\right)} \qquad (3.72)$$

Empregando-se a transformação $z=e^{sT}$, concluimos que os fatores reais $(s + \gamma)$

são mapeados em $(z - e^{-\gamma T})$ e os complexos são mapeados em

$\left(z - e^{(-a+bj)T}\right)\left(z - e^{(-a-bj)}\right) = z^2 - ze^{-aT}\cos bT + e^{-2aT}$. Logo, de (3.72) obtemos

$$G_{cd}(z) = \frac{\overline{K} \, (z+1)^{p_i} \prod_{j=1}^{m} \left(z - e^{-\beta_j T}\right) \prod_{j=1}^{m'} \left(z^2 - ze^{-a_j T}\cos b_j T + e^{-2a_j T}\right)}{\prod_{i=1}^{n} \left(z - e^{-\alpha_j T}\right) \prod_{i=1}^{n'} \left(z^2 - ze^{-c_i T}\cos d_i T + e^{-2c_i T}\right)} \qquad (3.73)$$

onde $p_i = 2n'+n-2m'-m$ é o número de zeros de $G_c(s)$ no infinito e, conforme já sugerido anteriormente, esses zeros são mapeados no ponto $z=-1$. O valor de $\overline{K}$ é determinado de modo a se preservar o ganho em alguma freqüência de interesse.

A técnica de mapeamento de pólos e zeros é uma extensão da transformada z exata, na qual apenas os pólos de $G_c(s)$ são mapeados consoante $z=e^{sT}$.

Exemplo: Consideremos o compensador

$$G_c(s) = \frac{9(s + 2)}{(s + 3)} = \frac{U(z)}{E(z)}$$

Mapeando-se com T=0,1s, resulta

$$G_{cd}(z) = \frac{\overline{K} \, (z - e^{-0,2})}{z - e^{-0,3}} = \frac{\overline{K} \, (z - 0,819)}{z - 0,741}$$

Para determinarmos $\overline{K}$, faremos um casamento de ganhos na freqüência s=0, ou seja, z=1, isto é,

$$|G_c(s)|_{s=0} = |G_{cd}(z)|_{z=1} \quad \rightarrow \quad \overline{K}=8,586$$

Portanto,

$$G_{cd}(z) = \frac{8,586 - 7,032z^{-1}}{1 - 0,741z^{-1}}$$

e o computador deve efetuar a operação

$$u(k) = 0,741u(k\text{-}1) + 8,568e(k) - 7,032e(k\text{-}1) \qquad (3.74)$$

$\square$

3.5- PROJETO DE CONTROLADORES NO DOMÍNIO DISCRETO

Nas seções anteriores consideramos o projeto de controladores digitais a partir de controladores analógicos, ou seja, o controlador digital é obtido apenas reprojetando-se e discretizando-se o controlador analógico. Nesta seção serão apresentadas técnicas de projeto fundamentadas diretamente no domínio discreto.

3.5.1- Controlador *Deadbeat*

Consideremos o sistema discreto mostrado na Fig. 3.20, com referência r(kT)=1, $k \geq 0$, isto é, $R(z)= 1/(1-z^{-1})$.

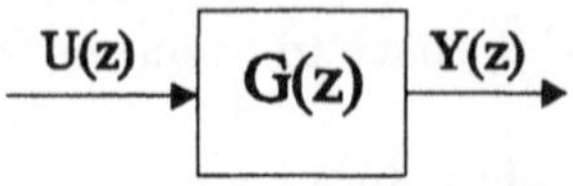

$$G(z)=\frac{\beta_1 z^{-1}+\beta_2 z^{-2}+\cdots+\beta_m z^{-m}}{1+\alpha_1 z^{-1}+\alpha_2 z^{-2}+\cdots+\alpha_m z^{-m}}$$

Fig. 3.20- Processo G(z) a controlar.

O problema consiste em se determinar o controle u(kT) de modo que a saída atinja a referência em m passos, onde m é a ordem do sistema representado por G(z) na Fig. 3.20, e mantenha este valor daí em diante. Mais precisamente, supondo-se y(0)=0 e notando-se que a referência é unitária por hipótese, deseja-se obter

$$Y(z) = y(1)z^{-1} + y(1)z^{-2} + \cdots + 1\left(z^{-m} + z^{-m-1} + \cdots\right) \tag{3.75}$$

sendo então necessário que se imponha

$$u(kT) = u(mT) \ , k \geq m \tag{3.76}$$

ou seja,

$$U(z) = u(0) + u(1)z^{-1} + u(2)z^{-2} + \cdots + u(m)\left(z^{-m} + z^{-m-1} + \cdots\right) \tag{3.77}$$

Logo, dividindo-se Y(z) por R(z) resulta $Y(z)/R(z)=Y(z)(z-1)/z$, e portanto de (3.75) podemos escrever

$$\frac{Y(z)}{R(z)} = \frac{y(1)+y(2)z^{-1}+\cdots+1\left(z^{-m+1}+z^{-m}+\cdots\right)-y(1)z^{-1}-y(2)z^{-2}-\cdots-1\left(z^{-m}+z^{-m-1}+\cdots\right)}{z} \tag{3.78}$$

ou seja

$$\frac{Y(z)}{R(z)} = p_1 z^{-1} + p_2 z^{-2} + \cdots + p_m z^{-m} \overset{\Delta}{=} P(z) \tag{3.79}$$

onde, por comparação com (3.78),

$$p_1 = y(1) \ , \quad p_2 = y(2)-y(1) \ , \quad \ldots \ , \quad p_m = 1-y(m-1) \tag{3.80}$$

Dividindo-se agora U(z), de (3.77), por R(z), resulta

$$\frac{U(z)}{R(z)} = \frac{U(z)(z-1)}{z} = q_0 + q_1 z^{-1} + q_2 z^{-2} + \cdots + q_m z^{-m} \overset{\Delta}{=} Q(z) \tag{3.81}$$

onde, devido a (3.77),

$$q_0=u(0)\ ,\ q_1=u(1)-u(0)\ ,\ \ldots\ ,\ q_m=u(m)-u(m-1) \tag{3.82}$$

A estrutura do sistema de controle resultante é mostrada na Fig. 3.21.

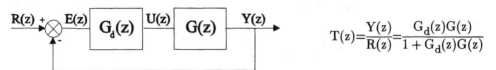

Fig. 3.21- Sistema de controle.

Da Fig. 3.21 temos
$$U(z)=G_d(z)E(z)=G_d(z)\big(R(z)-Y(z)\big) \tag{3.83}$$

Adicionalmente, por definição, vide (3.79) e (3.81), temos
$$Y(z)/R(z)=P(z)\quad e\quad U(z)/R(z)=Q(z) \tag{3.84}$$

donde, de (3.83) e (3.84),
$$G_d(z)\frac{R(z)-Y(z)}{R(z)}=Q(z)\ \rightarrow\ G_d(z)\left(1-\frac{Y(z)}{R(z)}\right)=Q(z)\ \rightarrow\ G_d(z)=\frac{Q(z)}{1-P(z)}$$

e substituindo $P(z)$ e $Q(z)$ dados por (3.79) e (3.81), decorre
$$G_d(z)=\frac{q_0+q_1z^{-1}+\cdots+q_m z^{-m}}{1-p_1z^{-1}-\cdots-p_m z^{-m}} \tag{3.85}$$

Por outro lado, da Fig. 3.21 e de (3.84) temos
$$\frac{Y(z)}{R(z)}:\frac{U(z)}{R(z)}=\frac{Y(z)}{U(z)}=\frac{P(z)}{Q(z)}=G(z) \tag{3.86}$$

que, com base na Fig. 3.20, (3.79) e (3.81), implica
$$G(z)=\frac{\beta_1z^{-1}+\beta_2z^{-2}+\cdots+\beta_m z^{-m}}{1+\alpha_1z^{-1}+\alpha_2z^{-2}+\cdots+\alpha_m z^{-m}}=\frac{p_1z^{-1}+p_2z^{-2}+\cdots+p_m z^{-m}}{q_0+q_1z^{-1}+\cdots+q_m z^{-m}}=$$

$$\frac{(p_1z^{-1}+p_2z^{-2}+\cdots+p_m z^{-m})/q_0}{1+(q_1z^{-1}+\cdots+q_m z^{-m})/q_0} \tag{3.87}$$

Notemos agora que de (3.80) resulta
$$p_1+p_2+\cdots+p_m=1\ ,\ \text{ou seja,}\ \frac{p_1}{q_0}+\frac{p_2}{q_0}+\cdots+\frac{p_m}{q_0}=\frac{1}{q_0} \tag{3.88}$$

e portanto, de (3.87),
$$\beta_1+\beta_2+\cdots+\beta_m=\frac{1}{q_0}\ \rightarrow\ q_0=\frac{1}{\beta_1+\beta_2+\cdots+\beta_m} \tag{3.89}$$

Quanto aos demais parâmetros, comparando-se os numeradores e denominadores da primeira e da última funções de transferência em (3.87), decorre

$$q_1 = q_0\alpha_1 \ , \ q_2 = q_0\alpha_2 \ , \ \ldots, \ q_m = q_0\alpha_m \qquad (3.90)$$

$$p_1 = q_0\beta_1 \ , \ p_2 = q_0\beta_2 \ , \ \ldots, \ p_m = q_0\beta_m \qquad (3.91)$$

Convém notar que a função de transferência em malha fechada, vide (3.79) e Fig. 3.21, é dada por

$$T(z) = \frac{G_d(z)G(z)}{1 + G_d(z)G(z)} = \frac{Y(z)}{R(z)} = P(z) = p_1 z^{-1} + p_2 z^{-2} + \cdots + p_m z^{-m} =$$

$$\frac{p_1 z^{m-1} + p_2 z^{m-2} + \cdots + p_m}{z^m} \qquad (3.92)$$

ou seja, a equação característica possui m pólos na origem. Podemos, então, encarar o controlador *deadbeat* como um alocador de pólos na origem.

Exemplo: Seja o sistema de controle da Fig. 3.22.

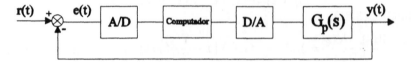

Fig. 3.22- Sistema de terceira ordem para controle *deadbeat*.

O sistema a controlar é descrito pela função de transferência

$$G_p(s) = \frac{200}{(s+3)(s+10)^2} \qquad (3.93)$$

Como já visto no capítulo 1, podemos redesenhar o diagrama de blocos da Fig. 3.22 conforme mostrado na Fig. 3.23.

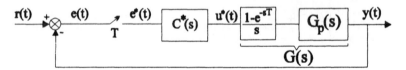

Fig. 3.23- Modelo do sistema de controle da Fig. 3.22.

Discretizando-se G(s), indicada na Fig. 3.22, com T=0,2s, temos

$$G(z) = \frac{0{,}091z^2 + 0{,}125z + 0{,}009}{z^3 - 0{,}819z^2 + 0{,}167z - 0{,}010} \ , \ \text{ou seja,} \ G(z) = \frac{0{,}091z^{-1} + 0{,}125z^{-2} + 0{,}009z^{-3}}{1 - 0{,}819z^{-1} + 0{,}167z^{-2} - 0{,}010z^{-3}}$$

Portanto, de (3.89)-(3.91) concluimos que os parâmetros do controlador *deadbeat* são

$$q_0 = \frac{1}{\beta_1 + \beta_2 + \beta_3} = \frac{1}{0{,}091 + 0{,}125 + 0{,}009} = 4{,}444$$

$q_1 = q_0\alpha_1 = 4{,}444x(-0{,}819) = -3{,}640; \qquad q_2 = q_0\alpha_2 = 4{,}444x(0{,}167) = 0{,}742;$

$q_3 = q_0\alpha_3 = 4,444x(-0,010) = -0,044;$ $\qquad p_1 = q_0\beta_1 = 4,444x(0,091) = 0,404;$
$p_2 = q_0\beta_2 = 4,444x(0,125) = 0,556;$ $\qquad p_3 = q_0\beta_3 = 4,444x(0,009) = 0,404,$

donde, de (3.85),

$$G_d(z) = \frac{Q(z)}{1-P(z)} = \frac{4,444 - 3,640z^{-1} + 0,742z^{-2} - 0,044z^{-3}}{1 - 0,404z^{-1} - 0,556z^{-2} - 0,040z^{-3}} = \frac{E(z)}{U(z)} \qquad (3.94)$$

Assim, o computador deve efetuar a operação

u(k)=0,404u(k-1)+0,554u(k-2)+0,040u(k-3)+4,444e(k)−3,640e(k-1)+0,742e(k-2)−0,044e(k-3)

(3.95)

Quanto à função de transferência em malha fechada T(z), de (3.92) e dos valores de p_1, p_2 e p_3 acima resulta

$$T(z) = P(z) = 0,404z^{-1} + 0,556z^{-2} + 0,040z^{-3} \qquad (3.96)$$

e portanto a saída Y(z) é dada por

$$Y(z) = T(z)R(z) = \left(0,404z^{-1} + 0,556z^{-2} + 0,040z^{-3}\right)\frac{z}{z-1} = 0,404z^{-1} + 0,960z^{-2} + z^{-3} + z^{-4} + \cdots$$

(3.97)

conforme esperado.

Quanto ao sinal de controle, de (3.82) obtemos

u(0)=q_0=4,444 ; u(1)=q_1+u(0)=0,804 ; u(2)=q_2+u(1)=1,546 ; u(3)=q_3+u(2)=1,502 ; etc. (3.98)

O sinal de saída y(k) e o sinal de controle u(k) são mostrados na Fig. 3.25.

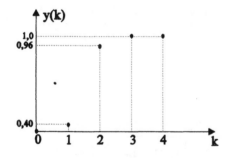
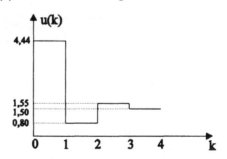

Fig. 3.24- Sinais relativos ao controlador *deadbeat*. □

Convém ressaltar que (3.82) e (3.89) implicam $q_0 = u(0) = \dfrac{1}{\beta_1 + \beta_2 + \cdots + \beta_m}$.

Assim, caso tivéssemos discretizado a função de transferência G(s), indicada na Fig. 3.23, com T=0,02s, resultaria

$$G(z) = \frac{0,0002z^{-1} + 0,0008z^{-2} + 0,0002z^{-3}}{1 - 2,579z^{-1} + 2,212z^{-2} - 0,631z^{-3}} \qquad (3.99)$$

e teríamos

$$q_0 = \frac{1}{0,0002 + 0,0008 + 0,0002} = 833,333 = u(0) \qquad (3.100)$$

ou seja, o controle inicial apresentaria valor bastante elevado, e provavelmente haveria saturação do atuador. Efetivamente, devido a limitações físicas, sabemos que não podemos impor qualquer função de transferência em malha fechada a um dado sistema de controle. Conseqüentemente, o projeto não pode se encerrar com uma simulação, conforme no exemplo anterior. A rigor, é sempre necessário que se realize o controle do sistema físico cujo modelo é usado na fase de projeto, pois só assim saberemos se o controlador obtido é realista. Obviamente esta advertência se aplica a qualquer projeto de sistemas de controle, conforme veremos, por exemplo, na seção 3.5.7. Contudo, o controlador *deadbeat* é particularmente susceptível a esta crítica, pois a energia do sinal de controle depende basicamente do período de amostragem T usado no projeto. Usualmente, o período de amostragem para o projeto de controladores *deadbeat* é obtido através da relação, vide Åström e Wittenmark (1984),

$$T/T_{95} \geq 0.2 \tag{3.101}$$

onde T_{95} é o tempo de estabilização com critério 5%, vide Fig. 3.1.

3.5.2- Controlador *Deadbeat* com Ordem Aumentada

Admitamos agora que os polinômios $P(z)$ e $Q(z)$, em (3.79) e (3.81), sejam modificados para

$$P(z)=p_1 z^{-1}+p_2 z^{-2}+ \cdots +p_m z^{-m}+p_{m+1}z^{-m-1} \text{ e } Q(z)=q_0+q_1 z^{-1}+ \cdots +q_m z^{-m}+ q_{m+1}z^{-m-1} \tag{3.102}$$

Então, de (3.87) resulta

$$G(z) = \frac{\beta_1 z^{-1}+\beta_2 z^{-2}+ \cdots +\beta_m z^{-m}}{1+\alpha_1 z^{-1}+\alpha_2 z^{-2}+ \cdots +\alpha_m z^{-m}} = \frac{p_1 z^{-1}+p_2 z^{-2}+ \cdots +p_{m+1}z^{-m-1}}{q_0+q_1 z^{-1}+ \cdots +q_{m+1}z^{-m-1}} \tag{3.103}$$

e o problema resultante da comparação de polinômios em (3.103) só possui solução se $P(z)$ e $Q(z)$ tiverem uma raiz em comum, isto é,

$$\frac{\beta_1 z^{-1}+\beta_2 z^{-2}+ \cdots +\beta_m z^{-m}}{1+\alpha_1 z^{-1}+\alpha_2 z^{-2}+ \cdots +\alpha_m z^{-m}} = \frac{\left(\overline{p}_1 z^{-1}+\overline{p}_2 z^{-2}+ \cdots +\overline{p}_m z^{-m}\right)\left(\alpha-z^{-1}\right)}{\left(\overline{q}_0+\overline{q}_1 z^{-1}+ \cdots +\overline{q}_m z^{-m}\right)\left(\alpha-z^{-1}\right)} \tag{3.104}$$

Procedendo conforme na seção anterior, concluimos que

$$\overline{q}_1 = \overline{q}_0 \alpha_1 \ , \ \ \overline{q}_2 = \overline{q}_0 \alpha_2 \ , \ \ \ldots, \ \ \ \overline{q}_m = \overline{q}_0 \alpha_m \tag{3.105}$$

$$\overline{p}_1 = \overline{q}_0 \beta_1 \ , \ \ \overline{p}_2 = \overline{q}_0 \beta_2 \ , \ \ \ldots, \ \ \ \overline{p}_m = \overline{q}_0 \beta_m \tag{3.106}$$

Efetuando-se agora a multiplicação de (3.103) por $(\alpha - z^{-1})$, decorre

$$G(z) = \frac{\overline{p}_1 \alpha z^{-1}+(\overline{p}_2 \alpha -\overline{p}_1)z^{-2}+(\overline{p}_3 \alpha -\overline{p}_2)z^{-3}+ \cdots +(\overline{p}_m \alpha -\overline{p}_{m-1})z^{-m}-\overline{p}_m z^{-m-1}}{\overline{q}_0 \alpha+(\overline{q}_1 \alpha -\overline{q}_0)z^{-1}+(\overline{q}_2 \alpha -\overline{q}_1)z^{-2}+ \cdots +(\overline{q}_m \alpha -\overline{q}_{m-1})z^{-m}-\overline{q}_m z^{-m-1}} =$$

Projeto de Controladores Digitais

$$\frac{p_1 z^{-1} + p_2 z^{-2} + \cdots + p_{m+1} z^{-m-1}}{q_0 + q_1 z^{-1} + \cdots + q_{m+1} z^{-m-1}} \tag{3.107}$$

resultando, por comparação de polinômios,

$$q_0 = \alpha \overline{q}_0 \;,\; q_1 = \alpha \overline{q}_1 - \overline{q}_0 \;,\; \ldots ,\; q_m = \alpha \overline{q}_m - \overline{q}_{m-1} \;,\; q_{m+1} = -\overline{q}_m \tag{3.108}$$
$$p_1 = \alpha \overline{p}_1 \;,\; p_2 = \alpha \overline{p}_2 - \overline{p}_1 \;,\; \ldots ,\; p_m = \alpha \overline{p}_m - \overline{p}_{m-1} \;,\; p_{m+1} = -\overline{p}_m \tag{3.109}$$

Também como na seção anterior, mais precisamente em (3.82) e (3.88), temos

$$q_0 = u(0) = \alpha \overline{q}_0 \quad e \quad p_1 + p_2 + \cdots + p_{m+1} = 1 \tag{3.110}$$

donde

$$\alpha \overline{p}_1 + \alpha \overline{p}_2 - \overline{p}_1 + \alpha \overline{p}_3 - \overline{p}_2 + \cdots + \alpha \overline{p}_m - \overline{p}_{m-1} - \overline{p}_m = 1 \tag{3.111}$$

resultando, de (3.05),

$$\alpha \beta_1 \overline{q}_0 + \alpha \beta_2 \overline{q}_0 - \beta_1 \overline{q}_0 + \alpha \beta_3 \overline{q}_0 - \beta_2 \overline{q}_0 + \cdots + \alpha \beta_m \overline{q}_0 - \beta_{m-1} \overline{q}_0 - \beta_m \overline{q}_0 = 1 \tag{3.112}$$

ou seja

$$\alpha = 1 + 1 \Big/ \Big(\overline{q}_0 \sum_{i=1}^{m} \beta_i \Big) \tag{3.113}$$

Por outro lado, de (3.110) temos $q_0 = \alpha \overline{q}_0$, donde

$$\overline{q}_0 = q_0 - 1 \Big/ \Big(\sum_{i=1}^{m} \beta_i \Big) \tag{3.114}$$

Resumindo, os parâmetros do controlador $G_d(z)$, obtido conforme em (3.85), isto é

$$G_d(z) = Q(z)/(1 - P(z)) = \frac{q_0 + q_1 z^{-1} + \cdots + q_m z^{-m} + q_{m+1} z^{-m-1}}{1 - p_1 z^{-1} - \cdots - p_m z^{-m} - p_{m+1} z^{-m-1}}$$

são dados por

$$q_0 = u(0) \quad \text{(valor arbitrado)} \tag{3.115}$$

$$q_1 = \alpha \overline{q}_1 - \overline{q}_0 = \alpha \overline{q}_0 \alpha_1 - \overline{q}_0 = q_0(\alpha - 1) + 1 \Big/ \Big(\sum_{i=1}^{m} \beta_i \Big) \tag{3.116}$$

$$q_2 = \alpha \overline{q}_2 - \overline{q}_1 = \alpha \overline{q}_0 \alpha_2 - \overline{q}_0 \alpha_1 = q_0(\alpha_2 - \alpha_1) + \alpha_1 \Big/ \Big(\sum_{i=1}^{m} \beta_i \Big) \tag{3.117}$$

$$\vdots$$

$$q_m = \alpha \overline{q}_m - \overline{q}_{m-1} = \alpha \overline{q}_0 \alpha_m - \overline{q}_0 \alpha_{m-1} = q_0(\alpha_m - \alpha_{m-1}) + \alpha_{m-1} \Big/ \Big(\sum_{i=1}^{m} \beta_i \Big) \tag{3.118}$$

$$q_{m+1} = -\overline{q}_m = -\overline{q}_0 \alpha_m = \alpha_m \Big(-q_0 + 1 \Big/ \Big(\sum_{i=1}^{m} \beta_i \Big) \Big) \tag{3.119}$$

$$p_1 = \alpha \overline{p}_1 = \alpha \overline{q}_0 \beta_1 = q_0 \beta_1 \tag{3.120}$$

$$p_2 = \alpha \overline{p}_2 - \overline{p}_1 = \alpha \overline{q}_0 \beta_2 - \overline{q}_0 \beta_1 = q_0(\beta_2 - \beta_1) + \beta_1 \Big/ \Big(\sum_{i=1}^{m} \beta_i \Big) \tag{3.121}$$

$$\vdots$$

$$p_m = \alpha \overline{p}_m - \overline{p}_{m-1} = \alpha \overline{q}_0 \beta_m - \overline{q}_0 \beta_{m-1} = q_0(\beta_m - \beta_{m-1}) + \beta_{m-1} \Big/ \Big(\sum_{i=1}^{m} \beta_i \Big) \tag{3.122}$$

$$P_{m+1} = -\overline{P}_m = -\overline{q}_0\beta_m = \beta_m\left(-q_0 + 1/\left(\sum_{i=1}^{m}\beta_i\right)\right) \tag{3.123}$$

Exemplo: Consideremos o mesmo sistema do exemplo anterior, isto é,

$$G(z) = \frac{0{,}091z^{-1} + 0{,}125z^{-2} + 0{,}009z^{-3}}{1 - 0{,}819z^{-1} + 0{,}167z^{-2} - 0{,}010z^{-3}}$$

Arbitrando-se $u(0)=q_0=4{,}444$, advém

$$q_1 = 4{,}444x(-0{,}819 - 1) + \frac{1}{0{,}091 + 0{,}125 + 0{,}009} = -3{,}640$$

$$q_2 = 4{,}444x(0{,}167 + 0{,}819) - \frac{0{,}819}{0{,}091 + 0{,}125 + 0{,}009} = 0{,}742$$

$$q_3 = 4{,}444x(-0{,}010 - 0{,}167) + \frac{0{,}167}{0{,}091 + 0{,}125 + 0{,}009} = -0{,}044$$

$$q_4 = -0{,}010x(-4{,}444 + 4{,}444) = 0$$

Obviamente, o resultado obtido coincide com aquele do exemplo anterior, visto que com $u(0)=4{,}444$ é possível atingir o regime em três passos.

Arbitremos agora $u(0)=q_0=3$. Neste caso, temos

$$q_1 = 3x(-0{,}819 - 1) + 4{,}444 = -1{,}013$$
$$q_2 = 3x(0{,}167 + 0{,}819) - 0{,}819x4{,}444 = -0{,}682$$
$$q_3 = 3x(-0{,}010 - 0{,}167) + 0{,}167x4{,}444 = 0{,}211$$
$$q_4 = -0{,}010x(-3 + 4{,}444) = -0{,}014$$
$$P_1 = 3x0{,}091 = 0{,}273$$
$$P_2 = 3x(0{,}125 - 0{,}091) + 0{,}091x4{,}444 = 0{,}506$$
$$P_3 = 3x(0{,}009 - 0{,}125) + 0{,}125x4{,}444 = 0{,}208$$
$$P_4 = 0{,}009x(-3 + 4{,}444) = 0{,}013$$

donde

$$u(1)=q_1+q_0=1{,}987 \;\; ; \;\; u(2)=q_2+q_1=1{,}305 \;\; ; \;\; u(3)=q_3+q_2=1{,}516 \;\; ; \;\; u(4)=q_4+q_3=1{,}502$$

e portanto o controlador procurado, conforme em (3.85), é dado por

$$G_d(z) = \frac{Q(z)}{1 - P(z)} = \frac{3 - 1{,}013z^{-1} - 0{,}682z^{-2} + 0{,}210z^{-3} - 0{,}014z^{-4}}{1 - 0{,}273z^{-1} - 0{,}506z^{-2} - 0{,}208z^{-3} - 0{,}013z^{-4}} \tag{3.124}$$

sendo a função de transferência em malha fechada, conforme em (3.92), dada por

$$T(z) = P(z) = 0{,}273z^{-1} + 0{,}506z^{-2} + 0{,}208z^{-3} - 0{,}013z^{-4} \tag{3.125}$$

donde

$$Y(z) = T(z)R(z) = T(z)\frac{z}{z-1} = 0{,}273z^{-1} + 0{,}779z^{-2} + 0{,}987z^{-3} + z^{-4} + z^{-5} + \cdots \tag{3.126}$$

A Fig. 3.25 resume o comportamento dos sinais de saída, $y(k)$, e de controle, $u(k)$. Comparando-se as figuras 3.24 e 3.25 percebe-se claramente o principal objetivo do controlador *deadbeat* com ordem aumentada: aumentar o tempo exigido para que a saída $y(k)$ atinja o valor de referência, e conseqüentemente reduzir o esforço do sinal de controle.

Projeto de Controladores Digitais

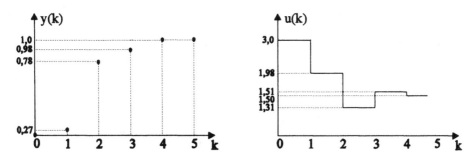

Fig. 3.25- Controlador *deadbeat* com ordem aumentada. □

3.5.3- Projeto no Plano z

Nesta seção consideraremos uma técnica de projeto semelhante ao *root-locus* no caso contínuo. Assim, de início apresentaremos um exemplo de *root-locus* no plano z, a pretexto de introdução e revisão.

Exemplo de Root-Locus no Plano z: Seja o sistema de controle da Fig. 3.26.

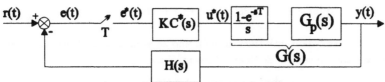

Fig. 3.26- Sistema de controle digital.

Com base na Fig. 3.26 podemos escrever

$$Y^*(s) = G^*(s)U^*(s) \rightarrow Y(z) = G(z)U(z) \quad (3.127)$$

$$E^*(s) = R^*(s) - GH^*(s)U^*(s) \rightarrow E(z) = R(z) - GH(z)U(z) \quad (3.128)$$

e

$$U(z) = KC(z)E(z) \quad (3.129)$$

donde

$$Y(z) = G(z)U(z) = \frac{KC(z)G(z)R(z)}{1 + KC(z)GH(z)} \quad e \quad T(z) = \frac{KC(z)G(z)}{1 + KC(z)GH(z)} \quad (3.130)$$

O desempenho e a estabilidade do sistema de controle dependem das raízes da equação característica $\lambda(z) = 1 + KC(z)GH(z)$. As regras para o traçado do *root-locus* no plano z são as mesmas para o plano s, visto que o comportamento das raízes de f(z)=0 no plano z, em função de K, é similar ao comportamento das raízes de f(s)=0 no plano s.

Como exemplo, suponhamos que na Fig. 3.26 tenhamos

$$KC(z)GH(z) = \frac{0{,}368K(z + 0{,}717)}{(z-1)(z-0{,}368)} \quad (3.131)$$

Assíntotas: Uma vez que $n_p - n_z = 1$, temos uma assíntota, com ângulo $\dfrac{(2k+1)\pi}{(n_p - n_z)}$.

Pontos de saída e de entrada no eixo real: São obtidos com base na relação

$$\frac{d}{dz}\left(\frac{1}{C(z)GH(z)}\right) = 0 \quad , \quad \text{visto que} \quad 1 + KC(z)GH(z) = 0 \;\rightarrow\; K = -\frac{1}{C(z)GH(z)}$$

No presente caso,

$$\frac{d}{dz}\left(\frac{1}{C(z)GH(z)}\right) = \frac{(2z-1,368)(0,368z+0,264) - (z^2-1,368z+0,368)0,368}{(0,368z+0,264)^2} = 0$$

implicando

$$z^2 + 1,435z - 1,348 = 0 \quad\rightarrow\quad \begin{cases} z_1 = 0,647 \\ z_2 = -2,082 \end{cases}$$

sendo os ganhos respectivos dados por

$$K_s = 0,196 \;(\text{Ganho no ponto de saída}) \quad e \quad K_e = 15,032 \;(\text{Ganho no ponto de entrada})$$

Intersecção com a circunferência unitária: Para a determinação da intersecção com a circunferência de raio unitário, notemos que a equação característica correspondente à função de transferência em malha fechada, denotada aqui por $p(z)$, é obtida fazendo-se $1 + KC(z)GH(z) = 0$, resultando

$$p(z) = z^2 + (0,368K - 1,368)z + 0,368 + 0,264K = 0$$

e podemos aplicar o critério de Routh-Hurwitz moficado ao polinômio $p(z)$, isto é, substituimos z por $(v+1)/(v-1)$ e utilizamos o critério de Routh-Hurwitz. Temos,

$$p(v) = \frac{0,632Kv^2 + (1,264 - 0,528K)v + 2,736 - 0,104K}{v^2 - 2v + 1}$$

e aplicamos o critério de estabilidade à equação $\quad 0,632Kv^2 + (1,264 - 0,528K)v + 2,736 - 0,104K = 0$, obtendo o seguinte arranjo de Routh-Hurwitz,

v^2	$0,632K$	$2,736 - 0,104K$
v^1	$1,264 - 0,528K$	
v^0	$2,736 - 0,104K$	

Logo, para assegurar a estabilidade do sistema de controle em malha fechada devemos impor as seguintes condições,

$$K > 0, \quad (1,264 - 0,528K) > 0 \quad e \quad (2,736 - 0,104K) > 0 \quad\rightarrow\quad 0 < K < 2,394$$

Assim, para $K = 2,934$ temos a situação limite, com raízes sobre o eixo imaginário no plano v, que corresponde a raízes sobre a circunferência unitária no plano z. Substituindo-se $K = 2,394$ na equação característica $p(z)$, resulta

$$z^2 - 0,487z + 1 = 0 \quad\rightarrow\quad z = 0,244 \pm j0,970$$

e portanto o *root-locus* corta a circunferência unitária nos pontos $z = 0,244 \pm j0,970$.

O *root-locus* relativo ao exemplo considerado é apresentado na Fig. 3.27.

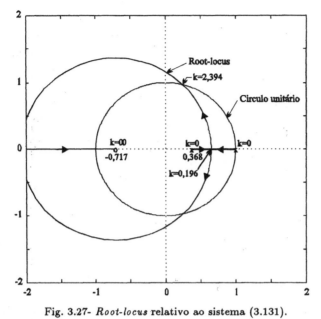

Fig. 3.27- *Root-locus* relativo ao sistema (3.131).

Dado um sistema contínuo de segunda ordem, com função de transferência

$$T(s) = \frac{w_n^2}{s^2 + 2\xi w_n s + w_n^2} \tag{3.132}$$

sabemos que

$$M_p = e^{-\xi\pi/\sqrt{1-\xi^2}}, \quad t_p = \frac{\pi}{w_n\sqrt{1-\xi^2}} = \frac{\pi}{w_d} \quad e \quad t_s = \frac{4}{\xi w_n} \text{ (critério 2\%)} \tag{3.133}$$

com M_p, t_p e t_s definidos na Fig. 3.1.

Caso efetuemos o mapeamento $z = e^{sT}$, com $s = -\xi w_n \pm j w_n \sqrt{1-\xi^2}$, resulta

$$z = e^{-\xi w_n T} e^{j w_n \sqrt{1-\xi^2}\, T} \tag{3.134}$$

cujas trajetórias, para vários valores de ξ e w_n são mostradas na Fig. 3.28.

Assim, supondo que sejam admissíveis valores de ξ na faixa (0,5;0,7), podemos determinar a região correspondente na Fig. 3.28. Caso especifiquemos em seguida t_p como pertencendo à faixa (5T,10T), de (3.133) resultará

$$w_n = \frac{\pi}{t_p\sqrt{1-\xi^2}} \rightarrow w_{n_{min}} = \frac{\pi}{10T\sqrt{1-0,7^2}} = \frac{\pi}{7,141T} \quad e \quad w_{n_{max}} = \frac{\pi}{5T\sqrt{1-0,5^2}} = \frac{\pi}{4,330T} \tag{3.135}$$

As restrições simultâneas no fator de amortecimento ξ e tempo de pico t_p delimitam uma região viável na Fig. 3.28.

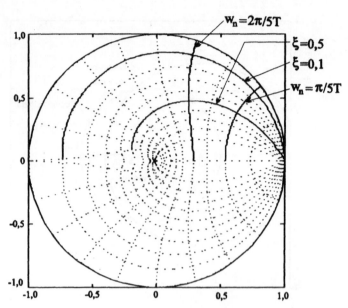

Fig. 3.28- Curvas de ξ e w_n constantes, obtidas via (3.134).

A região S indicada na Fig. 3.29 satisfaz, simultaneamente, as restrições $\xi \in (0,5;0,7)$ e $t_p \in (5T,10T)$.

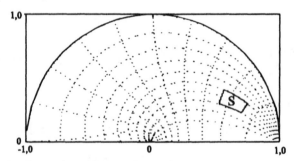

Fig. 3.29- Região S satisfazendo restrições de amortecimento e tempo de pico.

Desta forma, para satisfazer a ambos os requisitos é necessário que a função de transferência em malha fechada possua pólos dominantes tais que o pólo com parte imaginária positiva esteja dentro da região S indicada na Fig. 3.29.

Uma vez que termos da forma $(s+\alpha)$ são mapeados em $(z - e^{-\alpha T})$, para que haja pólos complexos dominantes é necessário que os outros pólos estejam relativamente próximos da origem no plano z.

O problema de projeto resume-se então em se especificar um controlador digital que permita satisfazer as restrições supracitadas. Geralmente o controlador proporcional não possui graus de liberdade suficientes para satisfazer estas restrições, e portanto controladores mais complexos, tipo *lead*, *lag*, PID, dentre outros, devem ser considerados.

Exemplo: Consideremos o sistema de controle da Fig. 3.30.

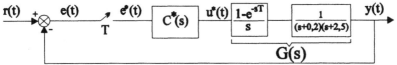

Fig. 3.30- Sistema para projeto via *root-locus*.

Discretizando G(s) com T=0,25s, decorre

$$G(z) = \frac{0{,}025z + 0{,}020}{z^2 - 1{,}486z + 0{,}509} = \frac{0{,}025(z + 0{,}8)}{(z - 0{,}536)(z - 0{,}950)} \quad (3.136)$$

Caso façamos $C(z)=G_d(z)=K$, tem-se o *root-locus* de $G_d(z)G(z)$ mostrado na Fig. 3.31. Logo, se especificarmos $\xi=0{,}6$ resulta $w_n \approx \frac{\pi}{10T} + \frac{\pi}{20T} = 1{,}885$ rad/s, correspondendo ao ponto P=(0,706;0,267) indicado na Fig. 3.31. Para se obter o valor do ganho associado ao ponto P, basta notar que a equação característica neste exemplo é $z^2+(0{,}025K-1{,}148)z+0{,}020K+0{,}509=0$. Logo, necessita-se ganho K=3.

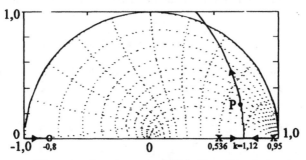

Fig. 3.31- *Root-locus* para C(z)=K na Fig. 3.30.

Para K=3, a função de transferência em malha fechada é

$$T_{nc}(z) = \frac{0{,}075z + 0{,}060}{z^2 - 1{,}411z + 0{,}569} \quad (3.137)$$

onde nc denota sistema de controle não compensado, isto é, com controlador proporcional.

Consideremos agora um controlador da forma

$$C(z) = G_d(z) = \frac{K(z - 0{,}950)}{(z - 0{,}3)} \quad (3.138)$$

resultando

$$G_d(z)G(z) = \frac{0{,}025K(z + 0{,}8)}{(z - 0{,}3)(z - 0{,}536)} \quad e \quad T_c(z) = \frac{0{,}025K(z + 0{,}8)}{z^2 + (0{,}025K - 0{,}836)z + 0{,}02K + 0{,}161} \quad (3.139)$$

onde c denota sistema de controle compensado, isto é, com controlador (3.138), ao invés de proporcional conforme em (3.137).

O *root-locus* correspondente a este sistema de controle é mostrado na Fig. 3.32. O ponto no qual o *root-locus* secciona a curva de nível para $\xi=0{,}6$ corresponde a $w_n = \frac{3\pi}{10T} + \frac{\pi}{20T} = 4{,}398$ rad/s. Para K=5, tem-se o ponto $P_1=(0{,}356;0{,}367)$ no *root-locus*, e para K=7 resulta o ponto $P_2=(0{,}331;0{,}438)$.

Com base na Fig. 3.32 percebe-se que o ponto de intersecção P do *root-locus* com a curva de nível ξ=0,6 está situado entre P1 e P2. Verifiquemos para K=6. Para tal ganho temos o ponto P_3=(0,343;0,404), que corresponde aproximadamente ao ponto P de intersecção indicado no *root-locus* da Fig. 3.32.

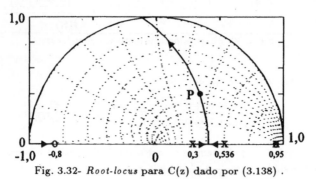

Fig. 3.32- *Root-locus* para C(z) dado por (3.138).

Para K=6, de (3.139) resulta a função de transferência em malha fechada

$$T_c(z) = \frac{0{,}150z + 0{,}120}{z^2 - 0{,}686z + 0{,}281} \qquad (3.140)$$

As repostas ao degrau do sistema não compensado, $T_{nc}(z)$ em (3.137), e do sistema compensado, $T_c(z)$ em (3.140), são mostradas na Fig. 3.33, sendo notada uma melhoria no transitório do sistema compensado.

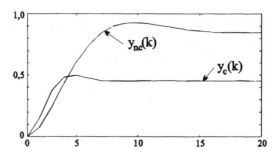

Fig. 3.33- Respostas ao degrau dos sistemas compensado, $y_c(k)$, e não compensado, $y_{nc}(k)$.

Embora tenhamos obtido uma resposta mais rápida para $y_c(k)$ na Fig. 3.33, o erro em regime aumentou em relação a $y_{nc}(k)$. Caso isto fosse intolerável, o procedimento natural seria introduzir agora um integrador em (3.138) e prosseguir com o projeto. □

3.5.4- Controlador *Deadbeat* para Sistemas em Variáveis de Estado

Seja o sistema contínuo com representação

$$\dot{x}(t) = Fx(t) + Gu(t) \qquad (3.141)$$
$$y(t) = Cx(t) \qquad (3.142)$$

e o correspondente modelo discreto

$$x(k+1) = Ax(k) + Bu(k), \text{ com } A=e^{FT} \text{ e } B=\int_0^T e^{F\tau}G \, d\tau \quad (3.143)$$
$$y(k) = Cx(k) \quad (3.144)$$

Dado $x(0)=0$, de (3.143) obtemos

$$x(k) = A^k x(0) + \sum_{l=0}^{k-1} A^{k-l-1} B u(l) = \sum_{l=0}^{k-1} A^{k-l-1} B u(l) \quad (3.145)$$

donde, de (3.144),

$$y(k) = \sum_{l=0}^{k-1} C A^{k-l-1} B u(l) \text{, para } k \geq 1, \text{ pois } y(0)=Cx(0)=0 \quad (3.146)$$

Considere agora o diagrama de blocos da Fig. 3.34.

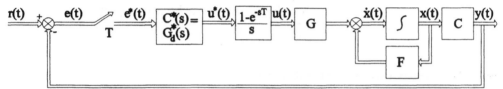

Fig. 3.34- Projeto de compensador *deadbeat* via variáveis de estado.

Se $e(k)=0$ para $k \geq n$, onde n é a dimensão do vetor de estado $x(t)$, e supondo $r(t)=r$, decorre

$$y(n) = r = \sum_{l=0}^{n-1} C A^{k-l-1} B u(l) \quad (3.147)$$

Com o procedimento anterior asseguramos apenas que a saída atingirá a referência r em n passos. Para que este valor seja mantido é necessário que o ponto em consideração seja ponto de equilíbrio, isto é, $\dot{x}(n)=0$, que de (3.141) e (3.145) implica

$$\dot{x}(n) = Fx(n) + Gu(n) = \sum_{l=0}^{n-1} F A^{k-l-1} B u(l) + Gu(n) = 0 \quad (3.148)$$

Reescrevendo-se agora as equações (3.147) e (3.148) na forma matricial, resulta

$$\begin{bmatrix} CA^{n-1}B & CA^{n-2}B & \cdots & CB & 0 \\ FA^{n-1}B & FA^{n-2}B & \cdots & FB & G \end{bmatrix} \begin{bmatrix} u(0) \\ u(1) \\ \vdots \\ u(n-1) \\ u(n) \end{bmatrix} = \begin{bmatrix} r \\ 0 \end{bmatrix} \quad (3.149)$$

e caso definamos

$$u(l)=S(l)r \quad (3.150)$$

de (3.146), (3.150) e da Fig. 3.34 decorre

$$e(k) = r - y(k) = r - \sum_{l=0}^{k-1} C A^{k-l-1} B S(l) r = \left(I - \sum_{l=0}^{k-1} C A^{k-l-1} B S(l) \right) r \quad (3.151)$$

Logo, de (3.150) e do fato de que $u(k)$ é constante para $k \geq n$, de modo a assegurar (3.147), obtemos

$$U(z) = \sum_{k=0}^{\infty} S(k) \, r \, z^{-k} = \left(\sum_{k=0}^{n-1} S(k) \, z^{-k} + S(n) \sum_{k=n}^{\infty} z^{-k} \right) r = \left(\sum_{k=0}^{n-1} S(k) \, z^{-k} + \frac{S(n) \, z^{-n}}{1 - z^{-1}} \right) r$$

(3.152)

e de (3.151),

$$E(z) = \sum_{k=0}^{n-1} \left(I - \sum_{l=0}^{k-1} C \, A^{k-l-1} \, B \, S(l) \right) r \, z^{-k} \quad , \quad \text{pois } e(k)=0 \, , \, k \geq n \quad (3.153)$$

Assim, de (3.152), (3.153) e da Fig. 3.34, podemos escrever

$$G_d(z) = \frac{U(z)}{E(z)} = \frac{\displaystyle\sum_{k=0}^{n-1} S(k) \, z^{-k} + \frac{S(n) \, z^{-n}}{1 - z^{-1}}}{\displaystyle\sum_{k=0}^{n-1} \left(I - \sum_{l=0}^{k-1} C \, A^{k-l-1} \, B \, S(l) \right) z^{-k}}$$

(3.154)

Exemplo: Consideremos o processo representado por

$$G_p(s) = \frac{200}{(s+3)(s+10)^2} = \frac{Y(s)}{U(s)}$$

(3.155)

cuja representação em variáveis de estado, na forma canônica controlável é

$$\begin{bmatrix} \dot{x}_1(t) \\ \dot{x}_2(t) \\ \dot{x}_3(t) \end{bmatrix} = \begin{bmatrix} 0 & 1 & 0 \\ 0 & 0 & 1 \\ -300 & -160 & -23 \end{bmatrix} \begin{bmatrix} x_1(t) \\ x_2(t) \\ x_3(t) \end{bmatrix} + \begin{bmatrix} 0 \\ 0 \\ 200 \end{bmatrix} u(t)$$

(3.156)

$$y(t) = \begin{bmatrix} 1 & 0 & 0 \end{bmatrix} \begin{bmatrix} x_1(t) \\ x_2(t) \\ x_3(t) \end{bmatrix}$$

(3.157)

Discretizando-se (3.156) com T=0,2s, resulta

$$\begin{bmatrix} x_1(k+1) \\ x_2(k+1) \\ x_3(k+1) \end{bmatrix} = \begin{bmatrix} 0,863 & 0,118 & 0,005 \\ -1,371 & 0,132 & 0,013 \\ -4,006 & -3,508 & -0,175 \end{bmatrix} \begin{bmatrix} x_1(k) \\ x_2(k) \\ x_3(k) \end{bmatrix} + \begin{bmatrix} 0,091 \\ 0,914 \\ 2,670 \end{bmatrix} u(k)$$

(3.158)

$$y(k) = \begin{bmatrix} 1 & 0 & 0 \end{bmatrix} \begin{bmatrix} x_1(k) \\ x_2(k) \\ x_3(k) \end{bmatrix}$$

(3.159)

Projeto de Controladores Digitais

e substituindo-se A, B, C, F e G em (3.149), advém o sistema de equações

$$
\begin{bmatrix}
0{,}156 & 0{,}200 & 0{,}091 & 0 \\
-0{,}321 & 0{,}031 & 0{,}914 & 0 \\
-0{,}201 & -4{,}038 & 2{,}670 & 0 \\
9{,}183 & 27{,}914 & -234{,}950 & 200
\end{bmatrix}
\begin{bmatrix}
u(0) \\
u(1) \\
u(2) \\
u(3)
\end{bmatrix}
=
\begin{bmatrix}
r \\
0 \\
0 \\
0
\end{bmatrix}
\tag{3.160}
$$

donde

$$u(0)=4{,}482r \quad , \quad u(1)=0{,}799r \quad , \quad u(2)=1{,}546r \quad , \quad u(3)=1{,}499r \tag{3.161}$$

e de (3.150) decorre

$$S(0)=u(0)/r=4{,}482 \quad , \quad S(1)=u(1)/r=0{,}799 \quad , \quad S(2)=u(2)/r=1{,}546 \quad , \quad S(3)=u(3)/r=1{,}499 \tag{3.162}$$

Portanto, podemos escrever

$$\sum_{k=0}^{n-1}\left(I - \sum_{l=0}^{k-1} CA^{k-l-1}BS(l)\right)z^{-k}=(1-0)z^{-0} + (1-CBS(0))z^{-1} + (1-CABS(0)-CBS(1))z^{-2}=1 +$$
$$0{,}592z^{-1} + 0{,}031z^{-2} \tag{3.163}$$

e

$$\sum_{k=0}^{n-1} S(k)z^{-k}+\frac{S(n)\ z^{-n}}{1 - z^{-1}} = S(0)+S(1)z^{-1}+S(2)z^{-2}+\frac{S(3)z^{-3}}{1 - z^{-1}} = \frac{4{,}482 - 3{,}683z^{-1} + 0{,}747z^{-2} - 0{,}047z^{-3}}{1 - z^{-1}} \tag{3.164}$$

Logo, de (3.154), (3.163), e (3.164) resulta o controlador com função de transferência

$$G_d(z) = \frac{4{,}482 - 3{,}683z^{-1} + 0{,}747z^{-2} - 0{,}047z^{-3}}{1 - 0{,}408z^{-1} - 0{,}561z^{-2} - 0{,}031z^{-3}} \tag{3.165}$$

Conforme esperado, a menos de discrepâncias devido a truncamento numérico, temos o mesmo controlador obtido em (3.94). □

Uma das vantagens da abordagem em variáveis de estado reside no fato de que podemos tratar facilmente sistemas multivariáveis.

3.5.5- Controlador com Critério de Energia Mínima

Dado um sistema controlável com representação

$$x(k+1) = Ax(k) + Bu(k) \tag{3.166}$$

desejamos projetar um controlador que transfira um estado genérico $x(0)$ para $x(N)$ especificado, $N \geq n$, minimizando o índice de desempenho

$$J(u) = \sum_{l=0}^{N-1} u^2(l) \tag{3.167}$$

que basicamente representa a energia do sinal de controle.

Da equação de estado (3.166), temos

$$x(N) = A^N x(0) + \sum_{l=0}^{N-1} A^{N-l-1} B\, u(l) \qquad (3.168)$$

e supondo $u(k)$ com dimensão $mx1$, podemos reescrever a equação (3.168) na forma matricial, resultando

$$\begin{bmatrix} A^{N-1}B & A^{N-2}B & \cdots & B \end{bmatrix} \begin{bmatrix} u(0) \\ u(1) \\ \vdots \\ u(N-1) \end{bmatrix} = x(N) - A^N x(0) \triangleq \overline{x}(N) \qquad (3.169)$$

ou seja

$$M\, u = \overline{x}(N) \quad , \text{ onde M tem dimensão } nxNm \text{ e u tem dimensão } Nmx1 \qquad (3.170)$$

A solução da equação homogênea $Mu=0$ é $u=(I-M^{RI}M)v$, onde I é a matriz identidade $NmxNm$, M^{RI} é a inversa à direita da matriz M e v é qualquer vetor $Nmx1$. Efetivamente

$$M\, u = M(I - M^{RI}M)v = (M - MM^{RI}M)v = (M - M)v = 0v = 0 \ , \ \forall v \qquad (3.171)$$

Por outro lado, a solução forçada de (3.170) é da forma $M^{RI}\overline{x}(N)$. Logo, a solução de (3.170) é obtida somando-se a solução da equação homogênea e a solução forçada, resultando

$$u = M^{RI}\,\overline{x}(N) + (I - M^{RI}M)v \qquad (3.172)$$

e em particular estamos interessados em determinar v de modo a minimizar (3.167), isto é,

$$J(u) = \sum_{l=0}^{N-1} u^2(l) = \|u\| = \left\| M^{RI}\overline{x}(N) + (I - M^{RI}M)v \right\| \qquad (3.173)$$

Uma vez que o sistema é controlável, a matriz $M=[A^{N-1}B \quad A^{N-2}B \quad \cdots \quad B]$ possui *rank* igual a n e portanto a matriz (MM^T), que é de ordem nxn, possui inversa. Logo, o critério $J(u)$ em (3.173) é minimizado para

$$u = M^T(MM^T)^{-1}\,\overline{x}(N) \qquad (3.174)$$

sendo este resultado formalizado no teorema a seguir, no qual $<x,x>$ designa a norma do vetor x.

Teorema: Se $L: X \rightarrow Y$ for uma transformação linear de X sobre Y e se a transformação composta $LL^T : Y \rightarrow Y$ possuir inversa, então $Lx=y_0$ terá uma solução

$$x_0 = L^T\,(LL^T)^{-1}\,y_0 \qquad (3.175)$$

Além disto, se x_1 for qualquer outra solução de $Lx=y_0$, então

$$< x_1, x_1 > \ \geq \ < x_0, x_0 > \qquad (3.176)$$

isto é, x_0 é a solução com norma mínima.

Verificação: Seja $LL^T y_1 = y_0$. Tal y_1 existe uma vez que LL^T possui inversa. Assim, se $x_0 = L^T y_1$, então $Lx_0 = LL^T y_1 = LL^T(LL^T)^{-1}y_0 = y_0$, ou seja, x_0 é solução. Se x_1 for qualquer

Projeto de Controladores Digitais

outra solução, então $Lx_1 - Lx_0=0$, ou seja

$$< y_1,Lx_0 > = y_1^T \, Lx_0 = (L^Ty_1)^Tx_0 = < L^Ty_1,x_0 > = < x_0,x_0 > = < y_1,Lx_1 > = y_1^TLx_1 =$$

$$(L^Ty_1)^Tx_1 = < L^Ty_1,x_1 > = < x_0,x_1 > \qquad (3.177)$$

Adicionalmente,

$$< x_1 - x_0,x_1 - x_0 > = < x_1,x_1 > - < x_1,x_0 > + < x_0,x_1 > + < x_0,x_0 > =$$
$$< x_1,x_1 > - < x_0,x_0 > \geq 0 \qquad (3.178)$$

donde conluimos que

$$< x_1,x_1 > \geq < x_0,x_0 > \qquad \qquad \square$$

Exemplo: Determinar a seqüência de controle que transfere o estado $x(0)=(0,0,0)$ para $x(N)=(2,5,1)$ com energia mínima para N=3 e N=4, considerando-se o sistema representado por

$$\begin{bmatrix} \dot{x}_1(t) \\ \dot{x}_2(t) \\ \dot{x}_3(t) \end{bmatrix} = \begin{bmatrix} 0 & 1 & 0 \\ 0 & 0 & 1 \\ -300 & -160 & -23 \end{bmatrix} \begin{bmatrix} x_1(t) \\ x_2(t) \\ x_3(t) \end{bmatrix} + \begin{bmatrix} 0 \\ 0 \\ 200 \end{bmatrix} u(t)$$

e discretizado com T=0,2s.

Conforme já visto em (3.158), o modelo discreto correspondente é

$$\begin{bmatrix} x_1(k+1) \\ x_2(k+1) \\ x_3(k+1) \end{bmatrix} = \begin{bmatrix} 0,863 & 0,118 & 0,005 \\ -1,371 & 0,132 & 0,013 \\ -4,006 & -3,508 & -0,175 \end{bmatrix} \begin{bmatrix} x_1(k) \\ x_2(k) \\ x_3(k) \end{bmatrix} + \begin{bmatrix} 0,091 \\ 0,914 \\ 2,670 \end{bmatrix} u(k)$$

Assim, para N=3 de (3.169) e (3.170) obtemos

$$M = \begin{bmatrix} A^2B & AB & B \end{bmatrix} = \begin{bmatrix} 0,156 & 0,200 & 0,091 \\ -0,321 & 0,031 & 0,914 \\ -0,281 & -3,990 & 2,570 \end{bmatrix} \qquad (3.179)$$

donde, de (3.174),

$$u = M^T(MM^T)^{-1} \bar{x}(3) = \begin{bmatrix} 4,553 & -1,095 & 0,220 \\ 0,733 & 0,540 & -0,210 \\ 1,574 & 0,691 & 0,084 \end{bmatrix} \begin{bmatrix} 2 \\ 5 \\ 1 \end{bmatrix} = \begin{bmatrix} 3,850 \\ 3,954 \\ 6,688 \end{bmatrix} = \begin{bmatrix} u(0) \\ u(1) \\ u(2) \end{bmatrix} \qquad (3.180)$$

sendo o custo mínimo correspondente dado por

$$J(u) = u^2(0) + u^2(1) + u^2(2) = 75,186 \qquad (3.181)$$

Consideremos agora N=4. Neste caso, de (3.169) e (3.170) temos

$$M = \begin{bmatrix} A^3B & A^2B & AB & B \end{bmatrix} \begin{bmatrix} 0,095 & 0,156 & 0,200 & 0,091 \\ -0,260 & -0,321 & 0,031 & 0,914 \\ 0,547 & -0,281 & -3,990 & 2,670 \end{bmatrix} \tag{3.182}$$

donde, de (3.174),

$$u = M^T(MM^T)^{-1}\, \overline{x}(4) = \begin{bmatrix} 2,132 & -0,580 & 0,129 \\ 2,767 & -0,610 & 0,112 \\ 1,128 & 0,432 & -0,186 \\ 1,540 & 0,700 & 0,082 \end{bmatrix} \begin{bmatrix} 2 \\ 5 \\ 1 \end{bmatrix} = \begin{bmatrix} 1,496 \\ 2,597 \\ 4,231 \\ 6,665 \end{bmatrix} = \begin{bmatrix} u(0) \\ u(1) \\ u(2) \\ u(3) \end{bmatrix} \tag{3.183}$$

sendo o custo mínimo correspondente dado por

$$J(u) = u^2(0) + u^2(1) + u^2(2) + u^2(3) = 71,306 \tag{3.184}$$

Conforme esperado o custo em (3.184) é menor que aquele em (3.181), pois mais tempo foi dado para o estado atingir o ponto desejado, implicando menor esforço do sinal de controle. $\square$

3.5.6- Alocação de Pólos (*Pole Placement*)

Admitindo-se que o sistema univariável

$$x(k+1) = Ax(k) + Bu(k) \tag{3.185}$$
$$y(k) = Cx(k) + Du(k) \tag{3.186}$$

seja controlável, o objetivo aqui é determinar uma lei de controle da forma

$$u(k) = r(k) - Kx(k) \tag{3.187}$$

de modo que a matriz de dinâmica da equação de estado em malha fechada

$$x(k+1) = (A - BK)x(k) + Br(k) \tag{3.188}$$

tenha autovalores preestabelecidos. Mais precisamente, deseja-se posicionar os autovalores da matriz $(A - BK)$, em (3.188), arbitrariamente.

Observação: Se a matriz de controlabilidade $\mathcal{C}(A,B)$ possuir *rank* $n_1 < n$, então existe uma transformação de equivalência $\overline{x}(k) = Px(k)$, com P não-singular, de tal forma que a equação dinâmica é transformada em

$$\begin{bmatrix} \overline{x}_c(k+1) \\ \overline{x}_{\overline{c}}(k+1) \end{bmatrix} = \begin{bmatrix} \overline{A}_c & A_{12} \\ 0 & \overline{A}_{\overline{c}} \end{bmatrix} \begin{bmatrix} \overline{x}_c(k) \\ \overline{x}_{\overline{c}}(k) \end{bmatrix} + \begin{bmatrix} \overline{B}_c \\ 0 \end{bmatrix} u(k) \tag{3.189}$$

$$y(k) = \begin{bmatrix} \overline{C}_c & \overline{C}_{\overline{c}} \end{bmatrix} \begin{bmatrix} \overline{x}_c(k) \\ \overline{x}_{\overline{c}}(k) \end{bmatrix} + Du(k) \tag{3.190}$$

sendo a subequação dinâmica

$$\bar{x}_c(k+1) = \bar{A}_c\bar{x}_c(k) + \bar{B}_c u(k) \tag{3.191}$$
$$y(k) = \bar{C}_c\bar{x}_c(k) + Du(k) \tag{3.192}$$

controlável. Vide Chen (1984) para detalhes. A matriz de transformação de base P é dada por

$$P^{-1} = Q = \begin{bmatrix} q_1 & q_2 & \cdots & q_{n_1} & \cdots & q_n \end{bmatrix} \tag{3.193}$$

onde $q_1, q_2, \ldots, q_{n_1}$ são n_1 colunas linearmente independentes de $\mathcal{C}(A,B)$ e $q_{n_1+1}, \ldots, q_n$ vetores quaisquer tais que Q seja não-singular. O diagrama de blocos do sistema decomposto é mostrado na Fig. 3.35. Obviamente, os autovalores da parte não-controlável não são alterados por realimentação.

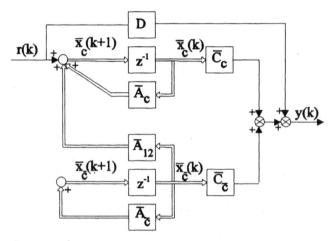

Fig. 3.35- Decomposição para alocação de pólos.

Exemplo: O sistema

$$\begin{bmatrix} x_1(k+1) \\ x_2(k+1) \end{bmatrix} = \begin{bmatrix} -1 & 0 \\ 0 & -1 \end{bmatrix} \begin{bmatrix} x_1(k) \\ x_2(k) \end{bmatrix} + \begin{bmatrix} 1 \\ 1 \end{bmatrix} u(k) \tag{3.194}$$

possui matriz de controlabilidade $\mathcal{C}(A,B) = \begin{bmatrix} 1 & -1 \\ 1 & -1 \end{bmatrix}$, donde $Q = \begin{bmatrix} 1 & 1 \\ 1 & 0 \end{bmatrix} = P^{-1}$, por exemplo. Logo, temos a decomposição

$$\begin{bmatrix} \bar{x}_c(k+1) \\ \bar{x}_{\bar{c}}(k+1) \end{bmatrix} = \begin{bmatrix} -1 & 0 \\ 0 & -1 \end{bmatrix} \begin{bmatrix} \bar{x}_c(k) \\ \bar{x}_{\bar{c}}(k) \end{bmatrix} + \begin{bmatrix} 1 \\ 0 \end{bmatrix} u(k) \tag{3.195}$$

□

Suponhamos que o sistema de interesse seja controlável, ou tenha sido decomposto conforme observação anterior. Então existe uma matriz de similaridade P tal que fazendo-se $\bar{x}(k) = Px(k)$ resulta

$$\bar{x}(k+1) = \bar{A}\bar{x}(k) + \bar{B}u(k) \quad , \quad \bar{A}=PAP^{-1}, \quad \bar{B}=PB \tag{3.196}$$
$$y(k) = \bar{C}\bar{x}(k) + Du(k) \quad , \quad \bar{C}=CP^{-1} \tag{3.197}$$

com

$$\overline{A} = \begin{bmatrix} 0 & 1 & 0 & \cdots & 0 \\ 0 & 0 & 1 & \cdots & 0 \\ \vdots & \vdots & \vdots & \vdots & \vdots \\ 0 & 0 & 0 & \cdots & 1 \\ -\alpha_n & -\alpha_{n-1} & -\alpha_{n-2} & \cdots & -\alpha_1 \end{bmatrix}, \quad \overline{B} = \begin{bmatrix} 0 \\ 0 \\ \vdots \\ 0 \\ 1 \end{bmatrix} \qquad (3.198)$$

$$\overline{C} = \begin{bmatrix} \beta_n & \beta_{n-1} & \cdots & \beta_2 & \beta_1 \end{bmatrix} \qquad (3.199)$$

que corresponde à forma canônica controlável, estudada no capítulo 2.

Substituindo-se a lei de controle (3.187), com $x(k)=P^{-1}\overline{x}(k)$, isto é

$$u(k) = r(k) - KP^{-1}\overline{x}(k) \qquad (3.200)$$

em (3.196), resulta

$$\overline{x}(k+1) = (\overline{A} - \overline{B}KP^{-1})\overline{x}(k) + \overline{B}r(k) = (\overline{A} - \overline{B}\overline{K})\overline{x}(k) + \overline{B}r(k) \quad, \quad \text{com } \overline{K}(k)=KP^{-1} \qquad (3.201)$$

sendo os autovalores de $(A - BK)$ iguais aos da matriz $(\overline{A} - \overline{B}\overline{K})$, isto porque

$$\det\Big(zI - (\overline{A} - \overline{B}\overline{K})\Big) = \det\Big(zPP^{-1} - (PAP^{-1} - PBKP^{-1})\Big) = \det\Big(PP^{-1}\Big)\det\Big(zI - (A - BK)\Big) =$$

$$\det\Big(zI - (A - BK)\Big) \qquad (3.202)$$

Admitamos agora que o sistema em malha fechada deva ter os autovalores $\overline{\lambda}_1$, $\overline{\lambda}_2$, ..., $\overline{\lambda}_n$, isto é,

$$\det(zI - (A - BK)) = (z - \overline{\lambda}_1)(z - \overline{\lambda}_2) \cdots (z - \overline{\lambda}_n) = z^n + \overline{\alpha}_1 z^{n-1} + \cdots + \overline{\alpha}_n \qquad (3.203)$$

Então, a equação transformada deve apresentar esses mesmos autovalores, o que requer dinâmica

$$\overline{x}(k+1) = \begin{bmatrix} 0 & 1 & 0 & \cdots & 0 \\ 0 & 0 & 1 & \cdots & 0 \\ \vdots & \vdots & \vdots & \vdots & \vdots \\ 0 & 0 & 0 & \cdots & 1 \\ -\overline{\alpha}_n & -\overline{\alpha}_{n-1} & -\overline{\alpha}_{n-2} & \cdots & -\overline{\alpha}_1 \end{bmatrix} \overline{x}(k) + \begin{bmatrix} 0 \\ 0 \\ \vdots \\ 0 \\ 1 \end{bmatrix} r(k) \qquad (3.204)$$

$$y(k) = \begin{bmatrix} \beta_n + D(\overline{\alpha}_n - \alpha_{n-1}) & \cdots & \beta_1 + D(\overline{\alpha}_1 - \alpha_1) \end{bmatrix} \overline{x}(k) + D\,r(k) \qquad (3.205)$$

que é obtida tomando-se

$$\overline{K} = \begin{bmatrix} \overline{\alpha}_n - \alpha_n & \overline{\alpha}_{n-1} - \alpha_{n-1} & \cdots & \overline{\alpha}_1 - \alpha_1 \end{bmatrix} \qquad (3.206)$$

Projeto de Controladores Digitais 107

3.5.6.1- Algoritmo para a Técnica de *Pole Placement*

Objetivo: Dado um sistema controlável x(k+1)=Ax(k)+Bu(k) e um conjunto de autovalores desejados s=$\{\overline{\lambda}_1, \overline{\lambda}_2, ..., \overline{\lambda}_n\}$, determinar o vetor de realimentação de estado K=$[k_1\ k_2\ \cdots\ k_n]$ tal que a matriz de dinâmica do sistema realimentado, (A − BK), tenha como autovalores os elementos do conjunto s.

Procedimento (Para detalhes, vide Chen (1984)):

1- Determinar o polinômio característico de A,

$$\det(zI - A) = z^n + \alpha_1 z^{n-1} + \cdots + \alpha_n \tag{3.207}$$

2- Formar o polinômio característico desejado,

$$(z - \overline{\lambda}_1)(z - \overline{\lambda}_2) \cdots (z - \overline{\lambda}_n) = z^n + \overline{\alpha}_1 z^{n-1} + \cdots + \overline{\alpha}_n \tag{3.208}$$

3- Calcular o ganho

$$\overline{K} = \left[\ \overline{\alpha}_n - \alpha_n\quad \overline{\alpha}_{n-1} - \alpha_{n-1}\quad \cdots\quad \overline{\alpha}_1 - \alpha_1\ \right] \tag{3.209}$$

4- Determinar a matriz

$$Q = \left[\ q_1\quad q_2\quad \cdots\quad q_n\ \right],\ q_{n-i} = Aq_{n-i+1} + \alpha_i q_n\ ,\ i=1,2,\ ...,n-1,\ \text{iniciando com } q_n = B \tag{3.210}$$

5- Calcular a matriz

$$P = Q^{-1} \tag{3.211}$$

6- Determinar o vetor de ganho desejado

$$K = \overline{K}P \tag{3.212}$$

Exemplo: Dado o sistema

$$x(k+1) = \begin{bmatrix} 0 & 0 & 5 \\ 1 & 0 & -1 \\ 0 & 1 & -3 \end{bmatrix} x(k) + \begin{bmatrix} 0 \\ -2 \\ 1 \end{bmatrix} u(k) \tag{3.213}$$

determinar a lei de controle que possibilita obter, via realimentação de estado, os autovalores $\overline{\lambda}_1$=0,3, $\overline{\lambda}_2$=0,5 e $\overline{\lambda}_3$=−0,7.

Neste exemplo a matriz de controlabilidade é dada por

$$\mathcal{C}(A,B) = \begin{bmatrix} 0 & 5 & -25 \\ -2 & -1 & 10 \\ 1 & -5 & 14 \end{bmatrix} \text{ e } \det(\mathcal{C}(A,B)) = -65 \longrightarrow rank(\mathcal{C}(A,B)) = 3 \text{ e portanto o sistema é controlável.}$$

Os procedimentos indicados no algoritmo anterior são seguidos abaixo.

1- Determinar o polinômio característico de A:

$$\det(zI - A) = \begin{bmatrix} z & 0 & -5 \\ -1 & z & 1 \\ 0 & -1 & z+3 \end{bmatrix} = z^3 + 3z^2 + z - 5 = (z^2 + 4z + 5)(z - 1)$$

2- Formar o polinômio característico desejado:

$$(z-\bar{\lambda}_1)(z-\bar{\lambda}_2)(z-\bar{\lambda}_3) = (z-0{,}3)(z-0{,}5)(z+0{,}7) = z^3 - 0{,}1z^2 - 0{,}41z + 0{,}105 =$$
$$z^3 + \bar{\alpha}_1 z^2 + \bar{\alpha}_2 z + \bar{\alpha}_3$$

3- Calcular o ganho $\bar{K}$:

$$\bar{K} = \begin{bmatrix} \bar{\alpha}_3 - \alpha_3 & \bar{\alpha}_2 - \alpha_2 & \bar{\alpha}_1 - \alpha_1 \end{bmatrix} = \begin{bmatrix} 5{,}105 & -1{,}410 & -3{,}100 \end{bmatrix}$$

4- Determinar a matriz Q:

$$Q = \begin{bmatrix} q_1 & q_2 & q_3 \end{bmatrix}, \ q_{n-i} = Aq_{n-i+1} + \alpha_i q_n, \ i=1, 2, \text{ iniciando com } q_3 = B. \text{ Temos}$$

$$q_3 = B = \begin{bmatrix} 0 \\ -2 \\ 1 \end{bmatrix}, \ q_2 = Aq_3 + 3q_3 = \begin{bmatrix} 5 \\ -7 \\ -2 \end{bmatrix}, \ q_1 = Aq_2 + q_3 = \begin{bmatrix} -10 \\ 5 \\ 0 \end{bmatrix}$$

donde

$$Q = \begin{bmatrix} -10 & 5 & 0 \\ 5 & -7 & -2 \\ 0 & -2 & 1 \end{bmatrix}$$

5- Calcular a matriz P:

$$P = Q^{-1} \rightarrow P = \begin{bmatrix} -0{,}129 & -0{,}095 & -0{,}118 \\ -0{,}059 & -0{,}118 & -0{,}235 \\ -0{,}118 & -0{,}235 & 0{,}529 \end{bmatrix}$$

6- Determinar o vetor de ganho desejado K: $K = \bar{K}P = \begin{bmatrix} -0{,}210 & 0{,}594 & -1{,}911 \end{bmatrix}$

O diagrama de blocos do sistema de controle resultante é mostrado na Fig. 3.36.

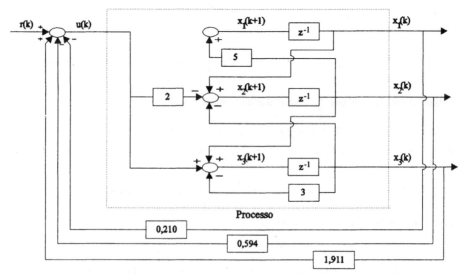

Fig. 3.36- Sistema de controle com realimentação de estado. □

Nesta seção admitimos que todo os componentes do vetor de estado estão disponíveis para a determinação do controle. Porém, na maioria dos processos industriais o vetor de estado não pode ser totalmente mensurado, isto é, o número de saídas é menor que o número de estados. Na próxima seção verificaremos como obter o vetor de estado com base nas saídas disponíveis.

3.5.6.2- Observadores de Estado

Observadores são estimadores de estado para sistemas determinísticos, isto é, sistemas sem ruídos de processo e de medida significantes. São utilizados para reconstruir o vetor de estado $x(k)$ a partir das saídas disponíveis. Mais particularmente, consideraremos o observador de Luenberger (Chen, 1984).

Seja o sistema univariável

$$x(k+1) = Ax(k) + Bu(k) \quad , x(0)=x_0 \qquad (3.214)$$
$$y(k) = Cx(k) \qquad (3.215)$$

e postulemos um observador com a estrutura mostrada na Fig. 3.37.

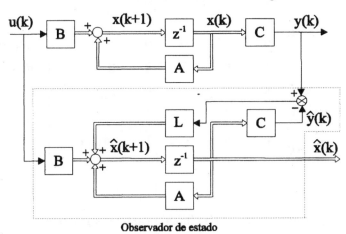

Fig. 3.37- Estrutura do observador de estado.

A partir da Fig. 3.37 podemos escrever,

$$\hat{x}(k+1) = A\hat{x}(x) + Bu(k) + L(y(k) - \hat{y}(k)) \qquad (3.216)$$

com
$$y(k) = Cx(k) \quad e \quad \hat{y}(k) = C\hat{x}(k) \qquad (3.217)$$

donde
$$\hat{x}(k+1) = A\hat{x}(k) + Bu(k) + LC(x(k) - \hat{x}(k)) \qquad (3.218)$$

Assim, caso definamos o erro de estimação
$$\tilde{x}(k) = x(k) - \hat{x}(k) \qquad (3.219)$$

resulta

$$\tilde{x}(k+1)=x(k+1) - \hat{x}(k+1)=Ax(k)+Bu(k) - A\hat{x}(k) - Bu(k) - LC\tilde{x}(k)=A(x(k) - \hat{x}(k)) -$$
$$LC\tilde{x}(k)=(A - LC)\tilde{x}(k) \quad (3.220)$$

ou seja, o vetor L pode ser determinado de modo que $\tilde{x}(k)$ tenda a zero para qualquer condição inicial $\tilde{x}(0)$. O problema resume-se então em se determinar um valor conveniente para L, visto que a solução não é única.

Teorema: Se o sistema

$$x(k+1) = Ax(k) + Bu(k) \quad (3.221)$$
$$y(k) = Cx(k) \quad (3.222)$$

for observável, então é possível construir um observador de estado que seja assintoticamente estável e com autovalores arbitrariamente indicados.

Verificação: Caso o sistema seja observável, podemos realizar uma transformação de similaridade $\overline{x}(k)=Px(k)$ tal que o sistema original é transformado em

$$\overline{x}(k+1) = \overline{A}\overline{x}(k)+ \overline{B}u(k) \quad (3.223)$$
$$y(k) = \overline{C}\overline{x}(k) \quad (3.224)$$

com

$$\overline{A}=\begin{bmatrix} 0 & 0 & \cdots & 0 & -\alpha_n \\ 1 & 0 & \cdots & 0 & -\alpha_{n-1} \\ 0 & 1 & \cdots & 0 & -\alpha_{n-2} \\ \vdots & \vdots & \vdots & \vdots & \vdots \\ 0 & 0 & \cdots & 1 & -\alpha_1 \end{bmatrix}, \overline{B}=\begin{bmatrix} \beta_n \\ \beta_{n-1} \\ \vdots \\ \beta_2 \\ \beta_1 \end{bmatrix} \quad (3.225)$$

$$\overline{C}=\begin{bmatrix} 0 & 0 & \cdots & 0 & 1 \end{bmatrix} \quad (3.226)$$

sendo α_1, α_2, ..., α_n os coeficientes do polinômio característico, isto é,

$$\det(zI - A) = z^n + \alpha_1 z^{n-1} + \cdots + \alpha_n \quad (3.227)$$

e a transformação de similaridade P é dada por

$$P = \begin{bmatrix} \alpha_{n-1} & \alpha_{n-2} & \cdots & \alpha_1 & 1 \\ \alpha_{n-2} & \alpha_{n-3} & \cdots & 1 & 0 \\ \vdots & \vdots & \vdots & \vdots & \vdots \\ \alpha_1 & 1 & \cdots & 0 & 0 \\ 1 & 0 & \cdots & 0 & 0 \end{bmatrix} \mathcal{O}(C,A) \quad (3.228)$$

onde $\mathcal{O}(C,A)$ é a matriz de observabilidade do sistema original. Se $\mathcal{O}(C,A)$ for não-

Projeto de Controladores Digitais

singular, então P também será não-singular, existindo a transformação referenciada.

Substituindo-se $\overline{A}=PAP^{-1}$ e $\overline{C}=CP^{-1}$ na equação do estimador de estado (3.216) e fazendo-se

$$L = P^{-1}\overline{L} \qquad (3.229)$$

resulta

$$\hat{x}(k+1) = P^{-1}(\overline{A} - \overline{L}\overline{C})P\hat{x}(k) + Bu(k) + Ly(k) \qquad (3.230)$$

sendo os autovalores da matriz $P^{-1}(\overline{A} - \overline{L}\overline{C})P$ iguais aos da matriz $(\overline{A} - \overline{L}\overline{C})$, conforme pode ser mostrado usando-se o mesmo procedimento empregado em (3.202).

Admitamos agora que o observador de estado deva ter autovalores $\overline{\lambda}_1$, $\overline{\lambda}_2$, ..., $\overline{\lambda}_n$, ou seja, possua polinômio característico

$$(z - \overline{\lambda}_1)(z - \overline{\lambda}_2) \cdots (z - \overline{\lambda}_n) = z^n + \overline{\alpha}_1 z^{n-1} + \cdots + \overline{\alpha}_{n-1}z + \overline{\alpha}_n \qquad (3.231)$$

Assim, caso façamos

$$\overline{L}^T = \begin{bmatrix} \overline{\alpha}_n - \alpha_n & \overline{\alpha}_{n-1} - \alpha_{n-1} & \cdots & \overline{\alpha}_1 - \alpha_1 \end{bmatrix} \qquad (3.232)$$

de (3.225) e (3.226) resulta

$$\overline{A} - \overline{L}\overline{C} = \begin{bmatrix} 0 & 0 & \cdots & 0 & -\alpha_n \\ 1 & 0 & \cdots & 0 & -\alpha_{n-1} \\ 0 & 1 & \cdots & 0 & -\alpha_{n-2} \\ \vdots & \vdots & \vdots & \vdots & \vdots \\ 0 & 0 & \cdots & 1 & -\alpha_1 \end{bmatrix} \qquad (3.233)$$

e portanto $(\overline{A} - \overline{L}\overline{C})$ possui os autovalores desejados, que coincidem com os autovalores de $P^{-1}(\overline{A} - \overline{L}\overline{C})P$, que é a matriz de dinâmica do observador de estado, conforme visto em (3.230).

Finalmente, podemos reescrever a equação do observador de estado, (3.230), na forma

$$P\hat{x}(k+1) = (\overline{A} - \overline{L}\overline{C})P\hat{x}(k) + PBu(k) + PLy(k) \qquad (3.234)$$

isto é,

$$\hat{\overline{x}}(k+1) = (\overline{A} - \overline{L}\overline{C})\hat{\overline{x}}(k) + \overline{B}u(k) + \overline{L}y(k) \qquad (3.235)$$

donde concluimos que o observador nos dá, na verdade, a estimativa de $\overline{x}(k)$. Logo, a estimativa desejada, $\hat{x}(k)$, é obtida fazendo-se

$$\hat{x}(k) = P^{-1}\hat{\overline{x}}(k) \qquad (3.236)$$

$\Box$

Exemplo: Dado o sistema

$$x(k+1) = \begin{bmatrix} 0,999 & 0,149 & 0,010 \\ -0,010 & 0,980 & 0,120 \\ -0,120 & -0,249 & 0,620 \end{bmatrix} x(k) + \begin{bmatrix} 0,001 \\ 0,010 \\ 0,120 \end{bmatrix} u(k) \qquad (3.237)$$

$$y(k) = \begin{bmatrix} 1 & 0 & 0 \end{bmatrix} x(k) \tag{3.238}$$

determinar $\hat{x}(k)$, a estimativa do vetor de estado $x(k)$, supondo-se observador com autovalores desejados $\overline{\lambda}_1 = 0{,}881$, $\overline{\lambda}_2 = 0{,}741$ e $\overline{\lambda}_3 = 0{,}223$.

O polinômio característico relativo ao sistema dado é

$$\det(zI - A) = z^3 - 2{,}599z^2 + 2{,}239z - 0{,}637 = z^3 + \alpha_1 z^2 + \alpha_2 z + \alpha_3 \tag{3.239}$$

com autovalores $\lambda_1 = 0{,}703$ e $\lambda_{2,3} = 0{,}948 \pm 0{,}086j$.

A partir dos autovalores desejados para o observador, formamos o polinômio característico do observador,

$$(z - \overline{\lambda}_1)(z - \overline{\lambda}_2)(z - \overline{\lambda}_3) = z^3 - 1{,}825z^2 + 0{,}995z - 0{,}142 = z^3 + \overline{\alpha}_1 z^2 + \overline{\alpha}_2 z + \overline{\alpha}_3 \tag{3.240}$$

Quanto à matriz de similaridade P, de (3.228) temos

$$P = \begin{bmatrix} \alpha_2 & \alpha_1 & 1 \\ \alpha_1 & 1 & 0 \\ 1 & 0 & 0 \end{bmatrix} \mathcal{O}(C,A), \text{ onde } \mathcal{O}(C,A) = \begin{bmatrix} C \\ CA \\ CA^2 \end{bmatrix} = \begin{bmatrix} 1 & 0 & 0 \\ 0{,}999 & 0{,}149 & 0{,}010 \\ 0{,}995 & 0{,}292 & 0{,}034 \end{bmatrix}$$

$$\tag{3.241}$$

e portanto, substituindo os valores de α_1 e α_2 obtidos em (3.239), isto é, $\alpha_1 = -2{,}599$ e $\alpha_2 = 2{,}239$, resulta

$$P = \begin{bmatrix} 0{,}637 & -0{,}095 & 0{,}008 \\ -1{,}600 & 0{,}149 & 0{,}010 \\ 1 & 0 & 0 \end{bmatrix} \rightarrow P^{-1} = \begin{bmatrix} 0 & 0 & 1 \\ -4{,}668 & 3{,}735 & 8{,}949 \\ 69{,}561 & 44{,}351 & 26{,}651 \end{bmatrix} \tag{3.242}$$

Assim, fazendo-se $\overline{A} = PAP^{-1}$, $\overline{B} = PB$ e $\overline{C} = CP^{-1}$, temos a seguinte representação do sistema original

$$\overline{x}(k+1) = \begin{bmatrix} 0 & 0 & 0{,}637 \\ 1 & 0 & -2{,}239 \\ 0 & 1 & 2{,}599 \end{bmatrix} \overline{x}(k) + \begin{bmatrix} 0{,}0006 \\ 0{,}0011 \\ 0{,}0010 \end{bmatrix} u(k) \tag{3.243}$$

$$y(k) = \begin{bmatrix} 0 & 0 & 1 \end{bmatrix} \overline{x}(k) \tag{3.244}$$

De modo a obtermos os autovalores desejados para o observador, de (3.233) devemos impor,

$$(\overline{A} - \overline{L}\overline{C}) = \begin{bmatrix} 0 & 0 & -\overline{\alpha}_3 \\ 1 & 0 & -\overline{\alpha}_2 \\ 0 & 1 & -\overline{\alpha}_1 \end{bmatrix} \tag{3.245}$$

onde

Projeto de Controladores Digitais

$$\bar{L}^T = \begin{bmatrix} \bar{l}_1 & \bar{l}_2 & \bar{l}_3 \end{bmatrix}, \quad \bar{C} = CP^{-1} = \begin{bmatrix} 0 & 0 & 1 \end{bmatrix} \quad e \quad \bar{L}\bar{C} = \begin{bmatrix} 0 & 0 & \bar{l}_1 \\ 0 & 0 & \bar{l}_2 \\ 0 & 0 & \bar{l}_3 \end{bmatrix}$$

$$(3.246)$$

resultando

$$(\bar{A}-\bar{L}\bar{C}) = \begin{bmatrix} 0 & 0 & 0,637-\bar{l}_1 \\ 1 & 0 & -2,239-\bar{l}_2 \\ 0 & 1 & 2,599-\bar{l}_3 \end{bmatrix} = \begin{bmatrix} 0 & 0 & -\bar{\alpha}_3 \\ 1 & 0 & -\bar{\alpha}_2 \\ 0 & 1 & -\bar{\alpha}_1 \end{bmatrix}$$

$$(3.247)$$

conforme esperado. Assim,

$$\bar{L}^T = \begin{bmatrix} \bar{l}_1 & \bar{l}_2 & \bar{l}_3 \end{bmatrix} = \begin{bmatrix} \bar{\alpha}_3-\alpha_3 & \bar{\alpha}_2-\alpha_2 & \bar{\alpha}_1-\alpha_1 \end{bmatrix} = \begin{bmatrix} 0,495 & -1,244 & 0,774 \end{bmatrix}$$

$$(3.248)$$

e de (3.235), (3.247) e (3.248) resulta a seguinte equação que descreve o observador na base transformada

$$\hat{\bar{x}}(k+1) = \begin{bmatrix} 0 & 0 & 0,142 \\ 1 & 0 & -1,015 \\ 0 & 1 & 1,855 \end{bmatrix} \hat{\bar{x}}(k) + \begin{bmatrix} 0,495 \\ -1,244 \\ 0,774 \end{bmatrix} y(k) + \begin{bmatrix} 0,0006 \\ 0,0011 \\ 0,0010 \end{bmatrix} u(k) \quad (3.249)$$

Finalmente, de (3.236) concluimos que a estimativa do estado original é dada por

$$\hat{x}(k) = P^{-1}\hat{\bar{x}}(k) = \begin{bmatrix} 0 & 0 & 1 \\ -4,668 & 3,735 & 8,949 \\ 69,561 & 44,351 & 26,651 \end{bmatrix} \hat{\bar{x}}(k) \quad (3.250)$$

ou seja,

$$\hat{x}_1(k) = \hat{\bar{x}}_3(k)$$

$$\hat{x}_2(k) = -4,668\hat{\bar{x}}_1(k) + 3,735\hat{\bar{x}}_2(k) + 8,949\hat{\bar{x}}_3(k)$$

$$\hat{x}(k) = 69,561\hat{\bar{x}}_1(k) + 44,351\hat{\bar{x}}_2(k) + 26,651\hat{\bar{x}}_3(k)$$

Resumindo, neste exemplo o observador de estado é um *software* constituído pelas equações (3.249) e (3.250). Uma vez que o modelo dinâmico do sistema é utilizado no projeto do observador, via matrizes A, B e C em (3.214) e (3.215), o desempenho do observador depende fundamentalmente da qualidade do modelo disponível. □

3.5.6.3- Observadores de Estado de Ordem (n−1)

Uma vez que na forma transformada da equação de estado considerada na seção anterior temos sempre $y(k)=\bar{x}_n(k)$, vide (3.224) e (3.226), necessitamos estimar apenas (n−1) variáveis de estado.

Tomando a equação de estado transformada da seção anterior como ponto de partida, vide (3.223)-(3.226), caso utilizemos uma outra transformação de similaridade

$$\overline{\overline{x}}(k) = P_a \overline{x}(k), \quad \text{com} \quad P_a = \begin{bmatrix} 1 & 0 & \cdots & 0 & -a_{n-1} \\ 0 & 1 & \cdots & 0 & -a_{n-2} \\ \vdots & \vdots & \vdots & \vdots & \vdots \\ 0 & \vdots & \cdots & 1 & -a_1 \\ 0 & 0 & \cdots & 0 & 1 \end{bmatrix} \tag{3.251}$$

resulta

$$\overline{\overline{x}}(k+1) = \overline{\overline{A}}\,\overline{\overline{x}}(k) + \overline{\overline{B}}u(k) \tag{3.252}$$

$$y(k) = \begin{bmatrix} 0 & 0 & \cdots & 0 & 1 \end{bmatrix} \overline{\overline{x}}(k) \tag{3.253}$$

onde

$$\overline{\overline{A}} = \begin{bmatrix} 0 & 0 & \cdots & 0 & -a_{n-1} & (-a_{n-1}a_1-\alpha_n+a_{n-1}\alpha_1) \\ 1 & 0 & \cdots & 0 & -a_{n-2} & (a_{n-1}-a_{n-2}a_1-\alpha_{n-1}+a_{n-2}\alpha_1) \\ \vdots & \vdots & \vdots & \vdots & \vdots & \vdots \\ 0 & 0 & \cdots & 1 & -a_1 & (a_2-a_1a_1-\alpha_2+a_1\alpha_1) \\ 0 & 0 & \cdots & 0 & 1 & (-\alpha_1+a_1) \end{bmatrix}, \quad \overline{\overline{B}} = \begin{bmatrix} \beta_n-a_{n-1}\beta_1 \\ \beta_{n-1}-a_{n-2}\beta_1 \\ \vdots \\ \beta_2-a_1\beta_1 \\ \beta_1 \end{bmatrix} \tag{3.254}$$

Uma vez que (3.253) implica $y(k)=\overline{\overline{x}}_n(k)$, admitamos que o observador tenha estrutura

$$\hat{\overline{\overline{x}}}^{(n-1)}(k+1) = \begin{bmatrix} 1 & 0 & \cdots & 0 & -a_{n-1} \\ 0 & 1 & \cdots & 0 & -a_{n-2} \\ \vdots & \vdots & \vdots & \vdots & \vdots \\ 0 & \vdots & \cdots & 0 & -a_2 \\ 0 & 0 & \cdots & 1 & -a_1 \end{bmatrix} \hat{\overline{\overline{x}}}^{(n-1)}(k) +$$

$$\begin{bmatrix} a_{n-1}a_1 - \alpha_n + a_{n-1}\alpha_1 \\ a_{n-1} - a_{n-2}a_1 - \alpha_{n-1} + a_{n-2}\alpha_1 \\ a_{n-2} - a_{n-3}a_1 - \alpha_{n-2} + a_{n-3}\alpha_1 \\ \vdots \\ a_2 - a_1a_1 - \alpha_2 + a_1\alpha_1 \end{bmatrix} y(k) + \begin{bmatrix} \beta_n - a_{n-1}\beta_1 \\ \beta_{n-1} - a_{n-2}\beta_1 \\ \beta_{n-2} - a_{n-3}\beta_1 \\ \vdots \\ \beta_2 - a_1\beta_1 \end{bmatrix} u(k) \tag{3.255}$$

onde o índice superior (n-1) se refere ao vetor de estado contendo os primeiros $(n-1)$

componentes do vetor de estado $\overline{\overline{x}}(k+1)$. Denotando por $\overline{\overline{x}}(k)^{(n-1)}(k)$ os $(n-1)$ primeiros componentes do vetor $\overline{\overline{x}}(k)$ em (3.252), de (3.252) e (3.255) resulta

Projeto de Controladores Digitais

$$\tilde{\hat{x}}^{(n-1)}(k+1) \triangleq \bar{x}^{(n-1)}(k+1) - \hat{\bar{x}}^{(n-1)}(k+1) = \begin{bmatrix} 1 & 0 & \cdots & 0 & -a_{n-1} \\ 0 & 1 & \cdots & 0 & -a_{n-2} \\ \vdots & \vdots & \vdots & \vdots & \vdots \\ 0 & \vdots & \cdots & 0 & -a_2 \\ 0 & 0 & \cdots & 1 & -a_1 \end{bmatrix} \tilde{\hat{x}}^{(n-1)}(k) \quad (3.256)$$

Uma vez que $a_{n-1}, a_{n-2}, ..., a_1$ em (3.251) e (3.256) são quaisquer, o observador poderá ter os autovalores arbitrariamente especificados.

O diagrama de blocos do observador de estado de ordem (n−1) é mostrado na Fig. 3.38.

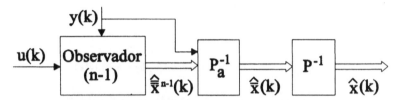

Fig. 3.38- Observador de ordem reduzida.

Exemplo: Determinar o observador de estado de ordem reduzida para o sistema descrito por (3.237) e (3.238), de modo que o mesmo apresente autovalores $\bar{\lambda}_1=0,7$ e $\bar{\lambda}_2=0,223$.

Para o sistema em consideração, já vimos que $\alpha_3=-0,637$, $\alpha_2=2,239$, $\alpha_1=-2,559$, $\beta_3=0,0006$, $\beta_2=0,0011$ e $\beta_1=0,0010$.

Por outro lado, o polinômio característico desejado para o observador de ordem reduzida é

$$(z-\bar{\lambda}_1)(z-\bar{\lambda}_2) = (z-0,7)(z-0,223) = z^2 - 0,923z + 0,156 = z^2 + a_1 z + a_2 \quad (3.257)$$

donde a1=−0,923 e a_2=0,156.

Substituindo os valores de α_i, β_i e a_i na equação do estimador $\hat{\bar{x}}(k+1)$ em (3.255), resulta

$$\begin{bmatrix} \hat{\bar{x}}_1(k+1) \\ \hat{\bar{x}}_2(k+1) \end{bmatrix} = \begin{bmatrix} 0 & -a_2 \\ 1 & -a_1 \end{bmatrix} \begin{bmatrix} \hat{\bar{x}}_1(k) \\ \hat{\bar{x}}_2(k) \end{bmatrix} + \begin{bmatrix} -a_2 a_1 - \alpha_3 + a_2 \alpha_1 \\ a_2 - a_1 a_1 - \alpha_2 + a_1 \alpha_1 \end{bmatrix} y(k) +$$

ou seja,

$$+ \begin{bmatrix} \beta_3 - a_2 \beta_1 \\ \beta_2 - a_1 \beta_1 \end{bmatrix} u(k) \quad (3.258)$$

$$\begin{bmatrix} \hat{\bar{x}}_1(k+1) \\ \hat{\bar{x}}_2(k+1) \end{bmatrix} = \begin{bmatrix} 0 & -0,156 \\ 1 & 0,923 \end{bmatrix} \begin{bmatrix} \hat{\bar{x}}_1(k) \\ \hat{\bar{x}}_2(k) \end{bmatrix} + \begin{bmatrix} 0,375 \\ -0,536 \end{bmatrix} y(k) + \begin{bmatrix} 0,0004 \\ 0,002 \end{bmatrix} u(k) \quad (3.259)$$

Adicionalmente, a matriz P^{-1} é dada em (3.242) e P_a^{-1}, de (3.251), assume a forma

$$
P_a^{-1} = \begin{bmatrix} 1 & 0 & a_2 \\ 0 & 1 & a_1 \\ 0 & 0 & 1 \end{bmatrix} = \begin{bmatrix} 1 & 0 & 0,156 \\ 0 & 1 & -0,923 \\ 0 & 0 & 1 \end{bmatrix} \tag{3.260}
$$

Finalmente, da Fig. 3.38 e considerando que de (3.253) $y(k)=\hat{\bar{\bar{x}}}_3(k)$, temos

$$
\hat{x}(k) = P^{-1} P_a^{-1} \hat{\bar{\bar{x}}}(k) = P^{-1} P_a^{-1} \begin{bmatrix} \hat{\bar{\bar{x}}}_1(k) \\ \hat{\bar{\bar{x}}}_2(k) \\ y(k) \end{bmatrix} = \begin{bmatrix} 0 & 0 & 1 \\ -4,668 & 3,735 & 8,949 \\ 69,561 & 44,351 & 26,651 \end{bmatrix} \begin{bmatrix} \hat{\bar{\bar{x}}}_1(k) \\ \hat{\bar{\bar{x}}}_2(k) \\ y(k) \end{bmatrix} \tag{3.261}
$$

ou seja,

$$
\hat{x}_1(k) = y(k)
$$

$$
\hat{x}_2(k) = -4,668\hat{\bar{\bar{x}}}_1(k) + 3,735\hat{\bar{\bar{x}}}_2(k) + 8,949y(k)
$$

$$
\hat{x}_3(k) = 69,561\hat{\bar{\bar{x}}}_1(k) + 44,351\hat{\bar{\bar{x}}}_2(k) + 26,651y(k) \qquad \square
$$

3.5.7- Sintonização Ótima de Controladores PID Digitais

Uma técnica de projeto para otimizar os parâmetros de controladores digitais do tipo Proporcional-Integral-Derivativo, dado o modelo discreto do sistema univariável a controlar, é apresentada nesta seção. Esta técnica envolve a minimização no tempo de um funcional custo que incorpora o desvio de desempenho em relação a um modelo de referência. Esta abordagem substitui os procedimentos heurísticos usualmente empregados para sintonizar os parâmetros do controlador, como por exemplo aqueles apresentados na seção 3.3. Um ambiente integrado para a implementação da técnica de otimização em microcomputadores é também descrito. Este ambiente inclui a possibilidade de se efetuar controle em tempo real, permitindo a validação do projeto.

Por aproximadamente 50 anos o problema da sintonização de controladores tipo Proporcional-Integral-Derivativo tem motivado trabalhos teóricos e experimentais. Do trabalho pioneiro de Ziegler e Nichols (1942) até abordagens recentes, como aquelas baseadas em Inteligência Artificial, como em Anderson, Blankenship e Lebow (1988), o objetivo básico é estabelecer regras para sintonizar os controladores PID que sejam, simultaneamente, de implementação simples e eficientes para diversos tipos de processos.

A maioria das técnicas utilizadas para sintonizar controladores PID são heurísticas, como por exemplo em Ziegler e Nichols (1942), Shinskey (1979) e Anderson, Blankenship e Lebow (1988) e diversas outras referências. Conseqüentemente, os parâmetros do controlador não são ótimos no sentido matemático formal. Com esta assertiva não se pretende negar a eventual eficiência dessas técnicas heurísticas, mas sim enfatizar que melhor desempenho pode ser obtido utilizando-se técnicas de otimização para sintonizar os parâmetros do controlador.

Projeto de Controladores Digitais

Alguns trabalhos anteriores já abordaram o problema da sintonização ótima de parâmetros, mas com algumas deficiências. Em Al-Assadi e Al-Chalabi (1987), por exemplo, foi proposta uma técnica envolvendo a minimização do critério ISE. Contudo, conforme ressaltado por Fu, Olbrot e Polis (1989), a robustez do sistema de controle resultante pode ser insatisfatória. Adicionalmente, restrições de engenharia, tal como energia do controle, não são consideradas.

Nesta seção apresentaremos uma técnica baseada em otimização no tempo para sintonizar controladores digitais do tipo PID, com dois objetivos básicos: proporcionar uma alternativa eficiente para as técnicas heurísticas e remover algumas deficiências das técnicas baseadas em otimização existentes, como aquela apresentada em Al-Assadi e Al-Chalabi (1987). Adicionalmente, um ambiente integrado para a implementação da técnica será descrito. Para os exemplos desta seção, o *software* correspondente foi programado na linguagem C e executado em microcomputador IBM compatível.

De início apresentaremos a técnica de otimização para sintonizar os parâmetros de controladores PID digitais. Em seguida descreveremos o ambiente integrado para orquestrar a implementação desta técnica. Finalmente, dois exemplos representativos serão apresentados e discutidos.´

Considerando-se que estamos interessados em sintonizar controladores PID digitais, suponhamos que o sistema dinâmico contínuo a ser controlado pode ser descrito pelo sequinte modelo discreto

$$y(k) = a_1 y(k-1) + a_2 y(k-2) + \cdots + a_p y(k-p) + b_1 u(k-d) + b_2 u(k-d-1) + \cdots + b_q u(k-d-q+1)$$

$$(3.262)$$

ou ainda pela função de transferência discreta

$$G(z) = z^{-d} \cdot \frac{b_1 + b_2 z^{-1} + \cdots + b_{q-1} z^{-q+2} + b_q z^{-q+1}}{1 - a_1 z^{-1} - a_2 z^{-2} - \cdots - a_{p-1} z^{-p+1} - a_p z^{-p}} \qquad (3.263)$$

com $d \geq 1$, onde d é o atraso de transporte do processo.

Para controlar o sistema (3.262), um controlador PID digital será empregado. Há diversas variantes do controlador PID digital básico. Em Isermann (1981) essas diversas formas são mostradas. Sem perda de generalidade, utilizaremos um PID digital com estrutura similar a (3.29), isto é,

$$u(k) = u(k-1) + k_p \Big(e(k) - e(k-1) \Big) + k_i e(k) + k_d \Big(e(k) - 2e(k-1) + e(k-2) \Big) \qquad (3.264)$$

e o problema básico é sintonizar o controlador, isto é, determinar valores de k_p, k_i e k_d que assegurem bom desempenho do sistema de controle correspondente.

A abordagem ótima usualmente empregada para selecionar valores convenientes de k_p, k_i e k_d consiste na minimização dos seguintes funcionais custo

$$\text{ISE:} \quad J(k_p, k_i, k_d) = \sum_{k=0}^{n} e^2(k) \qquad (3.265)$$

$$\text{IAE:} \quad J(k_p, k_i, k_d) = \sum_{k=0}^{n} |e(k)| \qquad (3.266)$$

com e(k)=y_{ref}(k) − y(k), onde y_{ref}(k) é a referência, usualmente assumida ser do tipo degrau. A principal deficiência desta abordagem está no fato de que restrições de engenharia, tais como energia e taxa de variação do controle, não são explicitamente incluídas no funcional custo. Assim, o controlador resultante pode ser irrealista e inútil. Uma maneira convencional de se eliminar esta deficiência consiste na introdução do sinal de controle no custo, isto é, os critérios apresentados acima são substituídos por

$$\text{ISE':} \quad J(k_p, k_i, k_d) = \sum_{k=0}^{n} \left(e^2(k) + \rho(\Delta u(k))^2 \right) \qquad (3.267)$$

$$\text{IAE':} \quad J(k_p, k_i, k_d) = \sum_{k=0}^{n} \left(|e(k)| + \rho(\Delta u(k))^2 \right) \qquad (3.268)$$

respectivamente, onde $\Delta u(k)$=u(k) − u(k-1). Infelizmente, não há modo de se estabelecer, *a priori*, qual é a influência da ponderação do controle ρ no *overshoot* e tempo de subida do sistema de controle resultante do processo de otimização.

Uma abordagem mais intuitiva e sensata é utilizada nesta seção para sintonizar, de modo ótimo, os parâmetros (k_p, k_i, k_d) do controlador. Ao invés de considerarmos o erro e(k) entre a referência y_{ref}(k) e a saída y(k) do sistema controlado, consideraremos o erro entre y(k) e a saída y_m(k) de um modelo de referência. Esta abordagem encontra-se resumida na Fig. 3.39, onde os valores ótimos dos parâmetros são representados por (k_p^o, k_i^o, k_d^o).

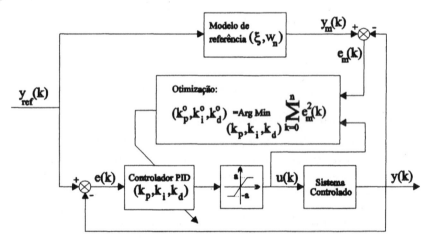

Fig. 3.39- Diagrama de blocos para sintonização ótima de controladores PID digitais.

O desempenho desejado pelo projetista é especificado por um modelo de referência de segunda ordem, caracterizado pelo fator de amortecimento ξ e pela freqüência natural w_n. Mais especificamente, o projetista desejaria que o sistema controlado se comportasse como um sistema contínuo de segunda ordem descrito pela função de transferência

$$T_m(s) = \frac{w_n^2}{s^2 + 2\xi w_n s + w_n^2} \qquad (3.269)$$

Projeto de Controladores Digitais

Por simplicidade, ξ e w_n são especificados no domínio s, e não no domínio z. Contudo, se (3.269) for amostrada com período de amostragem igual a T segundos, podemos calcular exatamente a função de transferência discreta correspondente $T_m(z)$, tal como em Åström e Wittenmark (1984). Temos

$$T_m(z) = \frac{Y_m(z)}{Y_{ref}(z)} = \frac{\beta_1 z^{-1} + \beta_2 z^{-2}}{1 - \alpha_1 z^{-1} - \alpha_2 z^{-2}} \tag{3.270}$$

onde

$$\alpha_1 = 2e^{-\xi w_n T}\cos\left(\sqrt{1-\xi^2}\ w_n T\right) \quad , \quad \alpha_2 = -e^{-2\xi w_n T} \tag{3.271}$$

$$\beta_1 = 1 - e^{-\xi w_n T}\left(\cos\left(\sqrt{1-\xi^2}\ w_n T\right) + \frac{\xi}{\sqrt{1-\xi^2}}\mathrm{sen}\left(\sqrt{1-\xi^2}\ w_n T\right)\right) \tag{3.272}$$

e

$$\beta_2 = e^{-\xi w_n T}\left(e^{-\xi w_n T} + \left(-\cos\left(\sqrt{1-\xi^2}\ w_n T\right) + \frac{\xi}{\sqrt{1-\xi^2}}\mathrm{sen}\left(\sqrt{1-\xi^2}\ w_n T\right)\right)\right) \tag{3.273}$$

Considerando-se que a percentagem de *overshoot* máximo(M_p) e o tempo de pico(t_p) da resposta do modelo de referência (3.269) ao degrau são dados por

$$M_p = 100e^{-\pi\xi/\sqrt{1-\xi^2}} \quad e \quad t_p = \frac{\pi}{w_n\sqrt{1-\xi^2}} \tag{3.274}$$

percebe-se que os parâmetros ξ e w_n especificados pelo projetista estão diretamente relacionados ao amortecimento e tempo de subida da resposta ao degrau.

Suponhamos agora que valores iniciais arbitrários de (k_p, k_i, k_d) sejam especificados para o controlador PID da Fig. 3.39 e que uma entrada degrau seja aplicada, isto é, $y_{ref}(k)$=yref, para k=0, 1, ..., n. Então, a saída do sistema controlado será $\{y(k), k=0, 1, ..., n\}$ e a saída do modelo de referência $y_m(k)$ pode ser calculada com base em (3.270). Podemos assim calcular o erro $e_m(k)$ e avaliar o funcional custo

$$J(k_p, k_i, k_d) = \sum_{k=0}^{n} e_m^2(k) \tag{3.275}$$

Obviamente, poderíamos também utilizar $|e_m(k)|$ ao invés de $e_m^2(k)$ em (3.275), o que usualmente origina resposta menos oscilatória. A principal conveniência de se utilizar $e_m(k)$, e não e(k), no funcional custo está no fato de que restrições de engenharia poderão ser consideradas com naturalidade: ao invés de arbitrar um peso ρ para o controle, que não possui relação direta com o desempenho do sistema de controle, o projetista especifica diretamente o desempenho desejado. Isto será ilustrado quando apresentarmos os exemplos de aplicação. No momento, comentaremos apenas um cenário típico: o projetista inicia especificando valores de ξ e w_n que julga convenientes. Se alguma restrição for violada, ele decresce o valor de w_n. Caso contrário, ele aumenta w_n.

Neste ponto a sintonização ótima dos parâmetros do controlador PID se resume na minimização do funcional custo (3.275), isto é, na determinação de

$$(k_p^o, k_i^o, k_d^o) = \underset{(k_p, k_i, k_d)}{\text{Arg Min}} \sum_{k=0}^{n} e_m^2(k) \qquad (3.276)$$

Nesta seção empregaremos o método de Powell, vide Powell (1964) e Zangwill (1967) para detalhes, para resolver o problema de minimização (3.276). Este método será utilizado porque ele prescinde do cálculo de derivadas, que é uma tarefa exigente em termos computacionais e susceptível a erros numéricos. O método requer apenas a avaliação do funcional custo (3.276), que é uma tarefa extremamente simples.

Para ser eficiente, a técnica de otimização para resolver (3.276) deve ser programada em um ambiente integrado que permita ao projetista alterar parâmetros de projeto, tais como ξ e w_n, e verificar rapidamente as conseqüências. Seria também conveniente que o projetista dispusesse de recursos gráficos, de modo a verificar se restrições foram violadas, dentre outros fatores. Adicionalmente, considerando-se que o projeto é feito utilizando-se um modelo do sistema controlado, seria útil introduzir recursos que permitissem ao projetista verificar a robustez do sistema de controle, variando os parâmetros do modelo, inserindo ruído e perturbações. Finalmente, seria extremamente conveniente que o projeto pudesse ser validado, isto é, que o projetista controlasse o sistema físico real com o PID otimizado, e não apenas seu modelo.

O diagrama de blocos de um sistema integrado incorporando todas as facilidades mencionadas no parágrafo anterior é mostrado na Fig. 3.40. Diversos cardápios são disponíveis, de modo que o projetista possa selecionar facilmente as opções, alterar parâmetros de projeto e efetuar controle em tempo real. Para os exemplos, a programação foi feita na linguagem C e o *software* pode ser executado em microcomputadores IBM compatíveis.

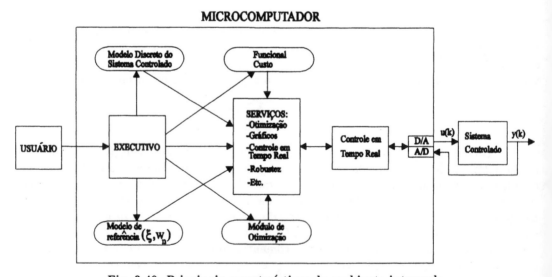

Fig. 3.40- Principais características do ambiente integrado.

A interface AD/DA utilizada na implementação para obter os resultados dos exemplos mostrados a seguir consiste no cartão DT2812-A de 12 bits, da Data

Translation (1991). O período de amostragem para controle em tempo real é definido programando-se o *timer* 0 do PC. Além de controlar o sistema físico com o controlador PID otimizado, o módulo de controle em tempo real também coleta dados referentes à saída deste sistema, y(k) na Fig. 3.40, para comparação com a saída caso o sistema físico fosse exatamente descrito pelo modelo (3.262). Caso a diferença entre essas saídas seja inaceitável, a fase de projeto deve continuar: por exemplo, talvez o projetista tenha especificado um modelo de referência muito rápido, o que causou saturação do controle, e então, da equação (3.274), ele tem que reduzir o valor de w_n.

Dois exemplos são apresentados para ilustrar a eficiência e utilidade da técnica de otimização e do ambiente integrado descritos anteriormente. O primeiro exemplo refere-se a um sistema simulado, e conseqüentemente o modelo (3.262) está disponível. Contudo, o segundo exemplo concerne um sistema físico real e assim a fase de modelagem constitui, por si, um problema não trivial. Para obtermos um modelo discreto do sistema neste segundo exemplo, utilizaremos a técnica descrita no capítulo 5, relativa à identificação estrutural e paramétrica de sistemas dinâmicos.

Exemplo 1: Considere o sistema de terceira ordem com função de transferência

$$G(s) = \frac{4,23}{s^3 + 2,14s^2 + 9,28s + 4,23} \quad (3.277)$$

Este sistema possui pólos $-0,5$, $-0,82+2,79j$ e $-0,82-2,79j$. Devido ao pólo real lento em $-0,5$, este sistema é particularmente difícil de ser controlado e a maioria das técnicas heurísticas para sintonizar controladores PID estão fadadas a fracassarem. Efetivamente, este sistema foi também considerado em Anderson, Blankenship e Lebow (1988), onde foi mostrado que a técnica de Ziegler-Nichols praticamente fracassa.

O sistema (3.277) foi simulado no computador analógico Comdyna GP-6, conforme mostrado na Fig. 3.41, onde também temos a resposta natural deste sistema para uma entrada do tipo degrau unitário, estando o eixo do tempo em múltiplos do período de amostragem T=0,1s, isto é, o tempo varia de 0 a 10 segundos.

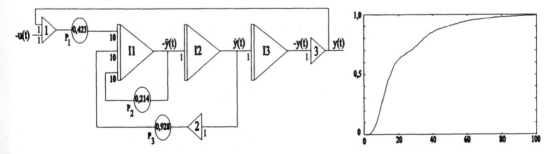

Fig. 3.41- Simulação do sistema do exemplo 1 e respectiva resposta ao degrau.

A função de transferência discreta G(z) correspondente, para período de amostragem T=0,1s, pode ser obtida utilizando-se os procedimentos do capítulo 1, resultando

$$G(z) = \frac{0,0007z^{-1} + 0,0025z^{-2} + 0,0006z^{-3}}{1 - 2,7225z^{-1} + 2,5336z^{-2} - 0,8073z^{-3}} \quad (3.278)$$

Podemos agora iniciar o procedimento de otimização. Obviamente, desejaríamos que a resposta ao degrau do sistema de controle em malha fechada fosse mais rápida que aquela em malha aberta, apresentada na Fig. 3.41. Portanto, caso escolhamos $\xi=0,7$, uma escolha inicial razoável para w_n é $w_n=2$ rad/s, o que, de (3.274), implica $t_p \approx 2,2$s. Além dos parâmetros em (3.278) e dos valores de ξ e w_n mencionados, fornecemos os seguintes dados para o algoritmo de otimização: $y_{ref}(k)=2,0$, n=100, valores iniciais dos parâmetros $(k_p,k_i,k_d)=(0,0,0)$, tolerância para o método de Powell=0,1. No presente exemplo utilizamos $|e_m(k)|$ no funcional custo $J(k_p,k_i,k_d)$.

O algoritmo de otimização para este exemplo foi implementado em um microcomputador tipo 486-DX2. Com os dados iniciais apresentados no parágrafo anterior, o algoritmo de otimização convergiu, após aproximadamente 6 segundos de computação, para os valores ótimos de parâmetros $(k_p^o,k_i^o,k_d^o)=(1,3537;\ 0,1204;\ 0,2846)$. O desempenho do sistema de controle e o controle correspondente estão apresentados na Fig. 3.42.

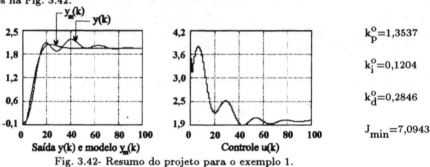

Fig. 3.42- Resumo do projeto para o exemplo 1.

O eixo do tempo está em múltiplos do instante de amostragem T=0,1s. De modo a decidir se o projeto é realista ou não, temos que saber, por exemplo, qual é o nível de saturação do controle. Em outras palavras, temos que saber o valor de "a" na Fig. 3.39. No presente caso este valor é 5V. Considerando então que da Fig. 3.42 o desempenho do sistema de controle é satisfatório e que o controle é realista, podemos dar por encerrada a etapa de projeto. Uma vez que o sistema controlado está sendo simulado em um computador analógico, o modelo (3.278) é bastante preciso. Portanto, aplicando-se controle em tempo real obtém-se praticamente os mesmos gráficos mostrados na Fig. 3.42, que serão portanto omitidos. Caso tivesse havido saturação no controle, isto é, caso u(k) tivesse excedido 5V na Fig. 3.42, o projetista teria que continuar com o procedimento de projeto, especificando um valor menor para w_n, por exemplo.

Convém ressaltar que a solução de (3.276) não é única. Assim, o projetista é aconselhado a executar outras vezes o algoritmo de otimização, partindo de diferentes condições iniciais para (k_p,k_i,k_d).

Ainda em relação ao exemplo 1, verifica-se a seguir a robustez do sistema de controle para uma perturbação de carga. Para tanto, utilizaremos o controlador obtido na Fig. 3.42 e consideraremos d(k)=0, para k $\leq$ 100, d(k)=−0,5, para k > 100. Na Fig. 3.43 temos o resultado obtido, que parece aceitável.

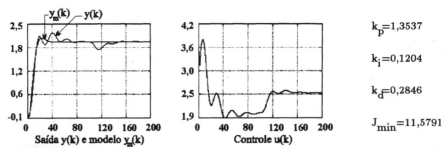

Fig. 3.43- Robustez à perturbação de carga, relativa ao exemplo 1.

Seria natural perguntar-se se um desempenho melhor que aquele da Fig. 3.43 poderia ser obtido se a perturbação de carga fosse considerada no processo de otimização. Ou seja, o usuário estaria interessado em reduzir a influência da perturbação de carga, mas sem penalizar em excesso o desempenho transitório do sistema de controle. Afinal, estes objetivos são em geral conflitantes, conforme Hang (1989). Na Fig. 3.44 apresentamos o resumo do projeto considerando-se a perturbação de carga no processo de otimização. Comparando-se as figuras 3.43 e 3.44, percebe-se que o custo é efetivamente reduzido. Percebe-se também que na Fig. 3.44 a influência da perturbação de carga foi reduzida (a saída y(k) decai menos e retorna mais rapidamente ao valor de referência). Adicionalmente, o desempenho transitório do sistema de controle difere pouco daquele mostrado na Fig. 3.43. Assim, caso a robustez do processo relativa à aplicação de uma perturbação de carga fosse relevante no presente exemplo, o controlador obtido na Fig. 3.44 seria preferível àquele obtido na Fig. 3.43.

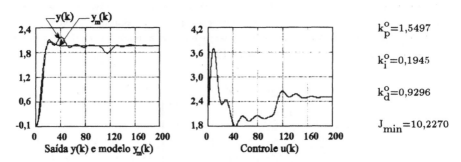

Fig. 3.44- Resumo do projeto para o exemplo 1, considerando-se a perturbação de carga. □

Exemplo 2: Consideraremos agora o processo térmico PT326 da Feedback, cujo diagrama de blocos é mostrado na Fig. 3.45. Basicamente, ar é soprado através de um tubo, sendo aquecido na entrada do mesmo por uma malha de resistores, excitada pelo controle u(t). A temperatura do ar é medida por um termistor, resultando o sinal de saída y(t). A resposta natural a um degrau de amplitude 2 é também mostrada na Fig. 3.45. Com base nesta figura concluímos que um período de amostragem T=0,2s é adequado para controle digital. (Vide Åström e Wittenmark (1984) para detalhes sobre a seleção do período de amostragem). Na Fig. 3.45 o eixo do tempo está em múltiplos do período de amostragem, e assim o tempo varia de 0 a 10 segundos.

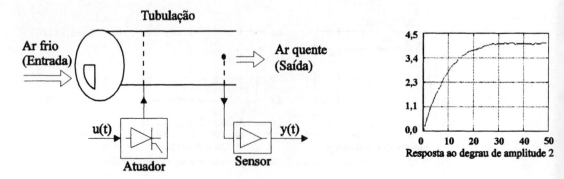

Fig. 3.45- Diagrama de blocos do processo térmico PT326 e resposta ao degrau.

Para modelar o processo térmico mostrado na Fig. 3.45, utilizamos a técnica de identificação descrita no capítulo 5. Para um período de amostragem T=0,2s, obtivemos o seguinte modelo discreto de segunda ordem

$$G(z) = \frac{0,04615z^{-1} + 0,0985z^{-2}}{1 - 1,2176z^{-1} + 0,2891z^{-2}} \qquad (3.279)$$

Da resposta natural ao degrau, mostrada também na Fig. 3.45, notamos que um valor razoável para w_n é w_n=1,5 rad/s. Assim, escolhendo ξ=0,5, de (3.274) teremos um tempo de pico $t_p \approx$ 2,4s. Suprindo o algoritmo de otimização com os dados adicionais y_{ref}(k)=3,0, n=50, valores iniciais dos parâmetros (k_p, k_i, k_d)=(0,0,0) e tolerância para o método de Powell=0,1, após aproximadamente 4 segundos de computação o algoritmo convergiu para os seguintes valores ótimos de parâmetros (k_p^o, k_i^o, k_d^o)=(0,7086; 0,1673; 0,2342). O desempenho do sistema de controle resultante e o sinal de controle correspondente estão mostrados na Fig. 3.46.

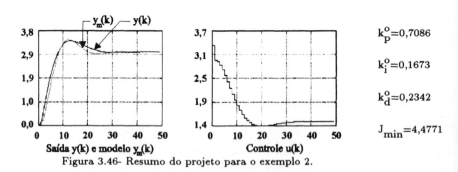

Figura 3.46- Resumo do projeto para o exemplo 2.

Do primeiro gráfico da Fig. 3.46 concluimos que praticamente conseguimos reproduzir a resposta do modelo de referência, i.e., y_m(k) e y(k) não diferem consideravelmente. Adicionalmente, do segundo gráfico da Fig. 3.46 vemos que o controle não excede o nível de saturação de 5V. Podemos então concluir que conseguiremos controlar satisfatoriamente o *modelo do sistema controlado*. O problema agora é saber se conseguiremos também controlar satisfatoriamente o *sistema físico real* mostrado na Fig. 3.45.

Antes de aplicarmos controle em tempo real ao sistema da Fig. 3.45, é conveniente que efetuemos uma análise preliminar da robustez do sistema de controle. Isto pode ser facilmente efetuado com o ambiente integrado descrito anteriormente, incluindo-se recursos para que o projetista possa variar os parâmetros do modelo do sistema controlado e avaliar as conseqüências desta variação no desempenho do sistema de controle. Apresentaremos a seguir apenas as conseqüências de se aumentar em 8% todos os parâmetros do modelo (3.279). Vide Fig. 3.47.

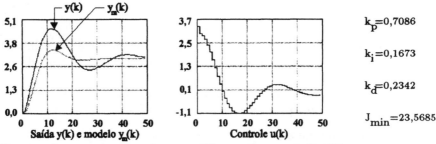

Fig. 3.47- Desempenho ao se elevar em 8% os parâmetros de (3.279).

Como poderíamos esperar, o desempenho na Fig. 3.47 é pior que aquele mostrado na Fig. 3.46. Contudo, a estabilidade é mantida e não há saturação no controle. Isto sugere que o sistema de controle resultante do processo de otimização possui alguma robustez. Assim, com certa confiança, podemos prosseguir para a última fase do projeto: aplicar controle em tempo real e assim validar o projeto.

Na Fig. 3.48 apresentamos um resumo da fase de controle em tempo real. No primeiro gráfico, temos a saída esperada denotada por $y_{sim}(k)$, i.e., a saída caso o sistema controlado da Fig. 3.45 fosse exatamente descrito por (3.279). Ainda no primeiro gráfico na Fig. 3.48 temos $y_{tr}(k)$, que corresponde à saída do sistema físico mostrado na Fig. 3.45 quando controlado pelo controlador PID digital com parâmetros otimizados $(k_p^o, k_i^o, k_d^o) = (0,7086; 0,1673; 0,2342)$.

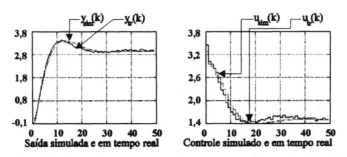

Fig. 3.48- Controle em tempo real do processo térmico da Fig. 3.45.

No segundo gráfico da Fig. 3.48 temos o controle esperado $u_{sim}(k)$ e o controle em tempo real $u_{tr}(k)$. Considerando-se que as discrepâncias nos gráficos da Fig. 3.48 são pequenas, concluímos que o projeto pode ser validado, isto é, conseguimos controlar o sistema físico real. Caso o desempenho fosse insatisfatório, teríamos que prosseguir com o projeto, decrescendo o valor de w_n, ou então reidentificando o sistema de modo a obter um melhor modelo. □

Nesta seção apresentamos uma técnica de otimização para sintonizar os parâmetros de controladores PID digitais e um ambiente integrado para implementá-la. A otimização é efetuada no domínio do tempo e a função custo envolve o erro entre as saídas do sistema controlado e um modelo de referência, que especifica o desempenho desejado do sistema de controle. A utilização do modelo de referência facilita apreciavelmente a fase de projeto, porque os parâmetros de projeto têm influência direta no desempenho do sistema de controle. Convém que o ambiente integrado apresente diversas facilidades , tais como cardápios, gráficos e módulo para controle em tempo real, possibilitando a validação do projeto.

A técnica de otimização apresentada também pode ser utilizada para controlar sistemas suavemente não-lineares: identificamos o sistema em diferentes pontos de operação, obtendo diversos modelos, o que pode ser feito conforme capítulo 5. A seguir sintonizamos um controlador PID para cada modelo e finalmente utilizamos a técnica de programação de ganhos para selecionar os controladores em tempo real.

O ambiente integrado descrito aqui poderia ser utilizado como supervisor em um sistema multimalhas. Poderíamos, por exemplo, endereçar os controladores PID digitais, obter dados sobre os sistemas das respectivas malhas e identificar tais sistemas empregando a técnica apresentada no capítulo 5. A seguir, sintonizaríamos os parâmetros dos controladores PID e transferiríamos tais parâmetros para os microprocessadores desses controladores. Adicionalmente, isto poderia ser feito periodicamente, de tal modo que as malhas continuariam a operar próximas do ponto ótimo de operação mesmo que houvesse variações nas dinâmicas dos sistemas controlados.

Projeto de Controladores Digitais

3.6- EXERCÍCIOS

1) Efeitos da discretização de sistemas contínuos e técnicas aproximadas de discretização: Considere a função de transferência

$$G(s) = \frac{0,628s}{s^2 + 0,628s + 9,869}$$

1.1) Discretize $G(s)$ para T=0,25s e T=0,5s, utilizando as seguintes técnicas
1.1.1- Mapeamento de diferencias;
1.1.2- Transformação bilinear;
1.1.3- Mapeamento de pólos e zeros.

1.2) Determine o espectro de freqüência das funções discretizadas.

2) Utilizando-se técnicas de identificação descritas no capítulo 5, obteve-se o seguinte modelo do processo térmico PT326 da Feedback, com T=0,3s,

y(k)=0,5492y(k-1)−0,0357y(k-2)+0,0002y(k-3)+0,5595u(k-1)+0,3766u(k-2)−0,0065u(k-3)

2.1) Projete o controlador *deadbeat* correspondente e verifique o desempenho do sistema de controle resultante.
2.2) Nas mesmas condições, o processo térmico PT326 foi reidentificado com T=0,25s, resultando o modelo

y(k)=0,7329y(k-1)−0,1214y(k-2)+0,0034y(k-3)+0,3599u(k-1)+0,2848u(k-2)−0,0110u(k-3)

Projete o controlador *deadbeat* correspondente, verifique o desempenho do sistema de controle resultante e compare-o com o obtido anteriormente.

3) Para T=0,25s, o processo térmico PT326 pode ser aproximado pelo seguinte modelo de segunda ordem

$$y(k) = 0,7028y(k-1) − 0,080y(k-2) + 0,3783u(k-1) + 0,3201u(k-2)$$

Suponha que um controlador digital da forma

$$\frac{U(z)}{E(z)} = G_d(z) = K \frac{(z - 0,5599)}{(z - 1)}$$

seja proposto para controlar o PT326.

Sabendo-se que valores de ξ no intervalo (0,6 ; 0,7) e w_n no intervalo (3 ; 3,5) rad/s são aceitáveis para o sistema de controle resultante, determine o valor conveniente de K usando *root-locus*. A seguir verifique o comportamento do sistema de controle.

4) Considere o processo representado por $G(s) = \dfrac{4,2283}{s^3 + 2,140s^2 + 9,2765s + 4,2283}$, utilizado

em Anderson, Blankenship e Lebow (1988) com o intuito de ilustrar a *utilidade* da estratégia heurística de sintonização de PID's proposta pelos autores.

4.a) Utilize as técnicas heurísticas de sintonização de controladores PID's analógicos e verifique o desempenho do sistema de controle resultante.

4.b) Compare o *melhor* desempenho obtido em (4.a) com aquele proporcionado pelo controlador PID digital com parâmetros $T=0,1s$, $k_p=1,4342$, $k_i=0,1277$, $k_d=0,7378$, isto é,

$$u(k) = u(k-1) + 1,4342(e(k)-e(k-1)) + 0,1277e(k) + 0,7378(e(k)-2e(k-1)+e(k-2))$$

5) Dado um processo com representação $G(s)=\dfrac{e^{-0,5s}}{s(s+1)}$, determinar o controlador *deadbeat* correspondente, admitindo-se $T=0,2s$.

6) Dado um sistema discreto com representação

$$\begin{bmatrix} x_1(k+1) \\ x_2(k+1) \\ x_3(k+1) \end{bmatrix} = \begin{bmatrix} 0 & 1 & 0 \\ -0,4 & 1,3 & 0 \\ 0 & 0 & -0,5 \end{bmatrix} \begin{bmatrix} x_1(k) \\ x_2(k) \\ x_3(k) \end{bmatrix} + \begin{bmatrix} 0 \\ 1 \\ 0 \end{bmatrix} u(k)$$

$$y(k) = \begin{bmatrix} 0 & 1 & 1 \end{bmatrix} \begin{bmatrix} x_1(k) \\ x_2(k) \\ x_3(k) \end{bmatrix}$$

utilizar a técnica de alocação de pólos para impor uma configuração conveniente dos pólos em malha fechada. Apresentar o diagrama de blocos do sistema de controle resultante.

4 - FILTRO DE KALMAN: TEORIA E IMPLEMENTAÇÃO

4.1- INTRODUÇÃO

A principal aplicação do filtro de Kalman em controle consiste na determinação das estimativas de estado, necessárias para a implementação da estratégia de controle tipo LQG(Linear-Quadrático-Gaussiano), conforme veremos na seção 4.8. As estimativas serão utilizadas também no capítulo 5, de modo a proporcionar a predição da saída de um sistema, que é utilizada pelo método de identificação baseado no erro de predição.

De modo a facilitar a compreensão do problema de estimação de estado, este capítulo se inicia com resumos sobre os principais conceitos envolvidos, tais como representação em variáveis de estado, processos estocásticos e probabilidade condicional. A seguir o problema de estimação é colocado como um problema de otimização, tendo o erro médio quadrático como critério de otimalidade. A solução será interpretada geometricamente, facilitando sobremaneira o entendimento de como o filtro de Kalman opera.

4.2- SISTEMAS DISCRETOS ESTOCÁSTICOS

No capítulo 2 consideramos o problema de como se obter a representação em variáveis de estado no tempo discreto, dada a representação no tempo contínuo. Verificamos também com obter uma descrição em variáveis de estado de um sistema originalmente descrito em função de transferência.

Neste capítulo estamos basicamente interessados em sistemas discretos e estocásticos da forma

$$x(k+1) = Ax(k) + Bu(k) + Gw(k) \quad \text{(Equação de estado)} \quad (4.1)$$
$$y(k) = Cx(k) + Du(k) + Fv(k) \quad \text{(Equação de saída)} \quad (4.2)$$

que difere do modelo (2.6)-(2.7) devido à presença de $w(k)$ e $v(k)$, que representam ruídos de estado e de medida, respectivamente. A seguir serão apresentados alguns exemplos elementares de tais sistemas dinâmicos, objetivando ilustrar os procedimentos para se obter modelos da forma (4.1)-(4.2).

Exemplo 1- Considere o circuito RLC (ou seu análogo força-tensão mecânico, com B=R, M=L e K=1/C) mostrado na Fig. 4.1, sendo $u(t)$ a entrada e $y(t)$ a saída.

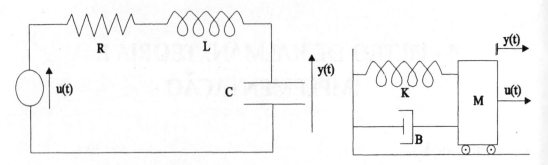

u(t)=tensão, y(t)=tensão
R=5Ω, L=2,5H, C=0,1F

u(t)=força, y(t)=velocidade
B=5Nm^{-1}s, M=2,5kg, K=10Nm^{-1}

Fig. 4.1- Circuito RLC e seu análogo mecânico.

Aplicando-se a lei das malhas de Kirchhoff, ou lei de Newton para o análogo mecânico, resulta

$$Ri(t) + L\frac{d}{dt}i(t) + \frac{1}{C}\int i(\tau)d\tau = u(t) \quad , \quad \text{sendo } y(t) = \frac{1}{C}\int i(\tau)d\tau \qquad (4.3)$$

donde

$$LC\frac{d^2}{dt^2}y(t) + RC\frac{d}{dt}y(t) + y(t) = u(t) \quad \rightarrow \quad \frac{d^2}{dt^2}y(t) + \frac{R}{L}\frac{d}{dt}y(t) + \frac{1}{LC}y(t) = \frac{1}{LC}u(t) \qquad (4.4)$$

Substituindo-se agora os valores numéricos de R, L e C e definindo-se $\dot{y}(t)=\frac{d}{dt}y(t)$, advém

$$\ddot{y}(t) + 2\dot{y}(t) + 4y(t) = 4u(t) \qquad (4.5)$$

O objetivo agora é reescrever (4.5) como um conjunto de equações envolvendo apenas derivadas de primeira ordem. Para tanto, podemos definir

$$x_1(t)=y(t) \quad \text{e} \quad x_2(t)=\dot{x}_1(t), \quad \text{que implicam} \quad \dot{x}_2(t)=\ddot{y}(t) \qquad (4.6)$$

donde concluimos que

$$\begin{array}{ll}\dot{x}_1(t) = x_2(t) & \text{(definição (4.6))} \\ \dot{x}_2(t) = -2x_2(t) - 4x_1(t) + 4u(t) & \text{(vide equações (4.5) e (4.6))} \\ y(t) = x_1(t) & \text{(definição (4.6))}\end{array} \qquad (4.7)$$

ou ainda, na forma matricial

$$\begin{bmatrix} \dot{x}_1(t) \\ \dot{x}_2(t) \end{bmatrix} = \begin{bmatrix} 0 & 1 \\ -4 & -2 \end{bmatrix} \begin{bmatrix} x_1(t) \\ x_2(t) \end{bmatrix} + \begin{bmatrix} 0 \\ 4 \end{bmatrix} u(t) \qquad (4.8)$$

$$y(t) = \begin{bmatrix} 1 & 0 \end{bmatrix} \begin{bmatrix} x_1(t) \\ x_2(t) \end{bmatrix} \qquad (4.9)$$

Discretizando-se o sistema anterior com período de amostragem T=0,1s, utilizando os resultados do capítulo 1 ou por exemplo o comando *c2d* do MATLAB, MathWorks (1991), resulta

$$\begin{bmatrix} x_1(k+1) \\ x_2(k+1) \end{bmatrix} = \begin{bmatrix} 0,981 & 0,090 \\ -0,360 & 0,801 \end{bmatrix} \begin{bmatrix} x_1(k) \\ x_2(k) \end{bmatrix} + \begin{bmatrix} 0,019 \\ 0,360 \end{bmatrix} u(k) \quad (4.10)$$

$$y(k) = \begin{bmatrix} 1 & 0 \end{bmatrix} \begin{bmatrix} x_1(k) \\ x_2(k) \end{bmatrix} \quad (4.11)$$

Suponha que o circuito da Fig. 4.1 esteja em repouso, isto é, $x_1(0)=x_2(0)=0$. Aplicando-se um degrau de tensão $u(k)=1$, $k \geq 0$, a evolução dos estados, $x_1(k)$ e $x_2(k)$, e da saída $y(k)$ pode ser determinada recursivamente, conforme a seguir,

k=0:

$$\begin{bmatrix} x_1(1) \\ x_2(1) \end{bmatrix} = \begin{bmatrix} 0,981 & 0,090 \\ -0,360 & 0,801 \end{bmatrix} \begin{bmatrix} x_1(0) \\ x_2(0) \end{bmatrix} + \begin{bmatrix} 0,019 \\ 0,360 \end{bmatrix} x\, 1 = \begin{bmatrix} 0,019 \\ 0,360 \end{bmatrix}$$

$$y(0) = \begin{bmatrix} 1 & 0 \end{bmatrix} \begin{bmatrix} x_1(0) \\ x_2(0) \end{bmatrix} = 0$$

k=1:

$$\begin{bmatrix} x_1(2) \\ x_2(2) \end{bmatrix} = \begin{bmatrix} 0,981 & 0,090 \\ -0,360 & 0,801 \end{bmatrix} \begin{bmatrix} x_1(1) \\ x_2(1) \end{bmatrix} + \begin{bmatrix} 0,019 \\ 0,360 \end{bmatrix} x\, 1 = \begin{bmatrix} 0,070 \\ 0,641 \end{bmatrix}$$

$$y(1) = \begin{bmatrix} 1 & 0 \end{bmatrix} \begin{bmatrix} 0,019 \\ 0,360 \end{bmatrix} = 0,019$$

e assim sucessivamente, sendo este procedimento repetido até um valor máximo desejado para k. Tal procedimento pode ser facilmente programado, e pode ser encontrado, por exemplo no comando *dstep* do MATLAB. Utilizando-se este comando, obteve-se a evolução dos estados $x_1(k)$ e $x_2(k)$, para $k \in [0,50]$, mostrada na Fig. 4.2.

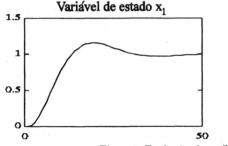
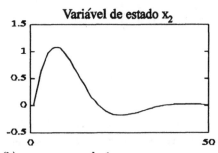

Fig. 4.2- Evolução de $x_1(k)$ e $x_2(k)$, para o exemplo 1.

Uma vez que o modelo (4.10)-(4.11) é determinístico, conclui-se de imediato que a evolução do vetor de estado $x(k)=[x_1(k)\ x_2(k)]^T$ estará completamente caracterizada caso se conheça a condição inicial $x(0)=[x_1(0)\ x_2(0)]^T$ e a entrada $u(k)$, $k \geq 0$.

De modo a motivar a necessidade do modelo estocástico neste exemplo, devemos considerar fatores realistas que possam causar incertezas no comportamento do sistema. Por exemplo, podemos supor que haja variações aleatórias nos valores dos componentes do sistema, devido à temperatura. Adicionalmente, parece razoável admitir que haja ruído no processo de leitura, originado pelo próprio elemento sensor ou pelo processo de transmissão do sinal a ser medido até o sensor. Essas duas fontes de incertezas estão representadas na Fig. 4.3.

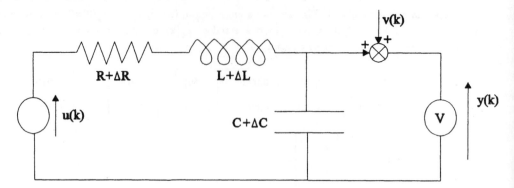

Fig. 4.3- Circuito RLC, incluindo ruído nos parâmetros e na leitura.

Se as variações nos componentes e as perturbações no processo de leitura pudessem ser modeladas deterministicamente, mesmo que de modo não-linear e variante no tempo, continuaríamos a obter um modelo determinístico para o sistema da Fig. 4.3. Este modelo certamente seria mais complexo que (4.10) e (4.11), mas a evolução do vetor de estado continuaria a ser completamente caracterizada pela condição inicial e pelo sinal de entrada u(k). Devido porém às origens das incertezas no sistema da Fig. 4.3, a modelagem determinística não é realista. Mais precisamente, devemos considerar que as incertezas possuem natureza estocástica e a seguir obter um modelo que as incorpore.

Assim, representando-se por w(k) o ruído de estado, devido às variações nos componentes, e por v(k) o ruído introduzido na leitura, temos a seguinte versão estocástica do modelo (4.10)-(4.11),

$$\begin{bmatrix} x_1(k+1) \\ x_2(k+1) \end{bmatrix} = \begin{bmatrix} 0{,}981 & 0{,}090 \\ -0{,}360 & 0{,}801 \end{bmatrix} \begin{bmatrix} x_1(k) \\ x_2(k) \end{bmatrix} + \begin{bmatrix} 0{,}019 \\ 0{,}360 \end{bmatrix} u(k) + \begin{bmatrix} 0{,}019 \\ 0{,}360 \end{bmatrix} w(k) \quad (4.12)$$

$$y(k) = \begin{bmatrix} 1 & 0 \end{bmatrix} \begin{bmatrix} x_1(k) \\ x_2(k) \end{bmatrix} + v(k) \quad (4.13)$$

Supondo-se que os ruídos w(k) e v(k) sejam Gaussianos com média zero e covariâncias P_w=0,1 e P_v=0,01, respectivamente, na Fig. 4.4 apresentam-se três realizações das variáveis envolvidas no modelo (4.12)-(4.13). Por se tratar de um exemplo simulado, a especificação dos parâmetros estatísticos dos ruídos de estado e de medida foi arbitrária. Deve ser ressaltado, contudo, que em casos práticos a determinação dos parâmetros estatísticos que caracterizam os ruídos de estado e de medida também constitui um problema de modelagem, em geral não trivial. Alguns aspectos desse problema serão discutidos no capítulo 5.

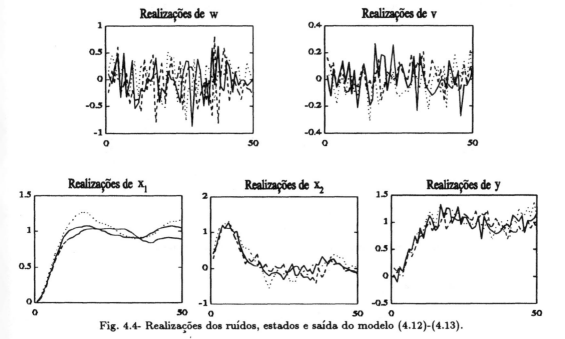

Fig. 4.4- Realizações dos ruídos, estados e saída do modelo (4.12)-(4.13).

Conforme pode ser observado na Fig. 4.4, o conhecimento da condição inicial x(0) e da entrada u(k), $k \geq 0$, não é mais suficiente para caracterizar o comportamento do estado. Por exemplo, agora o estado $x_1(k)$ não é uma função como na Fig. 4.2, mas sim uma família de funções, conforme sugerido pelas realizações apresentadas na Fig. 4.4.

Mais precisamente, $x_1(k)$ é um processo estocástico $x_1(k,\omega)$, onde ω denota o aspecto aleatório de x_1. Fixando-se ω, $x_1(.,\omega)$ é uma realização do processo. Fixando-se k, $x_1(k,.)$ é uma variável aleatória. Na Fig. 4.5 mostra-se uma realização, obtida fixando-se $\omega=\omega_b$ e variando-se k, e uma variável aleatória, obtida fixando-se $k=k_1$ e variando-se ω.

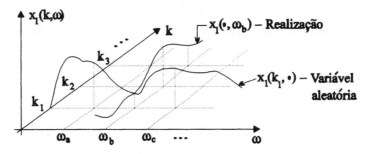

Fig. 4.5- Representação do processo estocástico $x_1(k,\omega)$.

A análise do comportamento de processos semelhantes ao mostrado na Fig. 4.5 requer a introdução de conceitos probabilísticos. Alguns desses conceitos serão apresentados na seção 4.3.

Exemplo 2- Considere o servomecanismo DC de velocidade mostrado na Fig. 4.6.

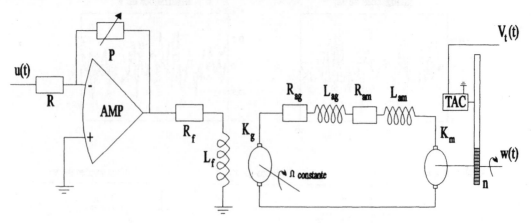

Fig. 4.6- Servomecanismo DC de velocidade, relativo ao exemplo 2.

A corrente de campo $i_c(t)$ é dada por

$$L_f \frac{d}{dt}i_c(t) + R_f i_c(t) = Au(t) \qquad (4.14)$$

onde A é o ganho do amplificador operacional. A tensão induzida nos terminais do gerador é dada por $v_g(t)=K_g i_c(t)$ e a força contra-eletromotriz nos terminais do motor é $v_m(t)=K_m w(t)$, onde $w(t)$ é a velocidade angular do motor. Logo, na malha de armadura temos

$$(L_{ag}+L_{am})\frac{d}{dt}i_a(t) + (R_{ag}+R_{am})i_a(t) + K_m w(t) = K_g i_c(t) \qquad (4.15)$$

Finalmente, o torque é dado por $T(t)=K_m i_a(t)$, com $T(t)=Bw(t)+J\frac{d}{dt}w(t)$, onde B é o atrito viscoso e J é a inércia da carga. Logo,

$$J\frac{d}{dt}w(t) + Bw(t) = K_m i_a(t) \qquad (4.16)$$

Assim, definindo-se os estados $x_1(t)=w(t)$, $x_2(t)=i_c(t)$ e $x_3(t)=i_a(t)$, de (4.14)-(4.16) temos

$$J\dot{x}_1(t) + Bx_1(t) = K_m x_3(t)$$

$$L_f \dot{x}_2(t) + R_f x_2(t) = Au(t) \qquad (4.17)$$

$$(L_{ag}+J_{am})\dot{x}_3(t) + (R_{ag}+R_{am})x_3(t) = K_g x_2(t) - K_m x_1(t)$$

Supondo-se agora $J=2\times10^{-4}$kgm^2, $B=20\times10^{-5}$Nms^{-1}, $K_m=0,09$Vs, $L_f=0,8$H, $R_f=15\Omega$, $A=5$, $(L_{ag}+L_{am})=0,4$H, $(R_{ag}+R_{am})=12\Omega$, $K_g=35$VA^{-1}, e admitindo-se que a velocidade angular $w(t)=x_1(t)$ seja a variável medida, via tacômetro TAC na Fig. 4.6, com ganho $K_t=0,05$Vs e redução $n=1/5$, ou seja, $y(t)=V_t(t)=K_t nw(t)=0,01x_1(t)$, resulta o seguinte modelo em variáveis de estado

$$\begin{bmatrix} \dot{x}_1(t) \\ \dot{x}_2(t) \\ \dot{x}_3(t) \end{bmatrix} = \begin{bmatrix} -1 & 0 & 450 \\ 0 & -18{,}75 & 0 \\ -0{,}225 & 87{,}50 & -30 \end{bmatrix} \begin{bmatrix} x_1(t) \\ x_2(t) \\ x_3(t) \end{bmatrix} + \begin{bmatrix} 0 \\ 6{,}25 \\ 0 \end{bmatrix} u(t) \quad (4.18)$$

$$y(t) = \begin{bmatrix} 0{,}01 & 0 & 0 \end{bmatrix} \begin{bmatrix} x_1(t) \\ x_2(t) \\ x_3(t) \end{bmatrix} \quad (4.19)$$

Discretizando-se o sistema (4.18)-(4.19) com período de amostragem T=0,01s, resulta

$$\begin{bmatrix} x_1(k+1) \\ x_2(k+1) \\ x_3(k+1) \end{bmatrix} = \begin{bmatrix} 0{,}9855 & 1{,}6695 & 3{,}8609 \\ 0 & 0{,}8290 & 0 \\ -0{,}0019 & 0{,}6849 & 0{,}7367 \end{bmatrix} \begin{bmatrix} x_1(k) \\ x_2(k) \\ x_3(k) \end{bmatrix} + \begin{bmatrix} 0{,}0363 \\ 0{,}0570 \\ 0{,}0233 \end{bmatrix} u(k) \quad (4.20)$$

$$y(k) = \begin{bmatrix} 0{,}01 & 0 & 0 \end{bmatrix} \begin{bmatrix} x_1(k) \\ x_2(k) \\ x_3(k) \end{bmatrix} \quad (4.21)$$

Para entrada degrau, com amplitude 1 volt, e condição inicial $x_1(0)=x_2(0)=x_3(0)=0$, o comportamento das variáveis de estado $x_1(k)$, $x_2(k)$ e $x_3(k)$, e da saída $y(k)$ é mostrado na Fig. 4.7.

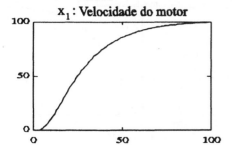
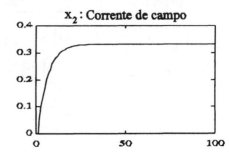
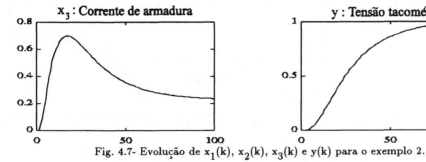
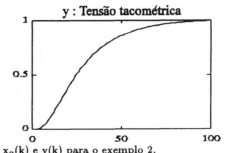

Fig. 4.7- Evolução de $x_1(k)$, $x_2(k)$, $x_3(k)$ e $y(k)$ para o exemplo 2.

O valor de regime de y(k), na Fig. 4.7, corresponde a uma velocidade de aproximadamente 1000 rpm no eixo do motor.

Conforme se sabe, usualmente o tacômetro é um sensor ruidoso. Assim, de modo a tornarmos o modelo (4.20)-(4.21) mais realista, podemos acrescentar um ruído de leitura v(k). Adicionalmente, a corrente de armadura $i_a(t)$, que é a variável de estado $x_3(t)$, também pode ser ruidosa, devido à comutação das escovas no gerador e no motor. Concluindo, temos o seguinte modelo estocástico para o servomecanismo DC de velocidade da Fig. 4.6,

$$\begin{bmatrix} x_1(k+1) \\ x_2(k+1) \\ x_3(k+1) \end{bmatrix} = \begin{bmatrix} 0{,}9855 & 1{,}6695 & 3{,}8609 \\ 0 & 0{,}8290 & 0 \\ -0{,}0019 & 0{,}6849 & 0{,}7367 \end{bmatrix} \begin{bmatrix} x_1(k) \\ x_2(k) \\ x_3(k) \end{bmatrix} + \begin{bmatrix} 0{,}0363 \\ 0{,}0570 \\ 0{,}0233 \end{bmatrix} u(k) + \begin{bmatrix} 0 \\ 0 \\ 1 \end{bmatrix} w(k) \quad (4.22)$$

$$y(k) = \begin{bmatrix} 0{,}01 & 0 & 0 \end{bmatrix} \begin{bmatrix} x_1(k) \\ x_2(k) \\ x_3(k) \end{bmatrix} + v(k) \quad (4.23)$$

Supondo-se que os ruídos de estado w(k) e de medida v(k) sejam Gaussianos com média zero e covariâncias $P_w=0{,}0002$ e $P_v=0{,}01$, respectivamente, na Fig. 4.8 apresentam-se três realizações dos processos envolvidos no modelo (4.22)-(4.23). As realizações dos estados $x_1(k)$ e $x_2(k)$ são praticamente coincidentes, pois o ruído nesses dois estados é oriundo do estado $x_3(k)$, vide (4.22), que por sua vez não é muito ruidoso, conforme indicado no quarto gráfico da Fig. 4.8.

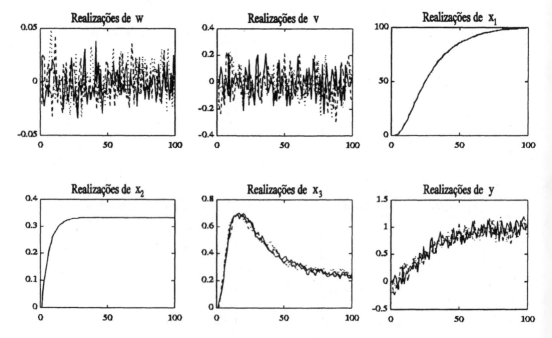

Fig. 4.8- Realizações dos ruídos, estados e saída do modelo (4.22)-(4.23).

Filtro de Kalman: Teoria e Implementação

Exemplo 3- Considere um objeto O, um avião ou navio, por exemplo, movendo-se no referencial em coordenadas polares conforme indicado abaixo.

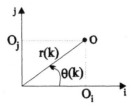

$r(k)$=Distância no instante kT
$\Theta(k)$=Orientação no instante kT

Supondo-se que o instante de amostragem T seja pequeno o suficiente, de modo que a velocidade do ponto O seja constante entre dois instantes de amostragem, o movimento do ponto O_i pode ser descrito empregando-se as variáveis de estado $x_1(t)$=posição e $x_2(t)$=velocidade. Efetivamente, podemos escrever

$$x_2(k+1)=x_2(k), \text{ dado que a velocidade é constante para } t \in [kT,(k+1)T] \qquad (4.24)$$

e

$$\frac{d}{dt}x_1(t) = x_2(t) \rightarrow \int_{kT}^{(k+1)T} dx_1(t) = \int_{kT}^{(k+1)T} x_2(t)dt \rightarrow x_1(k+1) - x_1(k) = Tx_2(k) \qquad (4.25)$$

donde

$$\begin{bmatrix} x_1(k+1) \\ x_2(k+1) \end{bmatrix} = \begin{bmatrix} 1 & T \\ 0 & 1 \end{bmatrix} \begin{bmatrix} x_1(k) \\ x_2(k) \end{bmatrix} \qquad (4.26)$$

Suponhamos agora que o objeto esteja sujeito a perturbações causadas pelo vento, por exemplo. Estas perturbações podem, em geral, ser modeladas como ruído de aceleração. Seja $w(t)$ o ruído de aceleração no objeto O. Neste caso, temos que reescrever a equação da velocidade, com $w_i(t)$ representando o componente de $w(t)$ na direção i, na forma

$$dx_2(t) = w_i(t)dt \rightarrow \int_{kT}^{(k+1)T} dx_2(t) = \int_{kT}^{(k+1)T} w_i(t)dt \rightarrow x_2(k+1) - x_2(k) = Tw_i(k) \qquad (4.27)$$

e

$$\frac{d}{dt}x_1(t) = x_2(t) + \int_0^t dw_i(t) \qquad (4.28)$$

donde

$$\int_{kT}^{(k+1)T} dx_1(t) = \int_{kT}^{(k+1)T} x_2(t)dt + \int_{kT}^{(k+1)T} \left(\int_0^t w_i(\tau)d\tau \right) dt \qquad (4.29)$$

ou seja,

$$x_1(k+1) - x_1(k) = Tx_2(k) + \frac{T^2}{2}w_i(k) \qquad (4.30)$$

Admitamos agora que haja sensores medindo o *range* $r(k)$ e o *bearing* $\Theta(k)$, e que as leituras sejam ruidosas. Logo, a posição do ponto O_i pode ser escrita na forma

$$y(k) = r(k)\cos\Theta(k) + v_i(k) = x_1(k) + v_i(k) \qquad (4.31)$$

onde $v_i(k)$ representa o ruído de leitura.

Assim, de (4.27), (4.30) e (4.31) obtemos a seguinte representação em variáveis de estado para o movimento do ponto O_i,

$$\begin{bmatrix} x_1(k+1) \\ x_2(k+1) \end{bmatrix} = \begin{bmatrix} 1 & T \\ 0 & 1 \end{bmatrix} \begin{bmatrix} x_1(k) \\ x_2(k) \end{bmatrix} + \begin{bmatrix} T^2/2 \\ T \end{bmatrix} w_i(k) \quad (4.32)$$

$$y(k) = \begin{bmatrix} 1 & 0 \end{bmatrix} \begin{bmatrix} x_1(k) \\ x_2(k) \end{bmatrix} + v_i(k) \quad (4.33)$$

Finalmente, supondo-se que T=1 unidade, $x_1(0)=10$ unidades, $x_2(0)=1$ unidade e que os ruídos $w_i(k)$ e $v_i(k)$ sejam Gaussianos com média zero e covariâncias $P_w=0,001$ e $P_v=3$, na Fig. 4.9 apresentam-se três realizações dos ruídos, estados e saída do modelo (4.32)-(4.33).

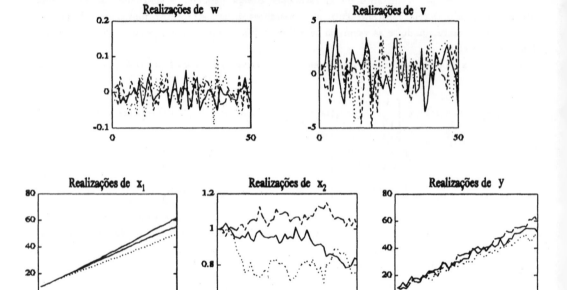

Fig. 4.9- Realizações dos ruídos, estados e saída do modelo (4.32)-(4.33).

4.3- NOÇÕES ELEMENTARES DE PROCESSOS ESTOCÁSTICOS

Definição 1- Um processo estocástico $\{X(t,\omega), t \in T, \omega \in \Omega\}$ é uma família de variáveis aleatórias definidas no espaço de probabilidade $(\Omega,\mathfrak{F},P)$, com valores em $(R,\mathfrak{B})$, sendo $(\Omega,\mathfrak{F},P)$ o espaço base e $(R,\mathfrak{B})$ o espaço de estado. □

Caso o conjunto de índices T seja contável, o processo estocástico $\{X(t,\omega), t \in T\}$ é denominado discreto. Caso contrário, o processo é denominado contínuo.

Observação 1- Conforme já sugerido na Fig. 4.5, um processo estocástico pode ser considerado uma função X: TxΩ → R. Assim, fixando-se t tem-se a variável aleatória $X(.,\omega)$ e fixando-se ω tem-se a realização X(t,.). □

Observação 2- Além da notação $\{X(t,\omega), t \in T, \omega \in \Omega\}$ para representar processos estocásticos, há diversas outras disponíveis na literatura, tais como $\{X_t(\omega),\ t \in T,\ \omega \in \Omega\}$, $\{X_t,\ t \in T\}$ e $\{X(t),\ t \in T\}$. Neste capítulo essas notações serão intercambiadas, sendo utilizada a mais conveniente em cada caso. □

Definição 2- Seja $T_m = \{t_1, t_2, \cdots, t_m\}$ um subconjunto de T e F_{T_m} a função distribuição conjunta de $\{X(t_1,\omega), X(t_2,\omega), \cdots, X(t_m,\omega)\}$. Por exemplo, para m=4, temos o cenário indicado na Fig. 4.10, sendo F_{T_4} dada por

$$F_{T_4}(x_1,x_2,x_3,x_4) = P(\{\omega: X(t_1,\omega) \leq x_1,\ X(t_2,\omega) \leq x_2,\ X(t_3,\omega) \leq x_3,\ X(t_4,\omega) \leq x_4\}) \quad (4.34)$$

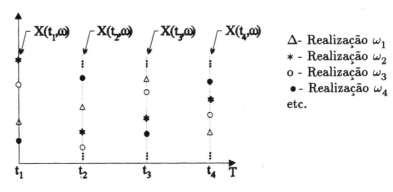

Fig. 4.10- Ilustração para o cálculo de F_{T_4}.

O conjunto $\{F_{T_m}\}$ para todos os possíveis valores de m e $t_1, \cdots, t_m$ é denominado família de distribuições de dimensão finita do processo estocástico $\{X(t,\omega),\ t \in T\}$. □

Teorema 1- Dada uma família $\{F_{T_m}\}$ de distribuições de dimensão finita, é sempre possível encontrar um espaço de probabilidade $\{\Omega,\mathfrak{F},P\}$ e um processo estocástico $\{X(t,\omega),\ t \in T\}$ tais que $\{F_{T_m}\}$ corresponde à família de distribuições de dimensão finita de $\{X(t,\omega),\ t \in T\}$.

Prova: Kolmogorov (1956). □

4.3.1- Média, Covariância e Correlação de Processos Estocásticos

Definição 1- A média de um processo estocástico $\{X(t),\ t \in T\}$ é definida por

$$m(t) = E[\ X(t)\ ] \quad (4.35)$$

conforme ilustrado na Fig. 4.11. Basicamente, para cada instante de tempo $t = t_i$ temos a variável aleatória $X(t_i,.)$, que possui média $m(t_i)$, e assim sucessivamente.

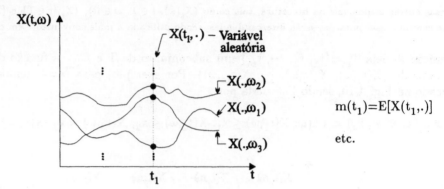

Fig. 4.11- Ilustração para o cálculo da média de um processo estocástico. □

Definição 2- Seja $\{X(t),\ t \in T\}$ um processo estocástico vetorial n-dimensional. A matriz de covariância de $X(t)$ é definida por

$$P(t) = E[\ (X(t) - m(t))\ (X(t) - m(t))^T\ ] \qquad (4.36)$$

onde

$$X(t) = [X_1(t)\ X_2(t)\ \cdots\ X_n(t)]^T \quad e \quad m(t) = [m_1(t)\ m_2(t)\ \cdots\ m_n(t)]^T \qquad (4.37)$$

sendo conveniente notar que $P(t)$ é positiva semidefinida $\forall t \in T$, isto é, $v^T P(t) v \geq 0$, $\forall v \in R^n$. Efetivamente,

$$v^T P(t) v = \sum_{i=1, j=1}^{n} E[\ v_i\ (X_i(t) - m_i(t))\ v_j\ (X_j(t) - m_j(t))] = E\ [\ \Big(\sum_{i=1}^{n} v_i (X_i(t) - m_i(t))\Big)^2\ ] \geq 0 \qquad (4.38)$$

□

Definição 3- A matriz de correlação de um processo estocástico $\{X(t),\ t \in T\}$ é definida por

$$C(t_1, t_2) = E[\ X(t_1) X^T(t_2)\ ] \qquad (4.39)$$

conforme ilustrado na Fig. 4.12.

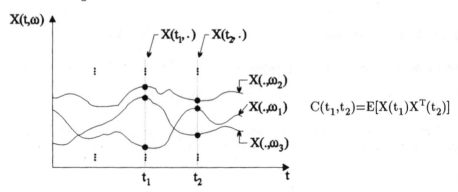

Fig. 4.12- Ilustração para o cálculo da correlação de um processo estocástico. □

Filtro de Kalman: Teoria e Implementação

Exemplo- Considere um objeto se movendo consoante o modelo (4.32), isto é,

$$\begin{bmatrix} x_1(k+1) \\ x_2(k+1) \end{bmatrix} = \begin{bmatrix} 1 & T \\ 0 & 1 \end{bmatrix} \begin{bmatrix} x_1(k) \\ x_2(k) \end{bmatrix} + \begin{bmatrix} T^2/2 \\ T \end{bmatrix} w(k) \tag{4.40}$$

onde $x_1(k)$ representa posição, $x_2(k)$ é a velocidade do objeto e $w(k)$ é o ruído de aceleração, satisfazendo

$$E[\,w(k)\,] = 0 \qquad e \qquad E[\,w(i)w(k)\,] = \begin{cases} \sigma^2 & ,i=j \\ 0 & ,i \neq j \end{cases} \tag{4.41}$$

$$E[\,x(k)w(k)\,] = \begin{bmatrix} 0 \\ 0 \end{bmatrix} \text{, isto é, } w(k) \text{ e } x(k) \text{ são não-correlacionados} \tag{4.42}$$

Então, de (4.35) e (4.40) resulta

$$m(k+1) = E[\,x(k+1)\,] = \begin{bmatrix} 1 & T \\ 0 & 1 \end{bmatrix} \begin{bmatrix} E[\,x_1(k)\,] \\ E[\,x_2(k)\,] \end{bmatrix} + \begin{bmatrix} 0 \\ 0 \end{bmatrix} = \begin{bmatrix} 1 & T \\ 0 & 1 \end{bmatrix} m(k) \tag{4.43}$$

e de (4.36), (4.40) e (4.43) decorre

$$P(k+1) = E[(x(k+1)-m(k+1))(x(k+1)-m(k+1))^T] = E[(Ax(k)+Gw(k)-Am(k))(Ax(k)+$$

$$Gw(k)-Am(k))^T] = E[(A(x(k)-m(k))+Gw(k))(A(x(k)-m(k))+Gw(k))^T] = E[A(x(k)-m(k))$$

$$(x(k)-m(k))^T A^T] + E[A(x(k)-m(k))w(k)G^T] + E[Gw(k)A(x(k)-m(k))] + E[w^2(k)GG^T] \tag{4.44}$$

donde

$$P(k+1) = AP(k)A^T + \sigma^2 GG^T \tag{4.45}$$

Uma vez que por hipótese o ruído de estado $w(k)$ possui média zero, é natural que a média $m(k)$ do estado $x(k)$ evolua consoante a parte determinística do modelo (4.40), conforme corroborado por (4.43). Quanto à matriz de covariância $P(k)$, ela mede a dispersão do estado $x(k)$ em torno do seu valor médio $m(k)$. Logo, quanto maior a intensidade do ruído $w(k)$, representada por σ^2 em (4.41), maior será a dispersão do estado. Esta conclusão é obviamente corroborada por (4.45), que é uma equação discreta com termo forçante da forma $\sigma^2 GG^T$. □

4.3.2- Processos Estocásticos Gaussianos (ou Normais)

Definição 1- Seja X uma variável aleatória com $E[X^2] < \infty$. Defina a média $m=E[X]$ e a variância $\sigma^2=E[(X-m)^2]$. A variável aleatória X é denominada Gaussiana (ou normal) se sua densidade de probabilidade $f(x)$ for dada por

$$f(x) = \frac{1}{\sqrt{2\pi}\,\sigma}\,\exp\left(-\frac{1}{2\sigma^2}\,(x-m)^2\right) \tag{4.46}$$

□

Definição 2- Um processo estocástico $\{X_t,\ t \in T\}$ é denominado Gaussiano se para todo subconjunto $T_m=\{t_1,\ t_2,\ \cdots,\ t_m\}$ de T a variável aleatória

$$Z = \sum_{i=1}^{m} \alpha_i \, X_{t_i} \quad , \quad \forall \alpha_i \in R \tag{4.47}$$

for Gaussiana. ☐

Alternativamente, pode ser mostrado que um processo estocástico $\{X_t, \ t \in T\}$ é Gaussiano se e somente se para todo subconjunto $T_k = \{t_1, \ t_2, \ \cdots, \ t_k\}$ de T a densidade de probabilidade da coleção $(X_{t_1}, \ X_{t_2}, \ \cdots, \ X_{t_k})$ for dada por

$$f(x_1, t_1; x_2, t_2; \cdots; x_k, t_k) = \frac{1}{(2\pi)^{k/2} \left(\det(P)\right)^{1/2}} \, \exp\left(-\frac{1}{2}(x-m)^T \, P^{-1} \, (x-m)\right) \tag{4.48}$$

sendo

$$m_i = E[\, X(t_i)\,] \quad , \quad P_{ij} = E[\, (X(t_i) - m_i)(X(t_j) - m_j)] \tag{4.49}$$

e

$$m = \begin{bmatrix} m_1 \\ \vdots \\ m_k \end{bmatrix} \quad , \quad P = \begin{bmatrix} P_{11} & \cdots & P_{1k} \\ \vdots & \ddots & \vdots \\ P_{k1} & \cdots & P_{kk} \end{bmatrix} \tag{4.50}$$

Se $\{X_t, \ t \in T\}$ for um processo estocástico n-dimensional, m terá dimensão nkx1 e P terá dimensão nkxnk.

4.4- INTRODUÇÃO AO PROBLEMA DE ESTIMAÇÃO

Iniciaremos com um resumo sobre probabilidade e esperança condicionais, que são conceitos básicos necessários para se resolver o problema de estimação.

4.4.1- Probabilidade Condicional

Definição 1- Seja $(\Omega, \mathfrak{F}, P)$ em espaço de probabilidade e considere dois eventos A e B, isto é, $A \in \mathfrak{F}$ e $B \in \mathfrak{F}$, com $P(B) \neq 0$. A probabilidade condicional do evento A dado que B ocorreu é definida por

$$P(A|B) = \frac{P(A \cap B)}{P(B)} \tag{4.51}$$

☐

Exemplo 1- Considere o lançamento de um dado, onde $\Omega = \{1,2,3,4,5,6\}$ e $P(\{\omega=i\})=1/6$, para $i \in [1,6]$. Seja B o evento $B=\{1,3,5\}$. Assim, a probabilidade do evento $\{\omega=i\}$ dado B é

$$P(\{\omega=i\}|B)=0 \ , \quad \text{para } i=2, \ 4 \text{ ou } 6, \ \text{ pois neste caso } P(\{\omega=i\} \cap B)=P(\phi)=0$$

e

$$P(\{\omega=i\}|B)=1/3 \ , \quad \text{para } i=1, \ 3 \text{ ou } 5, \ \text{ visto que } P(B)=1/2 \ \text{ e } \ P(\{\omega=i\} \cap B)=P(\{\omega=i\})=1/6 \qquad ☐$$

De modo a expressar probabilidade condicional em termos de função distribuição de probabilidade, considere as variáveis aleatórias $X(\omega)$ e $Y(\omega)$ mostradas na Fig. 4.13.

Filtro de Kalman: Teoria e Implementação

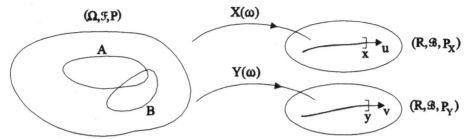

Fig. 4.13- Probabilidade condicional em termos de função distribuição.

Com base na Fig. 4.13 podemos escrever

$$P(A|B) = P(\{\omega: X(\omega) \le x \mid Y(\omega) \le y\} = \frac{P(\{\omega: X(\omega) \le x, Y(\omega) \le y\})}{P(\{\omega: Y(\omega) \le y\})} =$$

$$\frac{P(\{\omega: X(\omega) \le x, Y(\omega) \le y\})}{P(\{\omega: X(\omega) \le \infty, Y(\omega) \le y\})} = \frac{F(x,y)}{F(\infty,y)} = \frac{F(x,y)}{F_Y(y)} \quad (4.52)$$

onde F(x,y) é a distribuição de probabilidade conjunta de $X(\omega)$ e $Y(\omega)$, e $F_Y(y)$ é a distribuição marginal de probabilidade de $Y(\omega)$. Considere agora o conjunto

$$B = \{\omega: y < Y(\omega) \le y+\Delta\} \quad (4.53)$$

Então, de (4.52),

$$P(A|B) = \frac{P(\{\omega: X(\omega) \le x, y < Y(\omega) \le y+\Delta\})}{P(\{\omega: y < Y(\omega) \le y+\Delta\})} = \frac{F(x,y+\Delta)-F(x,y)}{F_Y(y+\Delta)-F_Y(y)} = \frac{(F(x,y+\Delta)-F(x,y))/\Delta}{(F_Y(y+\Delta)-F_Y(y))/\Delta}$$

(4.54)

e para $\Delta \to 0$ definimos a distribuição condicional de probabilidade por

$$F_{X|Y}(x,y) = \lim_{\Delta \to \infty} P(A|B) = \frac{\frac{\partial}{\partial y} F(x,y)}{\frac{\partial}{\partial y} F_Y(y)} \quad (4.55)$$

e a densidade condicional de probabilidade por

onde
$$f_{X|Y}(x,y) = \frac{\partial}{\partial x} F_{X|Y}(x,y) = \frac{\frac{\partial^2}{\partial x \partial y} F(x,y)}{\frac{\partial}{\partial y} F_Y(y)} = \frac{f(x,y)}{f_Y(y)} \quad (4.56)$$

$$F_Y(y') = F(\infty, y') = \int_{-\infty}^{y'} f_Y(y) \, dy \quad \text{e} \quad f_Y(y) = \int_{-\infty}^{+\infty} f(x,y) dx \quad (4.57)$$

Exemplo 2- Considere variáveis aleatórias $X(\omega)$ e $Y(\omega)$ com densidade de probabilidade cilíndrica, conforme mostrado a seguir.

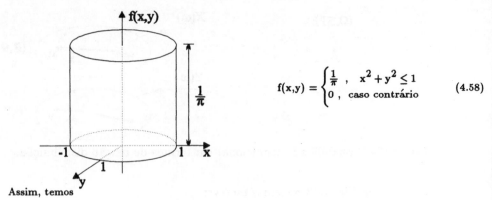

$$f(x,y) = \begin{cases} \frac{1}{\pi}, & x^2 + y^2 \leq 1 \\ 0, & \text{caso contrário} \end{cases} \qquad (4.58)$$

Assim, temos

$$f_Y(y) = \int_{-\infty}^{+\infty} f(x,y)dx = \int_{-\sqrt{1-y^2}}^{\sqrt{1-y^2}} f(x,y)dx = \frac{1}{\pi}\int_{-\sqrt{1-y^2}}^{\sqrt{1-y^2}} dx = \begin{cases} \frac{2}{\pi}\sqrt{1-y^2}, & -1 < y < 1 \\ 0, & \text{caso contrário} \end{cases} \qquad (4.59)$$

e de (4.56), (4.58) e (4.59) concluímos que a densidade condicional de probabilidade de X(ω) dado Y(ω) satisfaz

$$f_{X|Y}(x,y) = \frac{f(x,y)}{f_Y(y)} = \begin{cases} 1/\left(2\sqrt{1-y^2}\right), & \text{para } -\sqrt{1-y^2} \leq x \leq \sqrt{1-y^2} \text{ e } -1 < y < 1 \\ 0, & \text{caso contrário} \end{cases} \qquad (4.60)$$

Por exemplo, se Y(ω) assumir o valor y=0 temos $f_{X|Y}(x,y)=f_{X|Y}(x,0)=0,5$ e para y=9/10, temos $f_{X|Y}(x,9/10)=1,147$, e assim sucessivamente, conforme mostrado na Fig. 4.14.

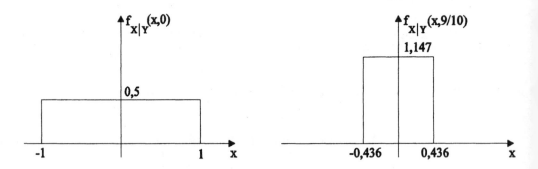

Fig. 4.14- Densidades condicionais $f_{X|Y}(x,0)$ e $f_{X|Y}(0,9/10)$, relativas ao exemplo 2.

Definição 2- Seja X(ω) uma variável aleatória definida no espaço de probabilidade ($\Omega,\mathfrak{F},P$). A esperança condicional de X(ω) dado A $\in \mathfrak{F}$ é definida por

$$E[\,X|A\,] = \int_\Omega X(\omega)\,P_A(d\omega) = \int_\Omega X(\omega)\,dP_A(\omega) \qquad (4.61)$$

Se Y(ω) for outra variável aleatória definida em ($\Omega,\mathfrak{F},P$) e considerarmos A={ω: Y(ω)=y}, resulta

Filtro de Kalman: Teoria e Implementação

$$E[\,X|Y\,] = \int_R x\, dF_{X|Y}(x,y) = \int_R x\, f_{X|Y}(x,y)\, dx \qquad (4.62)$$

sendo conveniente notar que $E[\,X|Y\,]$ é uma variável aleatória, devido ao comportamento de $f_{X|Y}(x,y)$. ☐

Exemplo 3- Considere as variáveis aleatórias $X(\omega)$ e $Y(\omega)$ com a densidade de probabilidade cilíndrica dada no exemplo 2. De (4.60) e (4.62) temos

$$E[\,X|Y\,] = \int_R x\, f_{X|Y}(x,y)\, dx = \int_{-\sqrt{1-y^2}}^{\sqrt{1-y^2}} \frac{x}{2\sqrt{1-y^2}}\, dx = 0\ ,\quad \forall y \in (-1,1) \qquad (4.63)$$

e caso definamos a covariância condicional de $X(\omega)$ dado $Y(\omega)$ por $P_{X|Y}=E[(X-E[X|Y])^2]$, resulta

$$P_{X|Y} = E[(X-E[X|Y])^2] = E[\,X^2|Y\,] = \int_R x^2\, f_{X|Y}(x,y)\, dx = \int_{-\sqrt{1-y^2}}^{\sqrt{1-y^2}} \frac{x^2}{2\sqrt{1-y^2}}\, dx = \tfrac{1}{3}\,(1-y^2)\ ,$$

$$-1 \le y \le 1 \qquad (4.64)$$
☐

Interpretação do exemplo 3- Suponha que se defina $\hat{X}=E[X|Y]$ como sendo a estimativa de $X(\omega)$ dado $Y(\omega)$. Logo, caso $Y=y=0$ tenha sido obervado, resulta $\hat{X}=E[X|Y=0]=0$, com variância condicional $P_{X|Y}=1/3$. Caso $Y=y=9/10$, temos $\hat{X}=E[X|Y=9/10]=0$, com variância condicional $P_{X|Y}=19/300$. Assim, a qualidade da estimativa de X melhora à medida em que o valor observado de Y aumenta. ☐

4.4.2- Estimação como um Problema de Esperança Condicional

Suponha que uma estimativa da variável aleatória X deva ser calculada com base nos valores observados de variáveis aleatórias $Y(1)$, $Y(2)$, $\cdots$, $Y(m)$. Por definição, o estimador de X é um função $g(Y)$, com $Y=\{Y(1), Y(2), \cdots, Y(m)\}$. Aqui estamos interessados em estimadores que minimizem o erro médio quadrático $E[(X-g(Y))^2]$, que é um critério de otimalidade bastante sensato.

Proposição 1- Seja $f_{X|Y}(x,y)=\dfrac{f(x,y)}{f_Y(y)}$, conforme definido em (4.56). Então, o critério $E[\,(X-g(Y))^2]$ é minimizado para

$$g(Y) = E[\,X|Y\,] = \int_{-\infty}^{\infty} x\, f_{X|Y}(x,Y)\, dx \qquad (4.65)$$

Verificação: Por definição,

$$E[(X-g(Y))^2]=\int_{-\infty}^{\infty} \int_{-\infty}^{\infty} (x-g(y))^2\, f(x,y)dxdy=\int_{-\infty}^{\infty} \int_{-\infty}^{\infty} (x-g(y))^2\, f_{X|Y}(x,y)\, f_Y(y)dxdy \qquad (4.66)$$

sendo o última igualdade proveniente da relação (4.56). Notemos agora que para um dado y, $g(y)$ é uma constante e a integral $\int_{-\infty}^{\infty} (x-g(y))^2 f_{X|Y}(x,y)dx$ corresponde a

$E[(X'-g(y))^2]$, onde X' é uma variável aleatória com densidade de probabilidade $f_{X|Y}(x,y)$. Por outro lado, é fácil mostrar que $E[(X'-a)^2]$, para a constante, é minimizado para $a=E[X]$. Logo, $E[(X'-g(y))^2]$ é minimizado para

$$g(y) = E[X'] = \int_{-\infty}^{\infty} x\, f_{X|Y}(x,y)\, dx = E[X|Y=y] \tag{4.67}$$

donde concluimos que

$$g(Y) = \int_{-\infty}^{\infty} x\, f_{X|Y}(x,Y)\, dx = E[X|Y] \tag{4.68}$$

conforme asseverado. $\qquad\qquad\qquad\qquad\qquad\qquad\qquad\qquad\qquad\qquad$ $\square$

4.4.3- Estimador Linear

Neste capítulo iremos nos restringir a estimadores lineares, isto é, da forma

$$g(Y) = \alpha_1 Y(1) + \alpha_2 Y(2) + \cdots + \alpha_n Y(n) \tag{4.69}$$

donde, fazendo-se $\alpha_0=-1$ e $Y(0)=X$, resulta

$$E[(X-g(Y))^2] = E\left[\left(X - \sum_{i=1}^{n}\alpha_i Y(i)\right)^2\right] = E\left[\left(\sum_{i=0}^{n}\alpha_i Y(i)\right)^2\right] = \sum_{i=0}^{n}\sum_{j=0}^{n}\alpha_i\alpha_j\, E[Y(i)Y(j)] \tag{4.70}$$

e portanto a minimização de $E[(X-g(Y))^2]$ requer apenas o cálculo de médias e covariâncias, isto é, primeiro e segundo momentos. Estimadores não-lineares usualmente requerem o cálculo de momentos de ordem superior, o que justifica a grande complexidade do problema de filtragem não-linear, que não será abordado neste livro.

4.4.4- Relação entre Estimação Linear e Projeção

Considere o caso particular de (4.69) para $n=1$. Então,

$$E[(X-g(Y))^2] = E[(X - \alpha_1 Y(1))^2] = E[X] - 2\alpha_1 E[XY(1)] + \alpha_1^2\, E[Y^2(1)] \tag{4.71}$$

que é minimizado para

$$\alpha_1 = \frac{E[XY(1)]}{E[Y^2(1)]} \quad , \quad E[Y^2(1)] \neq 0 \tag{4.72}$$

ou seja

$$\alpha_1 = \rho\,\frac{\sigma_0}{\sigma_1} \ , \ \text{onde} \ \sigma_0^2 = E[X^2]\,, \ \sigma_1^2 = E[Y^2(1)] \ \text{e} \ \rho = \frac{E[XY(1)]}{\sigma_0\,\sigma_1} \stackrel{\Delta}{=} \text{coef. de correlação} \tag{4.73}$$

Logo, a estimativa $\hat{X}$ é dada por

$$\hat{X} = g(Y) = \rho\,\frac{\sigma_0}{\sigma_1}\, Y(1) \tag{4.74}$$

e o erro de estimação $\tilde{X}$, definido por $\tilde{X} = X - \hat{X}$, satisfaz

$$\tilde{X} = X - \hat{X} = X - \rho\,\frac{\sigma_0}{\sigma_1}\, Y(1) = \sigma_0\left(\frac{X}{\sigma_0} - \rho\,\frac{Y(1)}{\sigma_1}\right) \tag{4.75}$$

Filtro de Kalman: Teoria e Implementação

e podemos avaliar a correlação entre o erro de estimação e a leitura, resultando

$$E[\ \tilde{X}Y(1)\ ]=E[\ (X-\hat{X})Y(1)\ ]=E[\ XY(1)\ ]-\frac{\rho\sigma_0}{\sigma_1}\ E[\ Y^2(1)\ ]=\rho\sigma_0\sigma_1-\rho\sigma_0\sigma_1=0\ (4.76)$$

ou seja, $\tilde{X}$ e $Y(1)$ são não-correlacionados. Qualitativamente, esta conclusão equivale a dizer que o estimador extraiu toda a informação útil disponível na leitura $Y(1)$.

Interpretação de (4.74)- Considere os vetores v_0 e $v_1 \in R^n$. Denotando-se por u_{v_1} o vetor unitário na direção v_1, a projeção $\hat{v}_0$ de v_0 em v_1 é dada por

$$\hat{v}_0 = (\ \|\ v_0\ \|\ \cos\Theta)\ u_{v_1} = (\|\ v_0\ \|\ \cos\Theta)\ \frac{v_1}{\|\ v_1\ \|} = \rho\ \frac{\sigma_0}{\sigma_1}\ v_1 \qquad (4.77)$$

Comparando (4.74) e (4.77), caso interpretemos as variáveis aleatórias X e $Y(1)$ como sendo vetores v_0 e v_1, com normas

$\sigma_0 = \sqrt{E[X^2]}$ e $\sigma_1 = \sqrt{E[Y^2(1)]}$ e formando ângulo $\Theta = \arccos\rho$, concluiremos que a melhor estimativa de X consiste na projeção de X em $Y(1)$. $\square$

Lembrete- Seja v um vetor em R^d e considere uma base ortogonal $\{e_1, e_2, \cdots, e_d\}$. A projeção de v em $E = span(e_1, e_2, \cdots, e_m)$, $m \leq d$, é dada por

$$\hat{v} = \sum_{i=1}^{m} (v \cdot e_i)\ e_i = v_1e_1 + \cdots + v_me_m \qquad (4.78)$$

com as seguintes propriedades,

a) $\hat{v}$ é o único vetor em E satisfazendo $(v - \hat{v}) \perp E$.

b) $\hat{v}$ é tal que $\|\ v - \hat{v}\ \| = \underset{u \in E}{Min}\ \|\ v - u\ \|$. Efetivamente, uma vez que

$$v = (v.e_1)e_1 + \cdots + (v.e_d)e_d = v_1e_1 + \cdots + v_de_d$$
$$u = (u.e_1)e_1 + \cdots + (u.e_m)e_m = u_1e_1 + \cdots + u_me_m$$

podemos escrever

$$\|\ v - u\ \|^2 = \sum_{i=1}^{m} (v_i - u_i)^2 + \sum_{i=m+1}^{d} v_i^2 \qquad (4.79)$$

que é minimizada para $u_i = v_i$, $i = 1, 2, \cdots, m$. $\square$

Com base na interpretação de (4.74) e no lembrete, podemos encarar variáveis aleatórias como sendo vetores com norma dada pelo desvio padrão e produto interno dado pela covariância ($v_0 \cdot v_1 = \|\ v_0\ \| \|\ v_1\ \| \cos\Theta = \sigma_0\ \sigma_1\ \rho = E[\ XY(1)\ ]$. Esta fato fornece uma interpretação geométrica bastante intuitiva para o problema de estimação e será usado para facilitar a obtenção das equações do filtro de Kalman na seção 4.5.

Teorema 1- Sejam $X = \begin{bmatrix} X_1 \\ \vdots \\ X_n \end{bmatrix}$ e $Y = \begin{bmatrix} Y_1 \\ \vdots \\ Y_l \end{bmatrix}$ vetores de variáveis aleatórias, com componentes possuindo média zero e variância finita. Então, para j=1, 2, $\cdots$, n, há uma única, no sentido *a.s.*, variável aleatória $\hat{X}_j$ tal que

$$\text{a) } \hat{X}_j \in S(Y), \text{ (} S\text{: } span) \qquad e \qquad \text{b) } (X_j - \hat{X}_j) \perp S(Y)$$

sendo

$\hat{X}=[\ \hat{X}_1 \cdots \hat{X}_n\ ]^T$ a estimativa *minimum mean-square error* de X dado Y, i.e., $\forall \alpha \in R^n$,

$$E[\ (\alpha^T(X - \hat{X}))^2\ ] = \underset{U \in S(Y)}{Min} \ E[\ (\alpha^T(X - U))^2\ ] \tag{4.80}$$

e caso $E[\ YY^T]$ seja não-singular, então a estimativa $\hat{X}$ é dada por

$$\hat{X} = E[\ XY^T\ ]\ (E[\ YY^T\ ])^{-1}\ Y \tag{4.81}$$

Verificação: Como estamos supondo estimadores lineares, a estimativa $\hat{X}$ é dada por

$$\hat{X} = M\ Y \ , \quad \text{onde M é uma matriz n} x l \tag{4.82}$$

Assim, devido a (b), para quaisquer $\beta \in R^n$ e $\gamma \in R^l$,

$$E[\beta^T(X - MY)(\gamma^TY)^T]=0 \rightarrow \beta^T\ E[(X - MY)Y^T]\ \gamma=0 \rightarrow E[XY^T] - M\ E[YY^T]=0 \tag{4.83}$$

sendo a última implicação devida ao fato de que β e γ são genéricos. Logo, se $(E[YY^T])^{-1}$ existir, de (4.83) temos

$$M = E[XY^T]\ (E[YY^T])^{-1} \tag{4.84}$$

e (4.81) segue de (4.82) e (4.84). $\qquad\qquad\qquad\qquad\qquad\qquad\qquad\qquad\qquad\qquad\qquad\square$

Comentários sobre o Teorema 1- a) A estimativa $\hat{X}$ é usualmente denominada projeção de X em $S(Y)$; b) Para o caso particular de n=1 e l=1, isto é $X=X_1$ e $Y=Y_1$, temos $M=E[X_1Y_1]/E[Y_1^2]$, que coincide com o resultado obtido em (4.72) e (4.74); c) Caso $E[X_i]=m_{x_i}$ e $E[Y_i]=m_{y_i}$, então

$$\hat{X} = E[(X- m_x)(Y-m_y)^T]P^{-1}(Y-m_y) + m_x\ , \quad \text{onde } P = E[(Y-m_y)(Y-m_y)^T] \qquad\qquad \square$$

4.4.5- Forma Recursiva para a Estimação Linear

A forma recursiva é importante, por exemplo, para aplicações em tempo real. De modo a determinarmos tal forma, suponhamos que k leituras do vetor $Y=[Y_1 \cdots Y_l]^T$, definido no Teorema 1 da seção 4.4.4, tenham sido efetuadas, resultando

$$Y(1)=\begin{bmatrix} Y_1(1) \\ \vdots \\ Y_l(1) \end{bmatrix}, \quad Y(2)=\begin{bmatrix} Y_1(2) \\ \vdots \\ Y_l(2) \end{bmatrix}, \quad \cdots, \quad Y(k)=\begin{bmatrix} Y_1(k) \\ \vdots \\ Y_l(k) \end{bmatrix} \tag{4.85}$$

e definamos

$$S(\Upsilon_k) \ , \text{ com } \Upsilon_k = [\ Y(1)\ Y(2) \cdots Y(k)\ ] \tag{4.86}$$

como sendo o subespaço linear gerado pelas observações até o instante k.

Conforme já visto na seção 4.4.4, a melhor estimativa $\hat{X}(k) = [\hat{X}_1(k)\ \hat{X}_2(k)\ \cdots\ \hat{X}_n(k)]^T$ de X, dado Y_k, é dada pela projeção de X em $S(Y_k)$. Considere agora o cenário mostrado na Fig. 4.15.

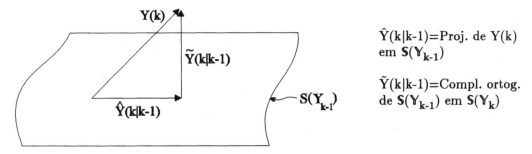

Fig. 4.15- Subespaços gerados pelas observações.

Assim, qualquer Z em $S(Y_k)$ pode ser escrito, de modo único, na forma

$$Z = Z_1 + Z_2 \qquad (4.87)$$

com

$Z_1 \in S(Y_{k-1})$ e Z_2=Combinação linear de $\{\tilde{Y}_i(k|k-1),\ i=1, 2, \cdots, l\}$ (4.88)

Tomando-se agora

$$Z = \hat{X}_i(k) = Z_1 + Z_2 \qquad (4.89)$$

resulta

$$Z_1 = \hat{X}_i(k-1) \qquad (4.90)$$

visto que se $\tilde{X}_i(k) = X_i - \hat{X}(k)$ representar o erro de estimação no instante k, então

$$X_i = \hat{X}_i(k) + \tilde{X}_i(k) = Z_1 + (Z_2 + \tilde{X}_i(k)) \qquad (4.91)$$

com $Z_1 \in S(Y_{k-1})$ e $(Z_2 + \tilde{X}_i(k)) \perp S(Y_{k-1})$, e adicionalmente

$$X_i = \hat{X}_i(k-1) + \tilde{X}_i(k-1),\ \text{com}\ \hat{X}_i(k-1) \in S(Y_{k-1})\ \text{e}\ \tilde{X}_i(k-1) \perp S(Y_{k-1}) \qquad (4.92)$$

e como a decomposição é única, temos efetivamente $Z_1 = \hat{X}_i(k-1)$ conforme asseverado em (4.90).

No que se refere a Z_2 em (4.89), temos que a mesma é a projeção de $\hat{X}_i(k)$ em $S(\tilde{Y}(k|k-1))$, que coincide com a projeção de $X_i = \hat{X}_i(k) + \tilde{X}_i(k)$ em $S(\tilde{Y}(k|k-1))$, uma vez que $S(\tilde{Y}(k|k-1)) \subset S(Y_k)$ e portanto $\tilde{X}_i(k) \perp S(Y_k) \rightarrow \tilde{X}_i(k) \perp S(\tilde{Y}(k|k-1))$. Como base nesta observação e em (4.89) e (4.90), temos

$$\hat{X}_i(k) = \hat{X}_i(k-1) + \Big(\text{proj. de } X_i \text{ em } S(\tilde{Y}(k|k-1))\Big) \qquad (4.93)$$

Logo, de (4.81), (4.93) e empilhando $\hat{X}_i(k)$, i=1, 2, $\cdots$, n, no vetor $\hat{X}(k)$, podemos escrever

$$\hat{X}(k) = \hat{X}(k-1) + \Big(E[\ X\tilde{Y}^T(k|k-1)\ ]\Big)\Big(E[\ \tilde{Y}(k|k-1)\tilde{Y}^T(k|k-1)\ ]\Big)^{-1} \tilde{Y}(k|k-1) \qquad (4.94)$$

onde, da Fig. 4.15, temos $\tilde{Y}(k|k\text{-}1)=Y(k)-\hat{Y}(k|k\text{-}1)$. Logo,

$$\hat{X}(k) = \hat{X}(k\text{-}1) + \Big(E[\,X\tilde{Y}^T(k|k\text{-}1)\,]\Big)\Big(E[\,\tilde{Y}(k|k\text{-}1)\tilde{Y}^T(k|k\text{-}1)\,]\Big)^{-1}\Big(Y(k)-\hat{Y}(k|k\text{-}1)\Big)\,(4.95)$$

Para que (4.95) efetivamente corresponda à fórmula recursiva para a determinação da estimativa de X, é necessário que $\hat{Y}(k|k\text{-}1)$ dependa apenas de $\hat{X}(k\text{-}1)$ e que as esperanças possam ser avaliadas recursivamente.

Exemplo- Considere o caso no qual a observação Y(k), em (4.85), é dada por

$$Y(k) = CX + W(k)\ ,\ \text{onde C é uma matriz lxn},\ E[W(k)]=0\ \text{e}\ E[W(i)W^T(j)]=P_w\delta(i\text{-}j)\quad(4.96)$$

sendo X e W(k) não-correlacionados, ou seja, $E[XW^T(k)]=0$, $\forall k$. Logo, $\{Y(k)\}$ representa uma seqüência de medidas de X com erro de medida $\{W(k)\}$ não-correlacionado com X.

A projeção $\hat{Y}(k|k\text{-}1)$ de Y(k) em $S(\mathbf{Y}_{k\text{-}1})$ é a mesma projeção de CX em $S(\mathbf{Y}_{k\text{-}1})$, pois $W(k) \perp S(\mathbf{Y}_{k\text{-}1})$. Logo,

$$\hat{Y}(k|k\text{-}1) = C\hat{X}(k\text{-}1)\qquad(4.97)$$

donde, de (4.95),

$$\hat{X}(k) = \hat{X}(k\text{-}1) + K(k)\Big(Y(k)-C\hat{X}(k\text{-}1)\Big)\qquad(4.98)$$

restando-nos calcular a valor do ganho K(k) em (4.98). Para tanto, notemos que de (4.96) e (4.97) temos

$$\tilde{Y}(k|k\text{-}1) = Y(k)-\hat{Y}(k) = (CX+W(k))-C\hat{X}(k\text{-}1) = C\tilde{X}(k\text{-}1)+W(k)\qquad(4.99)$$

Logo, tendo-se em vista que $X=\hat{X}(k\text{-}1)+\tilde{X}(k\text{-}1)$ e que $\tilde{X}(k\text{-}1) \perp \hat{X}(k\text{-}1)$, resulta

$$E[X\tilde{Y}^T(k|k\text{-}1)] = E[X\tilde{X}^T(k\text{-}1)]\,C^T + 0 = E[\tilde{X}(k\text{-}1)\tilde{X}^T(k\text{-}1)]\,C^T = P(k\text{-}1)\,C^T\qquad(4.100)$$

onde definimos a matriz P(k-1) como sendo a covariância do erro de estimação $\tilde{X}(k\text{-}1)$.

Adicionalmente, de (4.99),

$$E[\tilde{Y}(k|k\text{-}1)\tilde{Y}^T(k|k\text{-}1)] = C\,E[\tilde{X}(k\text{-}1)\tilde{X}^T(k\text{-}1)]\,C^T + E[W(k)W^T(k)] + 0 = CP(k\text{-}1)C^T + P_w$$
$$(4.101)$$

e de (4.95), (4.98), (4.100) e (4.101) concluimos que

$$K(k) = P(k\text{-}1)C^T\Big(CP(k\text{-}1)C^T+P_w\Big)^{-1}\qquad(4.102)$$

De modo a tornarmos a expressão (4.98) recursiva, resta-nos determinar uma forma recursiva para atualizar a matriz de covariância do erro de estimação, P(k-1), em (4.102). Para tanto, subtrai-se X de ambos os lados da equação (4.98) e substitui-se (4.99), resultando

$$\tilde{X}(k) = \tilde{X}(k\text{-}1) - K(k)\Big(C\tilde{X}(k\text{-}1)+W(k)\Big) = \Big(I-K(k)C\Big)\tilde{X}(k\text{-}1) - K(k)W(k)\qquad(4.103)$$

onde $\tilde{X}(k\text{-}1)$ e W(k) são não-correlacionados. Logo,

$$P(k) = E[\,\tilde{X}(k)\tilde{X}^T(k)\,] = \Big(I-K(k)C\Big)P(k\text{-}1)\Big(I-K(k)C\Big)^T + K(k)P_wK^T(k)\qquad(4.104)$$

e substituindo K(k) por (4.102), advém

$$P(k) = P(k-1) - P(k-1)\ C^T \Big(C\ P(k-1)\ C^T + P_w \Big)^{-1} C\ P(k-1) \qquad (4.105)$$

com condição inicial P(0).

As equações (4.98), (4.102) e (4.105) constituem um estimador recursivo. Convém ressaltar que o ganho K(k) e a matriz de covariância do erro de estimação P(k) podem ser calculados *off-line*, pois não dependem dos sinais medidos. □

4.4.6- Aspectos do Problema de Estimação

Considere o sistema discreto estocástico descrito por

$$x(k+1) = Ax(k) + Gw(k) \quad \text{(Equação de estado)} \qquad (4.106)$$
$$y(k) = Cx(k) + Fv(k) \quad \text{(Equação de saída)} \qquad (4.107)$$

e defina o conjunto de dados $Z_m = \{\ y(i)\ ,\ i \leq m\ \}$. O problema de estimação de x(k) com base nos dados assume três aspectos distintos, dependendo da relação entre os instantes m e k, conforme mostrado na Fig. 4.16.

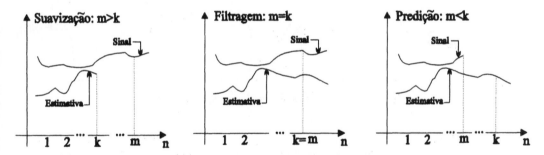

Fig. 4.16- Problemas de estimação de x(k) com base nos dados Z_m.

Para os propósitos de controle, os problemas de filtragem e predição são os mais importantes. O problema de suavização é relevante principalmente para efeitos de análise estatística dos dados experimentais.

4.5- FILTRO DE KALMAN

Considere o sistema dinâmico

$$x(k+1) = A(k)x(k) + G(k)w(k)\ ,\ \text{x-n}x1,\ \text{w-r}x1 \qquad (4.108)$$
$$y(k) = C(k)x(k) + F(k)v(k)\ ,\quad \text{y-l}x1,\ \text{v-q}x1 \qquad (4.109)$$

onde
$$E[w(k)]=0,\quad E[w(k)w^T(j)]=P_w\delta(k-j),\quad E[x(k)w^T(k)]=0,\quad E[w(k)v^T(j)]=P_{wv}\delta(k-j) \qquad (4.110)$$
$$E[v(k)]=0,\quad E[v(k)v^T(j)]=P_v\delta(k-j),\quad E[x(k)v^T(k)]=0 \qquad (4.111)$$

Observação 1- O exemplo da seção 4.4.5 pode ser encarado como um caso particular do modelo (4.108)-(4.109), fazendo-se $A(k)=I_{n \times n}$, $G(k)=0$, $C(k)=C$, $F(k)=I_{l \times l}$ e $P_v = P_w$. □

Observação 2- Na seção 4.4.5 utilizamos $\hat{X}(k-1)$ para denotar a projeção de X em $S(Y_{k-1})$. Utilizaremos agora $\hat{x}(k|k-1)$ para denotar a projeção de $x(k)$ em $S(Y_{k-1})$, uma vez que no presente caso $x(k+1)$ evolui no tempo, consoante dinâmica (4.108). □

Observação 3- Há duas diferenças básicas entre o problema considerado na presente seção e aquele tratado na seção 4.4.5: a) O sinal $x(k+1)$ a ser estimado não é uma variável aleatória, mas sim um processo estocástico, e b) Pode existir correlação entre os ruídos de estado e de medida. □

De modo a facilitar a obtenção das equações do filtro de Kalman, convém atentar para a notação introduzida na Fig. 4.17, relativa às projeções de $x(k)$ em $S(Y_{k-1})$ e $S(Y_k)$. Adicionalmente, para simplificar a notação omitiremos os índices da matrizes A, G, C e F constantes no modelo (4.108)-(4.109).

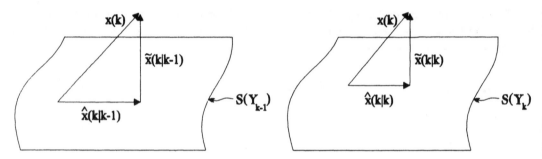

Fig. 4.17- Projeções de $x(k)$ em $S(Y_{k-1})$ e $S(Y_k)$.

Conforme já visto no exemplo da seção 4.4.5, a projeção $\hat{y}(k|k-1)$ de $y(k)$ em $S(Y_{k-1})$ é igual à projeção de $Cx(k)$ em $S(Y_{k-1})$, uma vez que $w(k) \perp S(Y_{k-1})$. Assim,

$$\hat{y}(k|k-1) = C \hat{x}(k|k-1) \qquad (4.112)$$

donde, de (4.109) e (4.112),

$$\tilde{y}(k|k-1) = y(k) - \hat{y}(k|k-1) = (Cx(k)+Fv(k)) - C\hat{x}(k|k-1) = C\tilde{x}(k|k-1) + Fv(k) \quad (4.113)$$

Neste ponto convém lembrar que, como já visto em (4.93),

$$\text{Proj. de } x(k) \text{ em } S(Y_k) = \Big(\text{Proj. de } x(k) \text{ em } S(Y_{k-1})\Big) + \Big(\text{Proj. de } x(k) \text{ em } S(\tilde{y}(k|k-1))\Big) \qquad (4.114)$$

e daí obtemos, conforme em (4.94) e com a notação da Fig. 4.17,

$$\hat{x}(k|k) = \hat{x}(k|k-1) + \Big(E[\,x(k)\tilde{y}^T(k|k-1)\,]\Big)\Big(E[\,\tilde{y}(k|k-1)\tilde{y}^T(k|k-1)\,]\Big)^{-1} \tilde{y}(k|k-1) \quad (4.115)$$

e o problema agora se resume em calcular $E[x(k)\tilde{y}^T(k|k-1)]$ e $E[\tilde{y}(k|k-1)\tilde{y}^T(k|k-1)]$.

Quanto ao cálculo de $E[x(k)\tilde{y}^T(k|k-1)]$, devemos utilizar (4.113), notar que da

Filtro de Kalman: Teoria e Implementação

Fig. 4.17 temos $E[x(k)\tilde{x}^T(k|k\text{-}1)]=E[\hat{x}(k|k\text{-}1)\tilde{x}^T(k|k\text{-}1)]+E[\tilde{x}(k|k\text{-}1)\tilde{x}^T(k|k\text{-}1)]=$
$E[\tilde{x}(k|k\text{-}1)\tilde{x}^T(k|k\text{-}1)]$ e considerar a hipótese (4.111). Deste modo, obtemos

$$E[x(k)\tilde{y}^T(k|k\text{-}1)]=E[x(k)\tilde{x}(k|k\text{-}1)]C^T+E[x(k)v^T(k)]F^T=E[\tilde{x}(k|k\text{-}1)\tilde{x}^T(k|k\text{-}1)]C^T=P(k|k\text{-}1)C^T \tag{4.116}$$

onde definimos

$$P(k|k\text{-}1) = E[\tilde{x}(k|k\text{-}1)\tilde{x}^T(k|k\text{-}1)] \tag{4.117}$$

que representa a covariância do erro de estimação $\tilde{x}(k|k\text{-}1)$.

Notemos agora que da condição (4.111), isto é, $v(k) \perp x(k)$, concluimos que $v(k) \perp \tilde{x}(k|k\text{-}1)$, ou seja, $E[v(k)\tilde{x}^T(k|k\text{-}1)]=0$. Logo, de (4.113) podemos escrever

$$E[\tilde{y}(k|k\text{-}1)\tilde{y}^T(k|k\text{-}1)] = E[(C\tilde{x}(k|k\text{-}1) + Fv(k))(C\tilde{x}(k|k\text{-}1) + Fv(k))^T] =$$

$$CE[\tilde{x}(k|k\text{-}1)\tilde{x}^T(k|k\text{-}1)]C^T + FE[v(k)v^T(k)]F^T = CP(k|k\text{-}1)C^T + FP_v F^T \tag{4.118}$$

Substituindo (4.116) e (4.118) em (4.115), resulta

$$\hat{x}(k|k) = \hat{x}(k|k\text{-}1) + P(k|k\text{-}1)C^T\Big(CP(k|k\text{-}1)C^T + FP_v F^T\Big)^{-1} \Big(y(k) - C\hat{x}(k|k\text{-}1)\Big) \tag{4.119}$$

A expressão (4.119) não está ainda na forma recursiva, pois envolve uma filtragem, $\hat{x}(k|k)$, e uma predição um passo à frente, $\hat{x}(k|k\text{-}1)$. De modo a obtermos a forma recursiva, devemos relacionar $\hat{x}(k+1|k)$ com $\hat{x}(k|k)$. Para tanto, notemos que de (4.108) podemos escrever

$$\text{Proj. de } x(k+1) \text{ em } \mathbb{S}(\mathbb{Y}_k) = \Big(\text{Proj. de } Ax(k) \text{ em } \mathbb{S}(\mathbb{Y}_k)\Big) + \Big(\text{Proj. de } Gw(k) \text{ em } \mathbb{S}(\mathbb{Y}_k)\Big) \tag{4.120}$$

ou seja

$$\hat{x}(k+1|k) = A\hat{x}(k|k) + G\hat{w}(k|k) \tag{4.121}$$

Observação 4- Notemos que $w(k)$ não é necessariamente ortogonal a $\mathbb{S}(\mathbb{Y}_k)$, uma vez que $E[w(k)v^T(k)]=P_{wv}$ e portanto, de (4.109), $E[w(k)y^T(k)]=E[w(k)v^T(k)]F^T=P_{wv}F^T$. Contudo, $w(k)$ é ortogonal a $\mathbb{S}(\mathbb{Y}_{k-1})$. Assim, a melhor estimativa de $w(k)$ dado $\mathbb{Y}_k$ é igual à melhor estimativa dado $\tilde{y}(k|k\text{-}1)$. $\qquad\square$

Com base na observação 4, temos

$$\hat{w}(k|k) = \text{Proj. de } w(k) \text{ em } \tilde{y}(k|k\text{-}1) \tag{4.122}$$

e portanto, conforme em (4.115), podemos escrever

$$\hat{w}(k|k) = \Big(E[w(k)\tilde{y}^T(k|k\text{-}1)]\Big)\Big(E[\tilde{y}(k|k\text{-}1)\tilde{y}^T(k|k\text{-}1)]\Big)^{-1} \tilde{y}(k|k\text{-}1) \tag{4.123}$$

onde, de (4.113),
$$E[w(k)\tilde{y}^T(k|k\text{-}1)] = E[w(k)\tilde{x}^T(k|k\text{-}1)]C^T + E[w(k)v^T(k)]F^T = 0 + P_{wv}F^T = P_{wv}F^T \tag{4.124}$$

Logo, de (4.118), (4.123) e (4.124) resulta

$$\hat{w}(k|k) = P_{wv}F^T \left(CP(k|k-1)C^T + FP_v F^T\right)^{-1} \tilde{y}(k|k-1) \qquad (4.125)$$

Substituindo agora (4.119) e (4.125) em (4.121), obtemos

$$\hat{x}(k+1|k) = A\hat{x}(k|k-1) + \left(AP(k|k-1)C^T + GP_{wv}F^T\right)\left(CP(k|k-1)C^T + FP_v F^T\right)^{-1}\left(y(k) - C\hat{x}(k|k-1)\right) \qquad (4.126)$$

sendo conveniente definir o ganho

$$K(k) = \left(AP(k|k-1)C^T + GP_{wv}F^T\right)\left(CP(k|k-1)C^T + FP_v F^T\right)^{-1} \qquad (4.127)$$

e reescrever (4.126) na forma

$$\hat{x}(k+1|k) = A\hat{x}(k|k-1) + K(k)\left(y(k) - C\hat{x}(k|k-1)\right) \qquad (4.128)$$

Resta-nos agora determinar uma fórmula recursiva para a matriz de covariância do erro de estimação, $P(k+1|k) = E[\tilde{x}(k+1|k)\tilde{x}^T(k+1|k)]$. Subtraindo-se a equação (4.128) de (4.108) e lembrando-se que, de (4.113), $\tilde{y}(k|k-1) = y(k) - C\hat{x}(k|k-1) = C\tilde{x}(k|k-1) + Fv(k)$, resulta

$$\tilde{x}(k+1|k) = \left(A - K(k)C\right)\tilde{x}(k|k-1) + Gw(k) - K(k)Fv(k) \qquad (4.129)$$

donde

$$E[\tilde{x}(k+1|k)\tilde{x}^T(k+1|k)] = \left(A - K(k)C\right)E[\tilde{x}(k|k-1)\tilde{x}^T(k|k-1)]\left(A - K(k)C\right)^T + GE[w(k)w^T(k)]G^T +$$

$$K(k)FE[v(k)v^T(k)]F^T K^T(k) - GE[w(k)v^T(k)]F^T K^T(k) - K(k)FE[v(k)w^T(k)]G^T \qquad (4.130)$$

ou seja,

$$P(k+1|k) = \left(A - K(k)C\right)P(k|k-1)\left(A - K(k)C\right)^T + GP_w G^T + K(k)FP_v F^T K^T(k) -$$

$$GP_{wv}F^T K^T(k) - K(k)FP^T_{wv}G^T \qquad (4.131)$$

Finalmente, substituindo-se $K(k)$, de (4.127), em (4.131) decorre

$$P(k+1|k) = AP(k|k-1)A^T - \left(AP(k|k-1)C^T + GP_{wv}F^T\right)\left(CP(k|k-1)C^T + FP_v F^T\right)^{-1}.$$

$$\left(AP(k|k-1)C^T + GP_{wv}F^T\right)^T + GP_w G^T \qquad (4.132)$$

As equações (4.127), (4.128) e (4.132), isto é

$$\hat{x}(k+1|k) = A\hat{x}(k|k-1) + K(k)\left(y(k) - C\hat{x}(k|k-1)\right) \qquad (4.133)$$

$$K(k) = \left(AP(k|k-1)C^T + GP_{wv}F^T\right)\left(CP(k|k-1)C^T + FP_v F^T\right)^{-1} \qquad (4.134)$$

$$P(k+1|k) = AP(k|k-1)A^T - \left(AP(k|k-1)C^T + GP_{wv}F^T\right)\left(CP(k|k-1)C^T + FP_v F^T\right)^{-1}.$$

$$\left(AP(k|k-1)C^T + GP_{wv}F^T\right)^T + GP_w G^T \qquad (4.135)$$

constituem o filtro de Kalman, na forma de covariância ou 1 passo à frente, para o sistema dinâmico (4.108)-(4.109).

Filtro de Kalman: Teoria e Implementação

4.5.1- Filtro de Kalman para Sistemas com Entradas Determinísticas

Suponhamos agora o sistema

$$x(k+1) = A(k)x(k) + B(k)u(k) + G(k)w(k) \ , \quad \text{x-n}x1, \ \text{u-m}x1, \ \text{w-r}x1 \quad (4.136)$$
$$y(k) = C(k)x(k) + F(k)v(k) \ , \qquad\qquad\qquad \text{y-l}x1, \ \text{v-q}x1 \qquad (4.137)$$

com $u(k)$ representando uma entrada determinística. Neste caso, temos

$$m_x(k+1) = E[x(k+1)] = Am_x(k) + Bu(k) \qquad (4.138)$$
$$m_y(k) = Cm_x(k) \qquad (4.139)$$

e definindo as variáveis centralizadas na média

$$x^c(k) = x(k) - m_x(k) \quad e \quad y^c(k) = y(k) - m_y(k) \qquad (4.140)$$

de (4.136)-(4.137) resulta

$$x^c(k+1) = Ax^c(k) + Gw(k) \qquad (4.141)$$
$$y^c(k) = Cx^c(k) + Fv(k) \qquad (4.142)$$

que possui a forma (4.108)-(4.109). Logo, conforme em (4.133) podemos escrever

$$\hat{x}^c(k+1|k) = A\hat{x}^c(k|k-1) + K(k)\left(y^c(k) - C\hat{x}^c(k|k-1)\right) \qquad (4.143)$$

e de (4.138)-(4.140) obtemos

$$\hat{x}(k+1|k) = A\hat{x}(k|k-1) + Bu(k) + K(k)\left(y(k) - C\hat{x}(k|k-1)\right) \qquad (4.144)$$

As equações relativas ao ganho $K(k)$ e à covariância $P(k+1|k)$ não são alteradas, visto que $u(k)$ é determinístico e portanto não altera a covariância do erro de estimação.

4.6- IMPLEMENTAÇÃO NUMÉRICA E SIMULAÇÕES

Apresentamos a seguir os passos relativos à implementação das equações (4.133)-(4.135) do filtro de Kalman.

1) Especifique as condições iniciais $\hat{x}(0|-1)$ e $P(0|-1)$.

2) No instante k,

    3) Leia $y(k)$, saída do sistema, e calcule

        3.a) Ganho $K(k)$, dado por (4.134)
        3.b) Estimativa $\hat{x}(k+1|k)$, dada por (4.133)

    4) Atualize a matriz de covariância $P(k+1|k)$, dada por (4.135)

5) Incremente k e retorne ao passo 2.

Exemplo- Para efeito de simulação, consideraremos o sistema mostrado na Fig. 4.3 e representado por (4.12)-(4.13), com entrada degrau u(k)=1, $0 \leq k \leq 50$; u(k)=0, $51 \leq k \leq 100$ e u(k)=1, $101 \leq k \leq 150$. As equações do filtro de Kalman foram codificadas em MATLAB e em C. Com o programa em MATLAB foram obtidas as figuras 4.18 a 4.20, utilizando condições iniciais x(0)=0, x(0|-1)=0 e P(0|-1)=1,0I_2. No primeiro gráfico da Fig. 4.18 percebe-se que a leitura y(k) difere consideravelmente do estado x_1(k), devido ao fato de que o sensor não tem acesso direto ao estado x_1(k). Mais precisamente, em (4.13) notamos que a leitura é contaminada pelo ruído v(k). No segundo gráfico da Fig. 4.18 temos o comportamento do estado x_1(k+1) e sua estimativa $\hat{x}_1$(k+1|k), obtida via filtro de Kalman. Percebe-se que a estimativa apresenta menor dispersão em torno do valor real do estado x_1(k+1) do que aquela exibida pela leitura y(k). Daí a conveniência de se utilizar o filtro de Kalman neste caso.

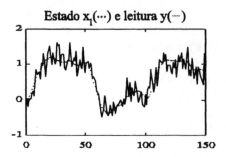
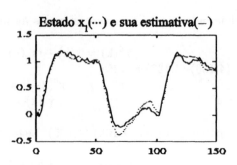

Fig. 4.18- Saída y(k), estado x_1(k+1) sua estimativa $\hat{x}_1$(k+1|k).

Na Fig. 4.19 são apresentados os estados reais e suas estimativas. Deve ser ressaltado que apenas em exemplos simulados é possível obter gráficos similares aos da Fig. 4.19, isto é, contendo os estados reais. Em aplicações são disponíveis apenas as estimativas, e a qualidade das mesmas não pode ser julgada comparando-as com os estados reais, mas sim investigando-se o comportamento da matriz P(k+1|k), que descreve a evolução do erro de estimação.

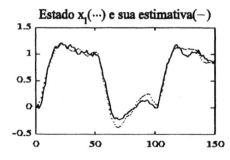
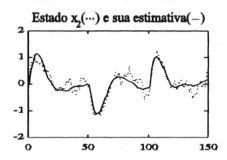

Fig. 4.19- Estados x_1(k+1) e x_2(k+1), e suas estimativas $\hat{x}_1$(k+1|k) e $\hat{x}_2$(k+1|k).

Uma vez que neste exemplo o vetor de estado tem dimensão 2 e a saída possui dimensão 1, de (4.133) conclui-se que o vetor de ganho K(k) possui dimensão 2x1. A evolução dos componentes de K(k) é mostrada na Fig. 4.20. Percebe-se que após aproximadamente 15 passos o vetor de ganho converge para seu valor de regime.

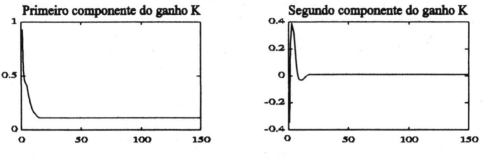

Fig. 4.20- Comportamento do ganho K(k).

4.7- APLICAÇÕES EM TEMPO REAL

Exemplo 1- Estimação dos Estados do Processo Térmico PT326 da Feedback Ltd: Um diagrama de blocos deste processo é mostrado na Fig. 4.21, tendo já sido descrito no exemplo 2 da seção 3.5.7.

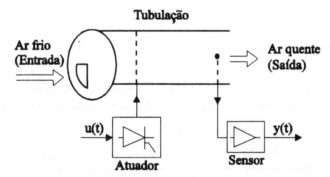

Fig. 4.21- Diagrama de blocos do Processo Térmico PT326 da Feedback.

Basicamente, este processo consiste de um soprador de ar, com abertura regulável, e uma malha resistiva para aquecer o ar, que é soprado por um tubo de polietileno. Um termistor é utilizado para determinar a temperatura do ar que circula pelo tubo, podendo ser inserido em três posições diferentes, possibilitando assim a introdução de diferentes atrasos de transporte. Neste sistema o controle u(t) é um sinal de tensão na malha resistiva e y(t) é o sinal de tensão no termistor.

Para T=0,2s, tem-se o modelo discreto

$$\begin{bmatrix} x_1(k+1) \\ x_2(k+1) \end{bmatrix} = \begin{bmatrix} 1,2272 & 1,0 \\ -0,3029 & 0 \end{bmatrix} \begin{bmatrix} x_1(k) \\ x_2(k) \end{bmatrix} + \begin{bmatrix} 0,0634 \\ 0,0978 \end{bmatrix} u(k) + \begin{bmatrix} 0,1 \\ 0,1 \end{bmatrix} w(k) \quad (4.145)$$

$$y(k) = \begin{bmatrix} 1 & 0 \end{bmatrix} \begin{bmatrix} x_1(k) \\ x_2(k) \end{bmatrix} + v(k) \quad (4.146)$$

com P_w=0,01 e P_v=0,04.

Implementou-se o algoritmo definido por (4.134), (4.135) e (4.144) em um microcomputador IBM-PC compatível, conforme arranjo mostrado na Fig. 4.22. A interface entre o microcomputador e o processo térmico foi efetuado por um cartão com conversores AD/DA tipo DT2812-A, da Data Translation (1991). O período de amostragem foi estabelecido programando-se o *timer* 0 do microcomputador, que usualmente é utilizado para atualizar o calendário. Esta programação requer o conhecimento do endereço físico do *timer* 0 e do ponteiro para o atendimento da interrupção gerada por este *timer*.

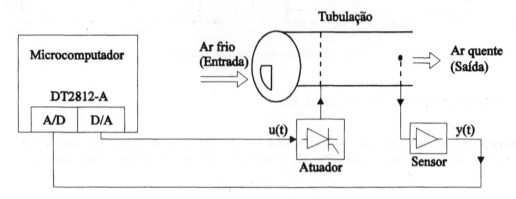

Fig. 4.22- Arranjo para estimação em tempo real dos estados do processo térmico PT326.

Na Fig. 4.23 tem-se cópia da tela do microcomputador, mostrando-se uma realização típica da saída y(k+1) e das estimativas $\hat{x}_1(k+1|k)$ e $\hat{x}_2(k+1|k)$ para entrada u(k)=2, $0 \leq k < 50$.

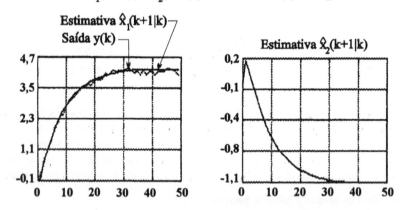

Fig. 4.23- Realização típica da saída y(k+1) e das estimativas $\hat{x}_1(k+1|k)$ e $\hat{x}_2(k+1|k)$.

Convém ressaltar que se for utilizado um microcomputador a 12MHz e com coprocessador, aproximadamente 4ms são necessários para o cálculo as estimativas dos estados.

Na Fig. 4.24 mostra-se a evolução dos dois componentes do vetor de ganho K(k).

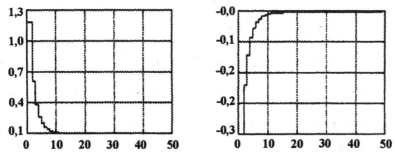

Fig. 4.24- Evolução do primeiro e do segundo componentes do vetor de ganho K(k).

Objetivando-se explicitar a robustez do filtro de Kalman a variações nos parâmetros de projeto, considera-se três casos a seguir. Na Fig. 4.25 mostra-se uma realização típica da saída y(k+1) e das estimativas $\hat{x}_1(k+1|k)$ e $\hat{x}_2(k+1|k)$ injetando-se ruído de medida com variância maior que o valor de P_v utilizado no filtro de Kalman, via gerador de ruído HP3722A.

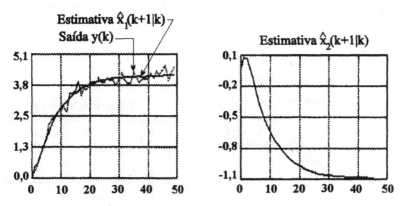

Fig. 4.25- Mesmas variáveis da Fig. 4.23, com ruído mais intenso.

Devido ao ruído mais intenso, a saída y(k) na Fig. 4.25 apresenta variações maiores que as exibidas na Fig. 4.23. Contudo, a estimativa $\hat{x}_1(k+1|k)$ não se deteriorou demasiamamente em relação ao comportamento mostrado na Fig. 4.23.

Situação bem mais desfavorável se refere ao caso em que há especificação incorreta da dinâmica do sistema, isto é, quando o filtro de Kalman utiliza um modelo dinâmico que não representa adequadamente o sistema de interesse. De modo a explicitar este fato, variou-se a abertura da janela que controla a entrada de ar na Fig. 4.22. Caso a janela seja fechada, reduz-se a admissão de ar, e portanto uma mesma potência elétrica permite elevar mais a temperatura do ar. Assim, fechar a janela implica elevar o ganho do sistema. Analogamente, a abertura da janela implica redução do ganho.

Na Fig. 4.26 tem-se as mesmas variáveis da Fig. 4.23, abrindo-se porém a janela de admissão de ar da Fig. 4.22. Assim, o filtro de Kalman utiliza um modelo que possui ganho maior que o efetivamente exibido pelo sistema. Na Fig. 4.26 a estimativa $\hat{x}_1(k+1|k)$ não mais se entrelaça com a leitura y(k), devido ao erro de ganho. Mais precisamente, por operar com um ganho maior que o real, o filtro de Kalman origina estimativa com valor médio maior que o valor médio da saída y(k), que devido a (4.146) equivale ao valor médio do estado $x_1(k)$. Resumindo, a estimativa $\hat{x}_1(k+1|k)$ é polarizada.

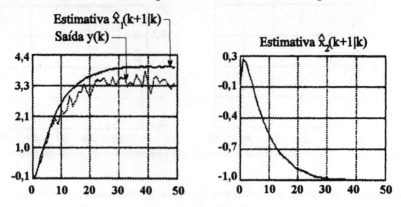

Fig. 4.26- Mesmas variáveis da Fig. 4.23, reduzido-se o ganho do processo térmico PT326.

Na Fig. 4.27 tem-se as mesmas variáveis da Fig. 4.23, fechando-se porém a janela de admissão de ar da Fig. 4.22. Neste caso o filtro de Kalman utiliza um modelo que possui ganho menor que o efetivamente exibido pelo sistema, resultando estimativa $\hat{x}_1(k+1|k)$ com valor médio menor que o valor médio do estado $x_1(k)$, sendo portanto polarizada.

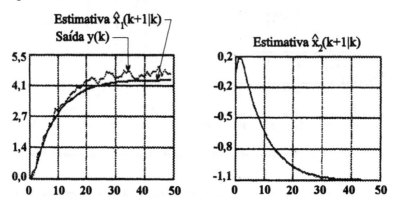

Fig. 4.27- Mesmas variáveis da Fig. 4.23, aumentando-se o ganho do processo térmico PT326. □

As figuras 4.26 e 4.27 sugerem que o desempenho do filtro de Kalman depende da disponibilidade de modelos fidedignos. No capítulo 5 retornaremos a este problema de modelagem, mas já no próximo exemplo avançaremos o fato de que o próprio filtro de Kalman pode ser utilizado também para se obter modelos dinâmicos.

Exemplo 2- Identificação do Processo Térmico PT326 da Feedback Ltda: Neste exemplo o filtro de Kalman será utilizado para determinar o modelo do processo térmico mostrado na Fig. 4.21. Esta utilização é possível devido aos comentários do exercício 2. O arranjo necessário para a identificação é similar àquele mostrado na Fig. 4.22.

Utilizando-se entrada u(k) tipo PRBS, vide capítulo 5 para detalhes, na Fig. 4.28 mostra-se uma realização típica de y(k) e u(k) com 100 pontos, obtidas com período de amostragem T=0,2s.

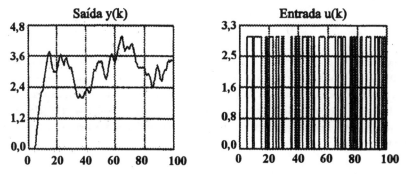

Fig. 4.28- Realização típica de y(k) para u(k) tipo PRBS.

Suponhamos agora que o sistema com entrada e saída mostradas na Fig. 4.28 seja modelado pela função de transferência

$$G(z) = \frac{b_1 z + b_2}{z^2 - a_1 z - a_2}$$

Uma vez que os parâmetros a_1, a_2, b_1 e b_2 são desconhecidos, podemos definir o vetor de estado $x=[a_1 \quad a_2 \quad b_1 \quad b_2]^T$ e a seguir estimá-lo empregando o filtro e Kalman. Usando-se este procedimento e as realizações da Fig. 4.28, resultaram as estimativas paramétricas mostradas na Fig. 4.29.

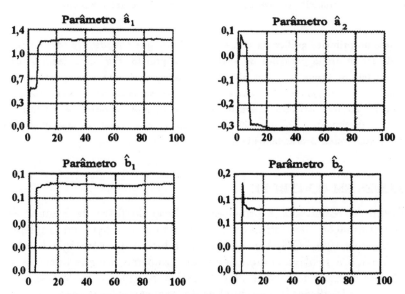

Fig. 4.29- Comportamento das estimativas paramétricas.

Embora a Fig. 4.29 não permita diretamente tal conclusão, devido à baixa resolução, os valores finais das estimativas paramétricas foram $\hat{a}_1(100)=1,2272$, $\hat{a}_2(100)=-0,3029$, $\hat{b}_1(100)=0,0634$ e

$\hat{b}_2(100)=0{,}0978$. Conclui-se portanto que o processo térmico PT326 pode ser modelado pela função de transferência

$$G(z) = \frac{Y(z)}{U(z)} = \frac{\hat{b}_1 z + \hat{b}_2}{z^2 - \hat{a}_1 z - \hat{a}_2} = \frac{0{,}0634z + 0{,}0978}{z^2 - 1{,}2272z + 0{,}3029} \tag{4.147}$$

A qualidade do modelo (4.147) pode ser avaliada aplicando-se, por exemplo, um entrada tipo degrau ao PT326 e ao modelo (4.147), e a seguir comparando-se as respostas. No primeiro gráfico da Fig. 4.30 mostram-se os comportamentos de $y_{sim}(k)$, que denota a saída calculada via modelo (4.147), e $y_{PT326}(k)$, saída do processo físico, para entrada degrau com amplitude 2V. No segundo gráfico mostra-se $y_{PT326}(k)$ e a resposta obtida repetindo-se o procedimento anterior, supondo-se porém um modelo de primeira ordem.

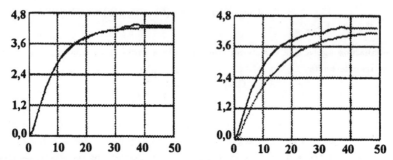

Fig. 4.30- Comportamento de $y_{sim}(k)$ e $y_{PT326}(k)$ para entrada degrau com amplitude 2V, para modelos de segunda e primeira ordem, respectivamente.

Com base no primeiro gráfico da Fig. 4.30 conclui-se que o modelo (4.147) é fidedigno. Assim, este modelo pode ser utilizado para fins de análise ou de projeto. Por outro lado, o segundo gráfico mostra que um modelo de primeira ordem não descreve adequadamente o comportamento do sistema. Assim, o problema de modelagem envolve não somente a determinação dos parâmetros adequados, mas também a especificação da estrutura conveniente. Neste exemplo arbitrou-se estrutura de segunda ordem, devido a conhecimentos prévios sobre o sistema. O caso geral de identificação estrutural e paramétrica será tratado mais profundamente no capítulo 5. □

4.8- APLICAÇÕES EM CONTROLE

Conforme já ressaltado, a principal aplicação do filtro de Kalman em controle consiste na determinação das estimativas de estado para efeito da implementação da estratégia de controle tipo LQG. Um diagrama de blocos da estratégia LQG é mostrado na Fig. 4.31. Devido à relativa complexidade do problema, iremos iniciar a análise pela estratégia LQ, isto é, supondo modelo determinístico. A seguir consideraremos o problema estocástico com estado disponível, e finalmente analisaremos o caso mostrado na Fig. 4.31, no qual o estado não está disponível para realimentação, sendo estimado recursivamente via filtro de Kalman.

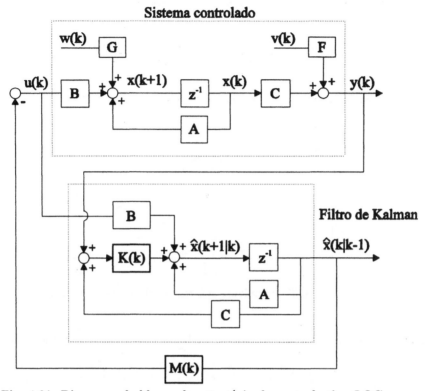

Fig. 4.31- Diagrama de blocos da estratégia de controle tipo LQG.

4.8.1- Caso Determinístico

Considere o sistema

$$x(k+1) = Ax(k) + Bu(k), \quad x(0) \text{ dado} \qquad (4.148)$$

e o custo

$$J_{0,N}(U_{0,N}) = \sum_{k=0}^{N-1} \|Qx(k)+Ru(k)\|^2 + x^T(N)\bar{Q}x(N) \qquad (4.149)$$

com $\bar{Q}$ não-negativa definida, $R^T R$ positiva definida e

$$U_{0,N} = (u(0),u(1),\ldots,u(N-1)) \qquad (4.150)$$

Seja

$$U^*_{0,N} = (u^*(0),u^*(1),\ldots,u^*(N-1)) \qquad (4.151)$$

a seqüência de controle que minimiza (4.149),

$$x^*(0), \ x^*(1), \ x^*(2), \ \ldots, \ x^*(N) \qquad (4.152)$$

a trajetória correspondente, e considere o problema intermediário de se minimizar, para $0 \leq j < N$,

$$J_{j,N}(U_{j,N}) = \sum_{k=j}^{N-1} \|Qx(k)+Ru(k)\|^2 + x^T(N)\bar{Q}x(N) \qquad (4.153)$$

com condição inicial $x(j)=x^*(j)$. Graficamente, temos a Fig. 4.32.

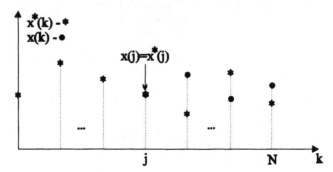

Fig. 4.32- Problema intermediário de otimização.

Proposição 1 (Princípio da otimalidade de Bellman): A seqüência de controle

$$U^*_{j,N} = (u^*(j), u^*(j+1), \ldots, u^*(N-1)) \qquad (4.154)$$

minimiza (4.153), ou seja, se o controle $U^*_{0,N}$ é ótimo para o problema completo (4.149), então $U^*_{j,N}$ é ótimo para os últimos N−j estágios partindo-se de $x^*(j)$.

Verificação: Vide Davis e Vinter (1985). □

Definição 1 (Função valor-*value function*): Considere o problema intermediário, que começa no instante k com condição inicial $x(k)=x$. Define-se a função valor no instante k, representada por $V(k,x)$, como sendo o custo mínimo do problema intermediário. □

Suponha agora que $u(k)=u$ seja aplicado no instante k. Então, com base na definição anterior e em (4.149), podemos escrever

$$V(k,x) = \underset{u}{\text{Min}} \left\{ \|Qx+Ru\|^2 + V(k+1, x(k+1)=Ax+Bu) \right\} =$$

$$\underset{u}{\text{Min}} \left\{ \Big(\text{Custo pago em } k\Big) + \Big(\text{Custo mínimo de } (k+1) \text{ em diante se o controle u for aplicado no instante } k\Big) \right\} \quad (4.155)$$

que corresponde à versão discreta da equação de Bellman para o presente problema.

Filtro de Kalman: Teoria e Implementação 165

Observação 1: No instante final k=N, temos $V(N,x)=x^T\overline{Q}x$, visto que o controle nada mais pode fazer para reduzir o custo. □

Observação 2: No instante k=N−1, da observação anterior podemos escrever

$V(k+1,Ax+Bu)=V(N,Ax+Bu)=\left(Ax+Bu\right)^T\overline{Q}\left(Ax+Bu\right)$. Logo, de (4.155) resulta

$$V(N\text{-}1,x) = \underset{u}{Min}\left\{\|Qx+Ru\|^2 + \left(Ax+Bu\right)^T\overline{Q}\left(Ax+Bu\right)\right\}$$

e utilizando (4.155) novamente obtemos V(N-2,x), e assim sucessivamente. □

Teorema 1 (Teorema da Verificação-*Verification Theorem*): Suponha que a seqüência V(N-1,x), V(N-2,x), ..., V(0,x), com condição final dada pela Observação 1, isto é, $V(N,x)=x^T\overline{Q}x$, satisfaça a equação de Bellman (4.155) e que o mínimo em (4.155) seja obtido para o controle u=u°(k,x). Caso se defina

$$x^*(0) = x(0)$$
$$u^*(k) = u°(x^*(k))$$
$$x^*(k+1) = Ax^*(k) + Bu^*(k) \;,\; k=0, 1, ..., N-1$$

então

$$U^*_{0,N} = (u^*(0),u^*(1),...,u^*(N\text{-}1)) \tag{4.156}$$

corresponde ao controle ótimo e o custo mínimo é dado por V(0,x(0)).

Verificação: Vide Davis e Vinter (1985). □

Teorema 2: A solução da equação de Bellman (4.155), com condição final $V(N,x)=x^T\overline{Q}x$, para o sistema (4.148) com custo (4.149), é dada por

$$V(k,x) = x^T S(k)x \;, \quad k=0, 1, ..., N \tag{4.157}$$

onde

$$S(N) = \overline{Q} \tag{4.158}$$

$$S(k)=A^TS(k+1)A+Q^TQ - \left(A^TS(k+1)B+Q^TR\right)\left(B^TS(k+1)B+R^TR\right)^{-1}\left(B^TS(k+1)A+R^TQ\right),$$

$$k=N-1, N-2, ..., 1, 0 \tag{4.159}$$

e o controle ótimo é dado por

$$u(k) = u(x(k)) = -M(k)x(k) \tag{4.160}$$

onde

$$M(k) = \left(B^TS(k+1)B + R^TR\right)^{-1}\left(B^TS(k+1)A + R^TQ\right) \tag{4.161}$$

Verificação: Por indução. Vide Davis e Vinter (1985). □

4.8.2- Caso Estocástico com Estado Acessível

Considere agora o modelo

$$x(k+1) = Ax(k) + Bu(k) + Gw(k) \tag{4.162}$$

com $E[w(k)]=0$, $w(k)$ e $w(j)$ independentes; $E[w(k)w^T(j)]=I$ para $k \neq j$; $w(k)$ e $x(0)$ independentes, com $E[x(0)]=m_0$ e $E[(x(0)-m_0)(x(0)-m_0)^T]=P_0$.

O custo a ser minimizado é

$$J_{0,N}(U_{0,N}) = E[\sum_{k=0}^{N-1} \| Qx(k)+Ru(k)\|^2 + x^T(N)\overline{Q}x(N)] \tag{4.163}$$

e a versão estocástica de (4.155) é

$$V(k,x) = \underset{u}{Min}\ E[\{\ \| Qx(k)+Ru(k)\|^2+E[V(k+1,x(k+1))]\}|x(k)=x,u(k)=u] =$$

$$\underset{u}{Min}\ \{\ \| Qx+Ru\|^2 + E[V(k+1,Ax+Bu+Gw(k))]\} \tag{4.164}$$

Conforme observação 1 da seção 4.8.1, temos a condição final

$$V(N,x) = x^T\overline{Q}x \tag{4.165}$$

e $V(N-1,x)$, $V(N-2,x)$, ..., $V(0,x)$ podem ser determinadas conforme observação 2 da seção 4.8.1.

Notemos agora que é trivial escrever

$$V(N,x(N)) - V(0,x(0)) = \sum_{k=0}^{N-1}\Big(V(k+1,x(k+1)) - V(k,x(k))\Big) \tag{4.166}$$

sendo fácil mostrar que

$$E[V(0,x(0))] \leq E[\sum_{k=0}^{N-1}\| Qx(k)+Ru(k)\|^2 + x^T(N)\overline{Q}x(N)] = J_{0,N}(U_{0,N}) \tag{4.167}$$

com a última igualdade provindo de (4.163). Logo, tal qual no caso determinístico da seção 4.8.1, se $u^*(k)$ minimiza (4.164), então $U^*_{0,N}=(u^*(0),\ u^*(1),\ ...,\ u^*(N-1))$ é o controle ótimo e o custo mínimo é dado por $E[V(0,x(0))]$.

Proposição 1: A solução da equação de Bellman (4.164) é

$$V(k,x) = x^TS(k)x + \sum_{j=k}^{N-1}traço[G^T(j)S(j+1)G(j)] \tag{4.168}$$

onde $S(k)$ satisfaz (4.158)-(4.159) e o controle ótimo é dado por

$$u(k) = u(x(k)) = -M(k)x(k) \tag{4.169}$$

com $M(k)$ dado por (4.161). Adicionalmente, o custo mínimo é

$$J_{0,N}(U^*_{0,N}) = m_0^TS(0)m_0 + traço[S(0)P_0] + \sum_{k=0}^{N-1}traço[G^TS(k+1)G] \tag{4.170}$$

Filtro de Kalman: Teoria e Implementação

Verificação: Por indução. Vide Davis e Vinter (1985). □

Observação: Supondo-se que x(0) é fixo, isto é, x(0)=m_0 e P_0=0, resulta

$$J_{0,N}(U^*_{0,N}) = x^T(0)S(0)x(0) + \sum_{k=0}^{N-1} \text{traço}[G^TS(k+1)G] \qquad (4.171)$$

ou seja, a existência de ruído não altera o controle ótimo, apenas eleva o custo do controle. □

4.8.3- Caso Estocástico com Observação Parcial

Este é o caso correspondente ao sistema de controle mostrado na Fig. 4.31. Mais precisamente, ao contrário da seção 4.8.2, o vetor de estado não está disponível para realimentação, necessitando-se portanto de um estimador de estado.

Considere o sistema com modelo

$$x(k+1) = Ax(k) + Bu(k) + Gw(k) \qquad (4.172)$$
$$y(k) = Cx(k) + Fv(k) \qquad (4.173)$$

onde $w(k) \sim N(0,P_w)$, $v(k) \sim N(0,P_v)$, com $w(k)$, $v(k)$ e $x(k)$ independentes.

O problema agora se resume em determinar o controle

$$u(k) = f(\mathbb{Y}_{k-1}) \qquad (4.174)$$

que minimiza

$$J_{0,N}(U_{0,N}) = E[\sum_{k=0}^{N-1} \|Qx(k)+Ru(k)\|^2 + x^T(N)\bar{Q}x(N)] \qquad (4.175)$$

Observação 1: Se o controle admissível fosse da forma u(k)=f($\mathbb{Y}_k$), isto é, depende-se de observações até o instante k, haveria necessidade de processamento extremamente rápido, de modo a evitar atraso na aplicação do controle. Assim, para facilitar aplicação em tempo real convém supor que o controle no instante k depende apenas de observações até o instante k−1, conforme em (4.174). □

Empregando propriedade de esperança condicional, podemos reescrever o funcional custo (4.175) na forma

$$J_{0,N}(U_{0,N}) = E[\sum_{k=0}^{N-1} E[\|Qx(k)+Ru(k)\|^2|\mathbb{Y}_{k-1}] + E[x^T(N)\bar{Q}x(N)]|\mathbb{Y}_{N-1}]] \qquad (4.176)$$

Observação 2: O vetor de estado x(k) em (4.176) não é conhecido, pois por hipótese temos observações parciais. Temos então que substituir x(k) por alguma *estimativa*. □

Suponhamos que o vetor de estado x(k) seja, com base na observação anterior, substituído pela estimativa dada no primeiro gráfico da Fig. 4.17, ou seja,

$$x(k) = \hat{x}(k|k-1) + \tilde{x}(k|k-1) \qquad (4.177)$$

onde, de (4.117),

$$\tilde{x}(k|k-1) \sim N(0, P(k|k-1)) \qquad (4.178)$$

Então, de (4.177)-(4.178) podemos escrever

$$E[\| Qx(k) + Ru(k) \|^2 | \mathbf{Y}_{k-1}] = E[\left(Q\hat{x}(k|k-1) + Ru(k) + Q\tilde{x}(k|k-1)\right)^T\left(Q\hat{x}(k|k-1) + Ru(k) +\right.$$

$$\left. Q\tilde{x}(k|k-1)\right)|\mathbf{Y}_{k-1}] = \left(Q\hat{x}(k|k-1) + Ru(k)\right)^T\left(Q\hat{x}(k|k-1) + Ru(k)\right) + 0 + \text{traço}\left(QP(k|k-1)Q^T\right) =$$

$$\| Q\hat{x}(k|k-1) + Ru(k) \|^2 + \text{traço}\left(QP(k|k-1)Q^T\right) \qquad (4.179)$$

uma vez que $\hat{x}(k|k-1)$ e $u(k)$ são $\mathbf{Y}_{k-1}$-mensuráveis, isto é, funções das leituras até o instante k-1, e $\hat{x}(k|k-1)$ é ortogonal a $\mathbf{Y}_{k-1}$.

Quanto ao último termo em (4.176), temos

$$E[x^T(N)\bar{Q}x(N)|\mathbf{Y}_{N-1}] = \hat{x}^T(N|N-1)\bar{Q}\hat{x}(N|N-1) + \text{traço}\left(P(N|N-1)\bar{Q}\right) \qquad (4.180)$$

e portanto de (4.179)-(4.180) podemos reescrever o custo (4.176) na forma

$$J_{0,N}(U_{0,N}) = E[\sum_{k=0}^{N-1} \| Q\hat{x}(k|k-1) + Ru(k) \|^2 + \hat{x}^T(N|N-1)Q\hat{x}(N|N-1)] +$$

$$\sum_{k=0}^{N-1} \text{traço}\left(QP(k|k-1)Q^T\right) + \text{traço}\left(P(N|N-1)\bar{Q}\right) \qquad (4.181)$$

Notemos agora que os dois últimos termos em (4.181) não dependem do sinal de controle $u(k)$. Assim, minimizar (4.175) equivale e minimizar

$$J'_{0,N}(U_{0,N}) = E[\sum_{k=0}^{N-1} \| Q\hat{x}(k|k-1) + Ru(k) \|^2 + \hat{x}^T(N|N-1)\bar{Q}\hat{x}(N|N-1)] \qquad (4.182)$$

sujeito a, conforme equação (4.144),

$$\hat{x}(k+1|k) = A\hat{x}(k|k-1) + Bu(k) + K(k)\left(y(k) - C\hat{x}(k|k-1)\right) \triangleq A\hat{x}(k|k-1) + Bu(k) + K(k)\nu(k) \qquad (4.183)$$

Observação 3: O problema de controle ótimo (4.182)-(4.183) possui forma similar ao problema (4.162)-(4.163), com $K(k)\nu(k)$ substituindo $Gw(k)$. Devido às hipóteses, pode ser mostrado que $\nu(k)$ também é Gaussiano, com média zero e covariância dada por

$$P_{\nu}(k) = E[\nu(k)\nu^T(k)] = E[\left(y(k) - C\hat{x}(k|k-1)\right)\left(y(k) - C\hat{x}(k|k-1)\right)^T] = CP(k|k-1)C^T + FP_v F^T \qquad (4.184)$$

$\square$

Com base na observação 3, podemos normalizar $\nu(k)$ definindo

Filtro de Kalman: Teoria e Implementação

$$\nu_n(k) = \left(CP(k|k\text{-}1)C^T + FP_vF^T\right)^{-1/2}\nu(k) \tag{4.185}$$

donde, efetivamente

$$E[\nu_n(k)\nu_n^T(k)] = I \tag{4.186}$$

e de (4.183) temos

$$\hat{x}(k+1|k) = A\hat{x}(k|k\text{-}1) + Bu(k) + K(k)\left(CP(k|k\text{-}1)C^T + FP_vF^T\right)^{1/2}\nu_n(k) \triangleq$$

$$A\hat{x}(k|k\text{-}1) + Bu(k) + \overline{G}(k)\nu_n(k) \tag{4.187}$$

Notemos agora que (4.187) possui estrutura similar à equação (4.162), com a matriz G sendo substituída por $\overline{G}(k)$, onde $\overline{G}(k) = K(k)\left(CP(k|k\text{-}1)C^T + FP_vF^T\right)^{1/2}$, e ruído $w(k)$ substituído por $\nu_n(k)$. Assim, com base em (4.182), (4.187) e na seção 4.8.2 temos a seguinte proposição:

Proposição 1: A solução da equação de Bellman (4.164), relativa ao custo $J'_{0,N}(U_{0,N})$ dado por (4.182), é

$$V(k,x) = x^T S(k)x + \sum_{j=k}^{N-1} \text{traço}[\overline{G}^T(j)S(j+1)\overline{G}(j)] \tag{4.188}$$

onde $S(k)$ satisfaz (4.158)-(4.159) e o controle ótimo é dado por

$$u(k) = -M(k)\hat{x}(k|k\text{-}1) \tag{4.189}$$

com $M(k)$ conforme em (4.161). Adicionalmente, supondo-se $\hat{x}(0|\text{-}1) = m_0$, o custo mínimo é dado por

$$J_{0,N}(U^*_{0,N}) = J'_{0,N}(U^*_{0,N}) + \sum_{k=0}^{N-1}\text{traço}[Q^T P(k|k\text{-}1)Q] + \text{traço}[\hat{P}(N|N\text{-}1)\overline{Q}] =$$

$$m_0^T S(0)m_0 + \sum_{k=0}^{N-1}\text{traço}[\overline{G}^T(k)S(k+1)\overline{G}(k)] + \sum_{k=0}^{N-1}\text{traço}[Q^T P(k|k\text{-}1)Q] + \text{traço}[\hat{P}(N|N\text{-}1)\overline{Q}] \tag{4.190}$$

Verificação: A solução (4.188) segue naturalmente da seção 4.8.2 e da relação (4.187). A relação (4.189) decorre de expressão similar à da seção 4.8.2, com $x(k)$ substituído por $\hat{x}(k|k\text{-}1)$ e G por $\overline{G}(k)$. Finalmente, no custo (4.190) não aparece o termo traço$[S(0)P_0]$, em (4.170), porque no presente caso $\hat{x}(0|\text{-}1)$ é determinístico e igual a m_0. $\square$

Exemplo: Considere o processo térmico mostrado na Fig. 4.33, descrito por

$$\begin{bmatrix} x_1(k+1) \\ x_2(k+1) \end{bmatrix} = \begin{bmatrix} 0,6 & 0,4 \\ 0,1 & 0,8 \end{bmatrix}\begin{bmatrix} x_1(k) \\ x_2(k) \end{bmatrix} + \begin{bmatrix} 0,03 \\ 0,12 \end{bmatrix}u(k) + \begin{bmatrix} 0,01 \\ 0,06 \end{bmatrix}w(k) \tag{4.191}$$

$$y(k) = \begin{bmatrix} 1 & 0 \end{bmatrix}\begin{bmatrix} x_1(k) \\ x_2(k) \end{bmatrix} + v(k) \tag{4.192}$$

com w(k) ~ N(0,4); v(k) ~ N(0;0,25); w(k), v(k) e x(k) independentes.

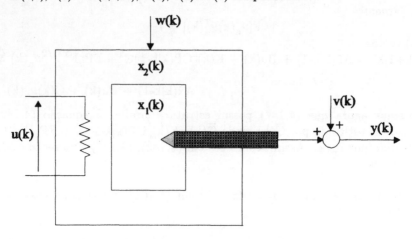

Fig. 4.33- Processo térmico com ruído de estado e de medida.

Suponhamos que o custo a ser minimizado seja

$$J_{0,21}(U_{0,21}) = E[\sum_{k=0}^{20} \| Qx(k)+Ru(k) \|^2 + x^T(21)\bar{Q}x(21)] \qquad (4.193)$$

com

$$Q = \begin{bmatrix} 7 & 0 \\ 0 & 3 \\ 0 & 0 \end{bmatrix}, \; R = \begin{bmatrix} 0 \\ 0 \\ 1 \end{bmatrix} \; e \; \bar{Q} = \begin{bmatrix} 0 & 0 \\ 0 & 0 \end{bmatrix} \qquad (4.194)$$

e que o filtro de Kalman tenha condições iniciais

$$m_0 = E[x(0)] = \hat{x}(0|-1) = \begin{bmatrix} 4 \\ 1 \end{bmatrix} \; e \; P(0|-1) = \begin{bmatrix} 10 & 0 \\ 0 & 10 \end{bmatrix} \qquad (4.195)$$

Neste exemplo o vetor de ganho M(k) é $2x1$ e a matriz S(k) é $2x2$. Uma realização do controlador LQG para condição inicial $x(0)=[0,8 \;\; 0,5]^T$ é apresentada a seguir. Na Fig. 4.34 temos o sinal de controle u(k), o vetor de ganhos M(k) do controlador e a diagonal da matriz S(k). Convém notar que os ganhos se anulam em k=20 porque $S(21)=\bar{Q}=0$.

Filtro de Kalman: Teoria e Implementação   171

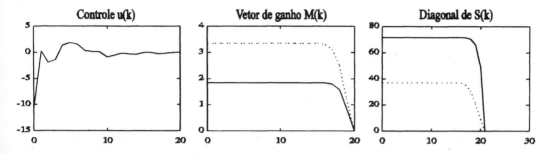

Fig. 4.34- Controle u(k), vetor de ganho M(k) do controlador e diagonal de S(k).

Na Fig. 4.35 são mostrados os estados e suas estimativas, e na Fig. 4.36 temos o vetor de ganho K(k) do estimador e a diagonal da matriz de covariância P(k+1|k).

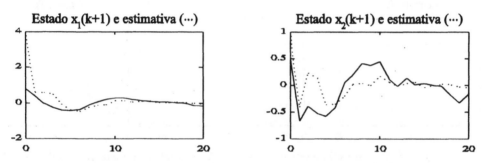

Fig. 4.35- Estados $x_1(k+1)$ e $x_2(k+1)$, e suas estimativas $\hat{x}_1(k+1|k)$ e $\hat{x}_2(k+1|k)$.

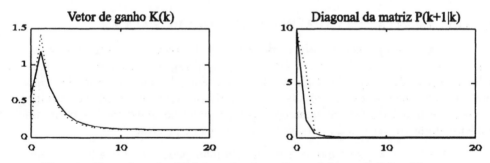

Fig. 4.36- Vetor de ganho K(k) do estimador e diagonal da matriz P(k+1|k).

Para fins comparativos, consideremos agora o caso em que há observação completa no exemplo anterior. Neste caso temos u(k)= − M(k)x(k), pois o estado é medido diretamente. Na Fig. 4.37 temos o comportamento das variáveis de interesse, para a mesma realização considerada anteriormente, fazendo-se porém x(0)=[4 1]^T.

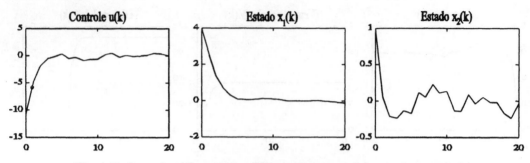

Fig. 4.37- Controle u(k) e estados $x_1(k)$ e $x_2(k)$, supondo-se estados acessíveis.

Finalmente, consideremos o caso determinístico e com estados disponíveis. As variáveis de interesse são mostradas na Fig. 4.38.

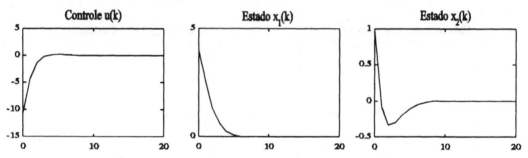

Fig. 4.38- Controle u(k) e estados $x_1(k)$ e $x_2(k)$, supondo-se sistema determinístico e estados acessíveis. □

4.9- IMPLEMENTAÇÃO PARALELA DO FILTRO DE KALMAN

Algumas aplicações, tais como rastreio de alvos via radar ou sonar, controle adaptativo e sistemas tolerantes a falha, exigem filtragem em tempo real. Nestes casos a aplicabilidade do filtro de Kalman fica limitada devido às operações matemáticas relativamente complexas envolvidas no algoritmo, tais como adição, multiplicação e inversão de matrizes. Dentre estas operações, a inversão matricial é a mais difícil de ser implementada em termos de velocidade de execução e precisão.

Mostra-se a seguir que o filtro de Kalman pode ser utilizado em aplicações que requerem altas taxas de amostragem, ou com sistemas de grande porte. Para tanto emprega-se uma arquitetura com dois DSP's tipo TMS320C30, da Texas Instruments (1990), e apresenta-se um procedimento para se paralelizar o algoritmo básico do filtro de Kalman. O núcleo da estrutura da arquitetura, mostrada na Fig. 4.39, compõe-se dos seguintes processadores:
   1) Microcomputador hospedeiro (geração de código, interface amigável com usuário, gerenciamento da arquitetura).
   2) Microcontrolador PCB80C552 (aquisição de dados, interface com o processo de interesse, execução de tarefas de baixo processamento,

comunicação com microcomputador hospedeiro).
3) Dois processadores digitais de sinal em ponto flutuante TMS320C30 (processamento numérico intensivo, comunicação com microcomputador hospedeiro e passagem de *status*).

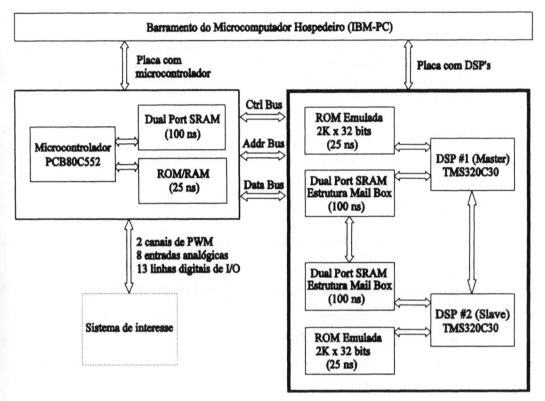

Fig. 4.39- Arquitetura paralela para implementação em tempo real do filtro de Kalman.

A comunicação entre processadores é efetuada via memória compartilhada e interrupção. A proteção de dados é obtida particionando-se o espaço endereçável de cada processador em faixas convenientes. Os conflitos de acesso são solucionados priorizando-os de forma tal que um dos DSP's atue como mestre. Convém ressaltar que a arquitetura da Fig. 4.39 é flexível e modular o suficiente para ser expandida e suportar a interligação de mais placas similares em hipercubo.

4.9.1- Paralelização do Algoritmo do Filtro de Kalman

Basicamente, explora-se a concorrência natural das equações do filtro de Kalman. Realiza-se então uma partição de *tasks* e *scheduling* para uma arquitetura com dois DSP's. Como o objetivo básico é ilustrar um método de paralelização, não se efetuou partições que implicassem baixa granulariedade, e o *scheduling* obtido não é ótimo em relação ao menor tempo de execução.

Na Tabela 1 mostra-se como o processamento pode ser particionado, de forma a dividir as operações matemáticas entre os dois DSP's. Após o particionamento, são explicitadas as relações de precedência e concorrência entre cada task, conforme mostrado na Fig. 4.40. *Tasks* alinhadas horizontalmente indicam precedência no sentido de que a *task* mais à esquerda deve ser processada antes da *task* mais à direita. *Tasks* alinhadas verticalmente indicam concorrência no sentido de que todas podem ser efetuadas simultaneamente, entretanto *tasks* mais ao topo de uma mesma coluna têm maior premência de serem processadas. Linhas unindo *tasks* simbolizam a passagem de dados que servem de entrada para *tasks* posteriores. *Tasks* interdependentes escalonadas para processadores diferentes trocam dados via memória de duplo acesso, o que representa menor probabilidade de contenção em memória, visto ser possível o acesso simultâneo por dois processadores.

Tabela 1 - Particão em *tasks* do filtro de Kalman.

No. *task*	Definição da *task*
T0	C_INT02()- Acesso a memória dual para **leitura de medida**
T1	DOWNLOAD()- Acesso a memória dual para **escrita de $\hat{x}(k|k-1)$**
T2	$AP(k|k-1)C^T$ - Cálculo de **apct**
T3	$(CP(k|k-1)C^T+FP_vF^T)^{-1}$ - Cálculo de **cpctinv**
T4	**apct.cpctinv** - Cálculo de **K(k)**
T5	$\hat{x}(k+1|k)=A\hat{x}(k|k-1)+Bu(k)+K(k)(y(k)-C\hat{x}(k|k-1))$ - Cálculo de **$\hat{x}(k+1|k)$**
T6	$AP(k|k-1)A^T$ - Cálculo de **apat**
T7	**apat-apct.cpctinv.apact^T+GP$_w$G^T** - Cálculo de **P(k+1|k)**

Após o particionamento, são explicitadas as relações de precedência e concorrência entre cada *task*, conforme mostrado na Fig. 4.40.

Filtro de Kalman: Teoria e Implementação

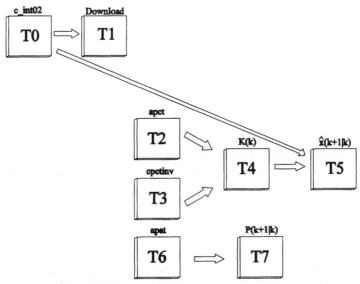

Fig. 4.40- Relação de precedência e concorrência entre *tasks*.

Uma vez explicitadas as relações de precedência e concorrência entre *tasks*, pode-se escaloná-las de forma a balancear a carga computacional entre os processadores, conforme mostrado na Fig. 4.41. Este escalonamento baseia-se no tempo de execução de cada *tasks*, operações de acesso a memória e *interlock* entre processadores.

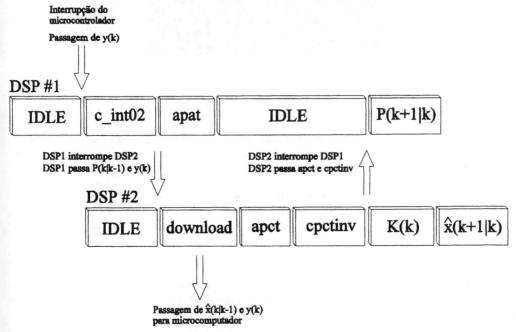

Fig. 4.41- *Scheduling* de processadores.

Exemplo de Aplicação em Tempo Real: Para efeito de aplicação, considera-se o sistema

$$\begin{bmatrix} x_1(k+1) \\ x_2(k+1) \end{bmatrix} = \begin{bmatrix} 0,9919 & 0,0608 \\ -0,2431 & 0,8724 \end{bmatrix} \begin{bmatrix} x_1(k) \\ x_2(k) \end{bmatrix} + \begin{bmatrix} 0,0081 \\ 0,2431 \end{bmatrix} u(k) + \begin{bmatrix} 0,0081 \\ 0,2431 \end{bmatrix} w(k) \quad (4.196)$$

$$y(k) = \begin{bmatrix} 1 & 0 \end{bmatrix} \begin{bmatrix} x_1(k) \\ x_2(k) \end{bmatrix} + v(k) \quad (4.197)$$

com P_w=0,1 e P_v=0,04. De modo a inserir a característica de tempo real ao problema, simulou-se no computador analógico COMDYNA GP6 o sistema contínuo que originou o modelo discreto (4.196)-(4.197). O gerador de ruídos HP3722A foi utilizado para gerar o ruído de medida v(k). Esta montagem é exibida na Fig. 4.42.

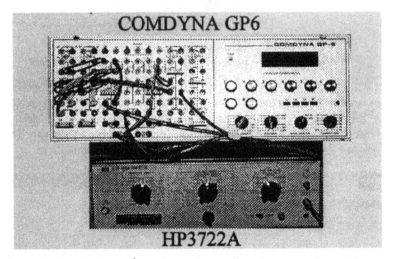

Fig. 4.42- Simulação analógica da versão contínua do sistema (4.196)-(4.197).

A leitura de y(k) foi efetuada por intermédio de microcontrolador PCB80C552 com conversor A/D de 10 bits *onchip*, sendo os gráficos obtidos com um microcomputador IBM-PC. Uma vez adquirida a leitura de y(k), o microcontrolador interrompe o DSP#1.

As estimativas obtidas em uma realização típica são mostradas na Fig. 4.43, para u(k)=1, $0 \leq k \leq 75$, a partir dos dados armazenados pelo DSP#2 na memória RAM de duplo acesso e transferidas ao microcomputador de interface com usuário, que gera os gráficos. No primeiro gráfico da Fig. 4.43 tem-se as variáveis y(k) e a estimativa $\hat{x}_1(k+1|k)$, explicitando-se assim o desempenho do filtro. No segundo gráfico tem-se a evolução da estimativa $\hat{x}_2(k+1|k)$.

De modo a se determinar o tempo necessário para o processamento do filtro de Kalman no DSP TMS320C30, utilizou-se *timers* internos à arquitetura dos DSP. Desta forma foi obtido o número de ciclos necessários tanto na versão serial quanto na versão paralela do filtro de Kalman.

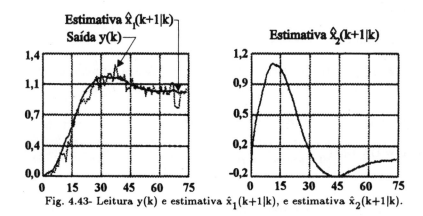

Fig. 4.43- Leitura y(k) e estimativa $\hat{x}_1(k+1|k)$, e estimativa $\hat{x}_2(k+1|k)$.

Para a aplicação considerada, verificou-se que a implementação serial, isto é, com um DSP, requer aproximadamente 146µs, enquanto que a implementação paralela, utilizando dois DSP's, requer aproximadamente 88µs. Logo, obtém-se um *speedup* de aproximadamente 166% com a implementação paralela. Convém mencionar, para efeitos comparativos, que o algoritmo serial implementado em microcomputador IBM-PC/AT-12MHz, com coprocessador, é executado em aproximadamente 5ms. □

4.10- EXERCÍCIOS

1) Considere o sistema com representação

$$x(k+1) = Ax(k) + Bu(k) + Gw(k) \qquad , \text{ A-}n\varpi n, \text{ B-}n\varpi m, \text{ G-}n\varpi 1$$
$$y(k) = Cx(k) + Fv(k) \qquad , \text{ C-}l\varpi n, \text{ F-}l\varpi 1$$

sendo o controle $u(k)$ determinístico. Sabendo-se que

$$E[w(i)w(j)] = \begin{cases} \sigma_w^2 \text{ , } i=j \\ 0, \text{ caso contrário} \end{cases}$$

$$E[v(i)v(j)] = \begin{cases} \sigma_v^2 \text{ , } i=j \\ 0, \text{ caso contrário} \end{cases}$$

$$E[w(k)] = E[v(k)] = 0, \, \forall k$$

$$E[x(k)w(k)] = [0 \cdots 0]_T \text{ , } \forall k$$

$$E[x(k)v(k)] = m_{xv}(k) \text{ , } \forall k$$

1.a) Determine a média e a covariância do processo estocástico $\{x(k+1), k \in N\}$.
1.b) Determine a média e a covariância do processo estocástico $\{y(k), k \in N\}$.
1.c) Trace os gráficos da média e da covariância do processo estocástico $\{x(k+1), k \in N\}$, explicitando os valores de regime, para $A=0,5$, $B=1$, $G=1$, $\sigma_w=1$, $E[x(0)]=0$ e $E[x^2(0)]=0,4$.

2) *Estimação paramétrica como um caso particular do Filtro de Kalman*: Considere o sistema dinâmico discreto

$$x(k+1) = Ax(k) + Gw(k) \text{ , } \qquad \text{x-}n\varpi 1, \text{ w-}r\varpi 1$$
$$y(k) = Cx(k) + Fv(k) \text{ , } \qquad \text{y-}l\varpi 1, \text{ v-}q\varpi 1$$

onde
$E[w(k)]=0$, $E[w(k)w^T(j)]=P_w\delta(k-j)$, $E[x(k)w^T(k)]=0$, $E[v(k)]=0$, $E[v(k)v^T(j)]=P_v\delta(k-j)$, $E[x(k)v^T(k)]=0$, $E[w(k)v^T(j)]=P_{wv}\delta(k-j)$.

Sabemos que a melhor estimativa, com critério valor médio quadrático, de $x(k+1)$ dadas as observações $\{\mathfrak{F}_k\}=\sigma\{y(s), s \leq k\}$ é obtida pelo filtro de Kalman:

$$\hat{x}(k+1) = A\hat{x}(k) + K(k)\Big(y(k) - C\hat{x}(k)\Big)$$

$$K(k) = \Big(AP(k)C^T + GP_{wv}F^T\Big)\Big(CP(k)C^T + FP_vF^T\Big)^{-1}$$

$$P(k+1) = AP(k)A^T - \Big(AP(k)C^T + GP_{wv}F^T\Big)\Big(CP(k)C^T + FP_vF^T\Big)^{-1}.$$
$$\Big(AP(k)C^T + GP_{wv}F^T\Big)^T + GP_wG^T$$

Filtro de Kalman: Teoria e Implementação

Considere agora o modelo ARX

$$y(t+1)=a_1 y(t)+ \cdots +a_{p_0}y(t-p_0+1)+b_1u(t)+ \cdots +b_{q_0}u(t-q_0+1)+w(t+1), \quad E[w^2(t+1)]=\sigma^2$$

sendo o vetor de parâmetros $\Theta=[a_1 \cdots a_{p_0} \, b_1 \cdots b_{q_0}]^T$ desconhecido, mas constante.

Reescreva o modelo ARX na forma de variáveis de estado, definindo o vetor de estado $x(k+1)=\Theta(k+1)$, e

2.a) Utilize o filtro de Kalman para estimar $\Theta(k+1)$.

2.b) Compare as equações obtidas com aquelas correspondentes ao método RLS, obtidas no capítulo 5.

3) Deseja-se estimar um certo parâmetro Θ, utilizando-se critério quadrático e estimador recursivo. Para tanto, supõe-se que Θ seja constante e que o sensor efetue leituras

$$y(k) = \Theta + v(k) \quad, \quad \text{com } \Theta \text{ e } v(k) \text{ não-correlacionados e } E[v(k)v(j)]=\delta(k\text{-}j)$$

Contudo, na verdade Θ é um processo estocástico descrito pela relação $\Theta(k+1)=\Theta(k)+w(k)$, com $E[w(k)w(j)]=\delta(k\text{-}j)$, sendo $\Theta(k)$, $w(k)$ e $v(k)$ não-correlacionados. Assim, um filtro de Kalman seria a melhor solução para o problema.

3.a) Determinar $\displaystyle\lim_{k\to\infty} \frac{P_r(k)}{P_s(k)}$, onde $P_s(k)$ é a covariância do erro de estimação

supondo-se Θ constante, e $P_r(k)$ a covariância do erro de estimação utilizando-se a real representação de Θ pelo processo estocástico dado acima.

Comentar o resultado.

3.b) Apresentar uma realização típica das estimativas $\hat{\Theta}_s(k+1)$ e $\hat{\Theta}_r(k+1)$.

4) Considere o problema relativo ao filtro de Kalman, com

$$x(k+1) = 0{,}5x(k) + w(k)$$
$$y(k) = x(k) + \alpha \, v(k)$$

sendo todas as variáveis escalares e $E[w(k)v(j)]=\beta\delta(k\text{-}j)$, $E[w^2(k)]=E[v^2(k)]=1$.

4.a) Explicitar as hipóteses usuais sobre o modelo em variáveis de estado acima necessárias para a obtenção do filtro de Kalman. Essas hipóteses são restritivas?

4.b) Calcular o valor de regime da covariância $P(k)$, relativa ao erro de estimação.

4.c) Fazer o gráfico de $P(k)$ em função de α, para $\beta=0$. Comentar o resultado.

4.d) Fazer o gráfico de $P(k)$ em função de β, para $\alpha=1$. Comentar o resultado.

5 - IDENTIFICAÇÃO RECURSIVA E CONTROLE ADAPTATIVO

5.1- INTRODUÇÃO

A capacidade de efetuar predição é um dos atributos básicos que se exige de qualquer atividade científica. De modo a realizar predição, é necessário que se modele, de alguma forma, os processos de interesse. Basicamente, esta etapa de modelagem pode ser efetuada de duas maneiras: utilizando-se leis físicas que descrevem o comportamento dos componentes do sistema, ou então empregando-se a abordagem *black box*, na qual o *conteúdo* do sistema é inferido processando-se estatisticamente dados experimentais de entrada e saída. Esta última abordagem é denominada Identificação de Sistemas e é indicada quando o sistema de interesse é complexo ou não muito bem compreendido. A literatura sobre identificação de sistemas é vasta. Vide Ljung (1987) e sua referências.

Intrinsecamente relacionado como o problema de identificação, temos o problema de controle adaptativo, cuja idéia básica motivadora é bastante atraente: um controlador que possa se auto-sintonizar de modo a se adequar às características do processo controlado, ou re-sintonizar caso haja variações na dinâmica deste processo ou nos distúrbios externos, é certamente desejável. Em particular, tal controlador obviamente prescindiria de uma modelagem *a priori* do processo controlado, atividade que pode ser difícil, dispendiosa e mesmo impraticável em alguns casos.

A literatura descrevendo os esforços para se obter controladores com as características supracitadas é imensa. Os primeiros resultados teóricos mais relevantes foram obtidos em Åström e Wittenmark (1973), Goodwin, Ramadge e Caines (1978), Morse (1980) e Narendra, Lin e Valavani (1980a), requerendo porém hipóteses pouco realistas, tal como a inexistência de dinâmica não-modelada. A partir da década de 80 os principais esforços se concentraram no estabecimento de algoritmos robustos de controle adaptativo, tal como em Ioannou e Tsakalis (1986), Middleton *et alii* (1988), Sastry e Bodson (1989) e Wittenmark e Källén (1991). Apesar de todos esses esforços, ainda não há consenso quanto aos benefícios que podem ser auferidos com as técnicas disponíveis de controle adaptativo, nem às limitações destas. Objetivando explicitar tais aspectos, recentemente dois *benchmarks* foram considerados em congressos internacionais (Masten e Cohen, 1988; M'Saad, 1991).

Uma conclusão que se depreende dos *benchmarks* (Masten e Cohen, 1988; M'Saad, 1991) e de várias outras aplicações de controle adaptativo em tempo real (Narendra e Monopoli, 1980b; Warwick, 1988; Åström e Wittenmark, 1989) é que controle adaptativo não é uma panacéia. Adicionalmente, a especificação de parâmetros de projeto não é em geral tarefa trivial, requerendo experimentação. Daí a necessidade de se efetuar estudos de viabilidade, ou seja, o potencial usuário deve dispor de recursos de *hardware* e *software* que lhe permitam *sintonizar* um controlador adaptativo e avaliar quão eficiente e útil este controlador pode ser para um sistema dinâmico de interesse.

5.2- IDENTIFICAÇÃO PARAMÉTRICA VIA RPEM

Nesta seção consideraremos o problema de identificação paramétrica, utilizando o RPEM. A identificação estrutural será discutida na seção 5.3.

Seja um sistema dinâmico com entrada u(k) e saída y(k), conforme abaixo,

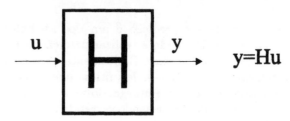

e considere a classe de modelos

$$M = \{M(\Theta) \mid \Theta \in D_M\} \quad (5.1)$$

com elementos relacionados com a predição da saída, isto é,

$$M(\Theta) : \hat{y}(k+1,\Theta) = f(k+1,Z^k,\Theta) \quad (5.2)$$

onde

$$Z^k = \{y(1), ..., y(k), u(1), ..., u(k)\} \quad (5.3)$$

sendo o mapeamento

$$Z^k \rightarrow \hat{\Theta}(k) \in D_M \quad (5.4)$$

denominado Método de Identificação Paramétrica.

É razoável assumir que a qualidade do modelo seja aferida com base na sua habilidade preditiva. Assim, para um dado modelo $M(\Theta)$, o erro de predição

$$e(k+1,\Theta) = y(k+1) - \hat{y}(k+1,\Theta) \quad (5.5)$$

é variável de fundamental interesse, afinal um bom modelo deve originar erros de predição pequenos quando aplicado aos dados experimentais. Logo, o problema de identificação pode ser encarado como um problema de otimização, isto é, a melhor estimativa de Θ no instante n é dada por

$$\hat{\Theta}(n) = \underset{\Theta \in D_M}{\text{Arg Min}} \ \frac{1}{n} \sum_{k=0}^{n-1} F(e(k+1,\Theta)) \quad (5.6)$$

com F(.) escolhida adequadamente.

Particularizemos agora a classe de modelos, supondo representação da forma ARX, isto é,

$$y(k+1) = a_1 y(k) + \cdots + a_p y(k-p+1) + b_1 u(k) + \cdots + b_q u(k-q+1) + w(k+1) \quad (5.7)$$

onde $\{w(k), \mathfrak{F}_k\}$ é um *martingale difference sequence*, isto é, $\mathfrak{F}_k$ é uma σ-álgebra crescente, $w(k)$ é $\mathfrak{F}_k$-mensurável e $E[w(k+1)|\mathfrak{F}_k]=0$ *a.s.*. Podemos obviamente reescrever (5.7) na forma

$$y(k+1) = \Phi^T(k)\Theta + w(k+1) \qquad (5.8)$$

com

$$\Theta = [a_1 \ a_2 \ \cdots \ a_p \ b_1 \ b_2 \cdots \ b_q]^T \qquad (5.9)$$

e

$$\Phi(k) = [y(k) \ y(k\text{-}1) \ \cdots \ y(k\text{-}p+1) \ u(k) \ u(k\text{-}1) \ \cdots \ u(k\text{-}q+1)]^T \qquad (5.10)$$

Conforme veremos na seção 5.4.2.1, a predição de $y(k+1)$ em (5.7) é dada por

$$\hat{y}(k+1,\Theta) = \Phi^T(k)\Theta \qquad (5.11)$$

Assim, caso suponhamos $F(.)$ quadrática em (5.6), que é um procedimento sensato, obteremos o método LS de identificação, que constitui caso particular do PEM. Mais precisamente, temos

$$\hat{\Theta}(n) = \underset{\Theta \in D_M}{\text{Arg Min}} \ \frac{1}{n} \sum_{k=0}^{n-1} w^2(k+1) = \underset{\Theta \in D_M}{\text{Arg Min}} \ W^T(n)W(n) =$$

$$\underset{\Theta \in D_M}{\text{Arg Min}} \ \left(Y(n) - X(n)\Theta\right)^T\left(Y(n) - X(n)\Theta\right) \qquad (5.12)$$

onde, de (5.8),

$$Y(n)=X(n)\Theta + W(n) \ , \ \text{com} \ \ Y(n)=\begin{bmatrix} y(1) \\ \vdots \\ y(n) \end{bmatrix}, \ W(n)=\begin{bmatrix} w(1) \\ \vdots \\ w(n) \end{bmatrix} \ \text{e} \ X(n)=\begin{bmatrix} \Phi^T(0) \\ \vdots \\ \Phi^T(n\text{-}1) \end{bmatrix} \qquad (5.13)$$

Observação 1- $\Theta^T X^T(n)Y(n)$ é um escalar, donde $\Theta^T X^T(n)Y(n)=Y^T(n)X(n)\Theta$. $\square$

Observação 2- A derivada de um escalar $g(n,\Theta)$ em relação ao vetor $\Theta=[\Theta_1 \ \Theta_2 \ \cdots \ \Theta_{p+q}]^T$ é um vetor dado por

$$\frac{\partial g(n,\Theta)}{\partial \Theta} = [\ \frac{\partial g(n,\Theta)}{\partial \Theta_1} \ \cdots \ \frac{\partial g(n,\Theta)}{\partial \Theta_{p+q}}]^T \qquad \square$$

Observação 3- Para qualquer vetor v e matriz simétrica M, temos $\frac{\partial}{\partial v}(v^T M v)=2Mv$. $\square$

Com base nas observações 1-3, concluimos que

$$\frac{\partial}{\partial \Theta}\left(\left(Y(n) - X(n)\Theta\right)^T\left(Y(n) - X(n)\Theta\right)\right) = -2X^T(n)Y(n) + 2X^T(n)X(n)\Theta \qquad (5.14)$$

e portanto, se $X^T(n)X(n)$ possuir inversa, a solução de (5.12) é dada por

$$\hat{\Theta}(n) = \left(X^T(n)X(n)\right)^{-1} X^T(n)Y(n) \qquad (5.15)$$

Finalmente, substituindo $X(n)$ e $Y(n)$ definidos em (5.13), resulta a estimativa

$$\hat{\Theta}(n) = \left(\sum_{k=0}^{n-1} \Phi(k)\Phi^T(k) \right)^{-1} \sum_{k=0}^{n-1} \Phi(k)y(k+1) \qquad (5.16)$$

A forma (5.16) é denominada *off-line*, pois todos os dados têm que estar disponíveis antes de se iniciar a identificação. Para se obter uma forma *on-line* ou recursiva, correspondendo ao RLS, procede-se conforme a seguir. Definindo-se

$$P(n) = \left(\sum_{k=0}^{n} \Phi(k)\Phi^T(k) \right)^{-1} \qquad (5.17)$$

resulta de imediato

$$P^{-1}(n) = \sum_{k=0}^{n} \Phi(k)\Phi^T(k) = \sum_{k=0}^{n-1} \Phi(k)\Phi^T(k) + \Phi(n)\Phi^T(n) = P^{-1}(n-1) + \Phi(n)\Phi^T(n) \qquad (5.18)$$

$\square$

Observação 4- MIL(*Matrix Inversion Lemma*): Sejam A, B, C e D matrizes com dimensões compatíveis. Então,

$$(A + BCD)^{-1} = A^{-1} - A^{-1}B(DA^{-1}B + C^{-1})^{-1}DA^{-1} \qquad \square$$

Aplicando-se o MIL à equação (5.18), com $A=P^{-1}(n-1)$, $B=\Phi(n)$, $C=1$ e $D=\Phi^T(n)$, resulta

$$P(n) = \left(P^{-1}(n-1) + \Phi(n)\Phi^T(n) \right)^{-1} = P(n-1) - P(n-1)\Phi(n)\left(\Phi^T(n)P(n-1)\Phi(n) + 1 \right)^{-1}\Phi^T(n)P(n-1) \qquad (5.19)$$

ou seja,

$$P(n) = P(n-1) - \frac{P(n-1)\Phi(n)\Phi^T(n)P(n-1)}{1 + \Phi^T(n)P(n-1)\Phi(n)} \qquad (5.20)$$

Notemos agora que de (5.16), (5.17) e (5.20) podemos escrever

$$\hat{\Theta}(n+1) = \left(\sum_{k=0}^{n} \Phi(k)\Phi^T(k) \right)^{-1} \sum_{k=0}^{n} \Phi(k)y(k+1) = P(n)\left(\sum_{k=0}^{n-1} \Phi(k)y(k+1) + \Phi(n)y(n+1) \right) =$$

$$P(n-1)\left(\sum_{k=0}^{n-1} \Phi(k)y(k+1) \right) + P(n-1)\Phi(n)y(n+1) - \left(\frac{P(n-1)\Phi(n)\Phi^T(n)}{1 + \Phi^T(n)P(n-1)\Phi(n)} \right)P(n-1).$$

$$\left(\sum_{k=0}^{n-1} \Phi(k)y(k+1) \right) - \frac{P(n-1)\Phi(n)\Phi^T(n)P(n-1)}{1 + \Phi^T(n)P(n-1)\Phi(n)} \Phi(n)y(n+1) \qquad (5.21)$$

donde

$$\hat{\Theta}(n+1) = \hat{\Theta}(n) + \frac{P(n-1)\Phi(n)}{1 + \Phi^T(n)P(n-1)\Phi(n)}\left(y(n+1) - \Phi^T(n)\hat{\Theta}(n) \right) \qquad (5.22)$$

ou ainda

$$\hat{\Theta}(n+1) = \hat{\Theta}(n) + K(n)\left(y(n+1) - \Phi^T(n)\hat{\Theta}(n) \right) \qquad (5.23)$$

que possui a forma

Identificação Recursiva e Controle Adaptativo

Estimativa atual=Estimativa anterior+Ganho$x$Erro de predição, com Erro de predição=y(n+1)−$\hat{y}$(n+1)
$$(5.24)$$

Resumindo, temos o seguinte algoritmo recursivo para identificar os parâmetros (5.9) do sistema descrito pelo modelo (5.7):

Condições iniciais: $\Phi(0)$, $\hat{\Theta}(0)$ e P(-1)=cI, com c $\in$ R$^+$.
No instante n+1:
1) Leia y(n+1)
2) Calcule o valor predito da saída y(n+1), isto é, $\hat{y}$(n+1)=Φ^T(n)$\hat{\Theta}$(n)

3) Determine o ganho $\quad$ K(n)=$\dfrac{P(n\text{-}1)\Phi(n)}{1 + \Phi^T(n)P(n\text{-}1)\Phi(n)}$

4) Atualize a estimativa paramétrica, isto é,

$$\hat{\Theta}(n+1)=\hat{\Theta}(n) + K(n)\Big(y(n+1) - \hat{y}(n+1)\Big)$$

5) Atualize a matriz de covariância P(n)=$\Big(I - K(n)\Phi^T(n)\Big)$P(n-1)
6) Incremente n e retorne ao passo 1.

Observação 5- Pode ser mostrado que a estimativa $\hat{\Theta}$(n) dada por (5.16) é não-polarizada, isto é,

$$E[\hat{\Theta}(n)] = \Theta \qquad\qquad \square$$

Observação 6- Se $\{w(k+1)\}$ for tal que $\quad \text{Sup}_n E[|w(k+1)|^\alpha |\mathfrak{F}_k] < \infty$ $a.s.$ para algum $\alpha > 2$, pode ser mostrado que (Lai e Wei, 1982)

$$\| \Theta - \hat{\Theta}(n) \| = O\left(\left(\frac{\log\Big(\lambda_{max}(P(n\text{-}1))\Big)}{\lambda_{min}(P(n\text{-}1))}\right)^{1/2}\right) \quad a.s., \quad \text{se} \quad \lim_{n\to\infty}\lambda_{min}(P(n\text{-}1))\to\infty \; a.s. \qquad (5.25)$$

Assim, se $\log\Big(\lambda_{max}(P(n\text{-}1))\Big)=o\Big(\lambda_{min}(P(n\text{-}1))\Big)$ $a.s.$, concluimos que o estimador é consistente, isto é

$$\hat{\Theta}(n) \to \Theta \; a.s. \quad \text{quando } n\to\infty \qquad (5.26)$$

De (5.10) e (5.17) vemos que o comportamento dos autovalores de P(n) depende basicamente da entrada u(k), que é o sinal de excitação do sistema a ser identificado. Assim, (5.25) e (5.26) são relevantes porque estabelecem uma das condições mais fraca possível de excitação do sistema que ainda é suficiente para garantir consistência das estimativas paramétricas. $\qquad \square$

Exemplo 1: Identificação de um servomecanismo DC de velocidade- Considera-se a identificação do servomecanismo de velocidade baseado no motor DC Knapton *model 112* e tacômetro *model 111*, com aproximadamente 7V/1000rpm. Vide Fig. 5.1 para detalhes da conexão entre sistema e microcomputador. Também na Fig. 5.1 mostram-se as respostas a degrau com amplitudes 1,5V e 2V, estando a escala horizontal em múltiplos do período de amostragem T=0,1s, donde se conclui que o ganho do sistema é não-linear. Assim este exemplo de aplicação corresponde a um caso não favorável, servindo para exibir o desempenho da técnica RLS em situações realistas.

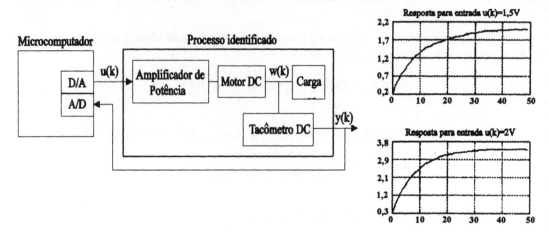

Fig. 5.1- Procedimento para identificação do servomecanismo DC de velocidade da Knapton, e respostas para u(k)=1,5V e u(k)=2V, explicitando comportamento não-linear.

Nos dois primeiros gráficos da Fig. 5.2 são mostrados os dados experimentais de uma realização particular, com sinal de entrada u(k) do tipo PRBS com amplitude 3V, que é um sinal de excitação rico em harmônicas. Para detalhes, vide seção 5.5.2.

Supondo p=2, q=2, $\Phi(0)=0$, $\hat{\Theta}(0)=0$ e $P(-1)=100I_4$ obteve-se um modelo cuja qualidade é avaliada no terceiro gráfico da Fig. 5.2, aplicando-se um degrau de amplitude 2V ao sistema real e ao modelo obtido.

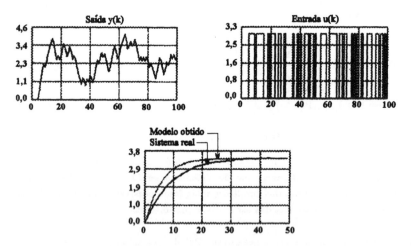

Fig. 5.2- Dados experimentais y(k) e u(k) de uma realização, e respostas ao degrau u(k)=2V do sistema real e do modelo obtido.

Na Fig. 5.3 são mostrados os comportamentos das estimativas paramétricas $\hat{a}_1(k)$, $\hat{a}_2(k)$, $\hat{b}_1(k)$ e $\hat{b}_2(k)$, que constituem o modelo para p=2 e q=2. Após um transitório, essas estimativas praticamente convergem para valores fixos.

Identificação Recursiva e Controle Adaptativo

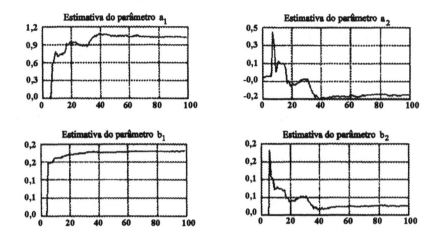

Fig. 5.3- Evolução das estimativas $\hat{a}_1(k)$, $\hat{a}_2(k)$, $\hat{b}_1(k)$ e $\hat{b}_2(k)$, para $k \in [0,100]$.

Embora não mostrado explicitamente na Fig. 5.3, devido à baixa resolução dos gráficos, os valores finais das estimativas, isto é, no instante k=100, são

$$\hat{a}_1(100)=1{,}0367 \; , \;\; \hat{a}_2(100)=-0{,}1719 \; , \;\; \hat{b}_1(100)=0{,}2015 \; , \;\; \hat{b}_2(100)=0{,}0312 \qquad (5.27)$$

e portanto a parte determinística do modelo (5.7) pode ser representada pela função de transferência

$$G(z) = \frac{Y(z)}{U(z)} = \frac{0{,}2015z + 0{,}0312}{z^2 - 1{,}0367z + 0{,}1719} \qquad (5.28)$$

que foi utilizada para obter a curva designada por "modelo obtido" no terceiro gráfico da Fig. 5.2. Naquele gráfico percebe-se que há diferença entre o comportamento transitório do modelo e do sistema, principalmente devido à característica não-linear do sistema explicitada na Fig. 5.1. Se esta diferença for intolerável, faz-se necessário realizar nova identificação, alterando-se alguns parâmetros, tal como amplitude da excitação. Maiores detalhes podem ser encontrados na seção 5.5. □

Exemplo 2: Estimação da PSD de uma série temporal- Considere o modelo AR

$$y(k) = a_1 y(k-1) + a_2 y(k-2) + \cdots + a_p y(k-p) + w(k) \; , \;\; E[w^2(k)] = \sigma^2 \qquad (5.29)$$

que pode ser reescrito na forma

$$A(q^{-1})y(k) = w(k) \qquad (5.30)$$

com

$$A(q^{-1}) = 1 - a_1 q^{-1} - a_2 q^{-2} - \cdots - a_p q^{-p} \qquad (5.31)$$

onde q^{-1} é o operador atrasador, isto é, $q^{-1}y(k)=y(k-1)$.

Observação 7- Se os coeficientes do polinômio $A(q^{-1})$ forem conhecidos, então a densidade espectral de potência $S_{yy}(z)$ de $y(k)$, onde T é o período de amostragem, é dada por

$$S_{yy}(z) = \sum_{k=-\infty}^{\infty} R_{yy}(k) z^{-k} = G(z) S_{wy}(z) = G(z) G(z^{-1}) S_{ww}(z) = \frac{1}{A(z)} \frac{1}{A(z^{-1})} S_{ww}(z) = \frac{\sigma^2}{\|A(z)\|^2} \qquad (5.32)$$

onde
$$A(z) = 1 - a_1 z^{-1} - a_2 z^{-2} - \cdots - a_p z^{-P} \tag{5.33}$$
sendo a resposta em freqüência de $S_{yy}(z)$ dada por

$$S_{yy}(wT) = \frac{\sigma^2}{\left\| A(e^{jwT}) \right\|^2} \quad , \quad w \in [0, \tfrac{w_s}{2}] = [0, \tfrac{\pi}{T}] \tag{5.34}$$

$\square$

Neste exemplo estamos interessados em aplicações nas quais os coeficientes do polinômio $A(q^{-1})$ em (5.31) são desconhecidos. Nestas aplicações há duas principais maneiras de se calcular a densidade espectral de potência: 1) *Abordagem clássica*: utiliza FFT, e 2) *Abordagem moderna*: Utiliza técnicas de identificação paramétrica.

No presente exemplo utilizaremos a *abordagem moderna*. Mais precisamente, empregaremos o método RLS para identificar os parâmetros do polinômio $A(q^{-1})$, obtendo no instante n o polinômio estimado

$$\hat{A}(q^{-1},n) = 1 - \hat{a}_1(n)q^{-1} - \hat{a}_2(n)q^{-2} - \cdots - \hat{a}_p(n)q^{-P} \tag{5.35}$$

Assim, de (5.34) concluimos que no instante n a PSD estimada é dada por

$$\hat{S}_{yy}(wT,n) = \frac{\hat{\sigma}^2(n)}{\left\| \hat{A}(e^{jwT},n) \right\|^2} \quad , \quad w \in [0, \tfrac{w_s}{2}] = [0, \tfrac{\pi}{T}] \tag{5.36}$$

onde
$$\hat{A}(e^{jwT},n) = 1 - \hat{a}_1(n)e^{-jwT} - \hat{a}_2(n)e^{-2jwT} - \cdots - \hat{a}_p(n)e^{-PjwT} = Re(w,n) + jIm(w,n) \tag{5.37}$$
que implica
$$\left\| \hat{A}(e^{jwT},n) \right\|^2 = Re^2(w,n) + Im^2(w,n) \tag{5.38}$$

Neste exemplo a série temporal é gerada aplicando-se ruído Gaussiano a um sistema dinâmico, simulado no computador analógico COMDYNA GP-6, conforme mostrado na Fig. 5.4. O cartão DT2812-A é utilizado para adquirir as amostras y(k), com período de amostragem T=0,05s. Os dois gráficos seguintes da Fig. 5.4 apresentam uma realização dos sinais y(k) e w(k). Para efeito de estimação da PSD, suporemos p=4 no modelo (5.29). No último gráfico da Fig. 5.4 temos o comportamento da PSD estimada com base nos dados experimentais, isto é, calculada consoante (5.36). Convém ressaltar que no presente caso dividimos o intervalo w=[0,π/T] em 100 pontos. Assim, no gráfico da PSD estimada o centésimo ponto do eixo horizontal corresponde a uma freqüência angular de 20πrad/s, que equivale a 10Hz.

Neste ponto convém notar que o sistema contínuo simulado na Fig 5.4 possui função de transferência $G(s)=10/(s^2 + 10s + 100)$, sendo portanto um sistema de segunda ordem com freqüência natural w_n=10rad/s e fator de amortecimento ξ=0,5. Assim, o pico em freqüência ocorre no ponto $w_m = w_n\sqrt{a}$, onde $a=1-2\xi^2$, resultando w_m=7,07rad/s, que equivale a 1,12Hz. A PSD estimada na Fig. 5.4 indica, efetivamente, que as freqüências em torno de 1Hz são acentuadas pelo sistema.

Os comportamentos das estimativas $\hat{a}_1(k)$, $\hat{a}_2(k)$, $\hat{a}_3(k)$ e $\hat{a}_4(k)$, correspondentes à realização de y(k) mostrada na Fig. 5.4 e utilizando-se as condições iniciais $\Phi(0)=0$, $P(-1)=100I_4$, $\hat{\Theta}(0)=0$ no algoritmo do RLS, são mostrados na Fig. 5.5.

O gráfico da PSD estimada na Fig. 5.4 foi obtido tomando-se os valores finais dos parâmetros mostrados na Fig. 5.5, isto é, $\hat{a}_1(300)$, $\hat{a}_2(300)$, $\hat{a}_3(300)$ e $\hat{a}_4(300)$, e substituindo-os na equação (5.35).

Identificação Recursiva e Controle Adaptativo

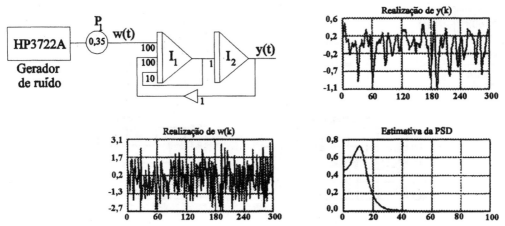

Fig. 5.4- Geração de y(k), realização de y(k) e w(k) e PSD estimada para esta realização.

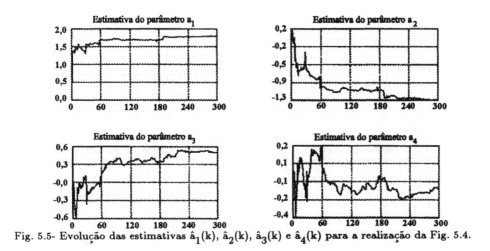

Fig. 5.5- Evolução das estimativas $\hat{a}_1(k)$, $\hat{a}_2(k)$, $\hat{a}_3(k)$ e $\hat{a}_4(k)$ para a realização da Fig. 5.4.

Aproveitando este exemplo 2, estimaremos agora a PSD quando se injeta uma senóide no sistema considerado na Fig. 5.4. O objetivo aqui é verificar se a PSD estimada indica a existência deste sinal senoidal. O novo diagrama de simulação é mostrado na Fig. 5.6. Basicamente, acrescentou-se ao sistema da Fig. 5.4 um gerador de sinal VPG608 da Feedback, que injeta uma senóide com amplitude A=4V e freqüência f=4Hz. Também na Fig. 5.6 mostra-se uma realização de y(k) e w(k). A PSD estimada com base nesta realização é mostrada no último gráfico desta figura. Constata-se que a PSD estimada indica corretamente a existência de um pico ao redor da freqüência de 4Hz.

Os comportamentos das estimativas $\hat{a}_1(k)$, $\hat{a}_2(k)$, $\hat{a}_3(k)$ e $\hat{a}_4(k)$, correspondentes à realização de y(k) mostrada na Fig. 5.6, e com as mesmas condições iniciais da Fig. 5.5, são mostradas na Fig. 5.7. O gráfico da PSD estimada na Fig. 5.6 foi obtido empregando-se procedimento similar ao utilizado para obter o gráfico da Fig. 5.4. Mais precisamente, toma-se os valores finais das estimativas na Fig. 5.7, isto é, para n=300, e utiliza-se a equação (5.35). □

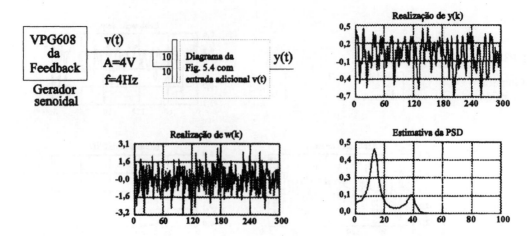

Fig. 5.6- Introdução de sinal senoidal no sistema da Fig. 5.4, realização de y(k) e w(k), e PSD estimada para esta realização.

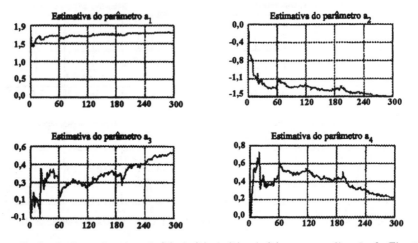

Fig. 5.7- Evolução das estimativas $\hat{a}_1(k)$, $\hat{a}_2(k)$, $\hat{a}_3(k)$ e $\hat{a}_4(k)$ para a realização da Fig. 5.6.

5.3- FORMULAÇÃO DO RPEM EM VARIÁVEIS DE ESTADO

De modo a tratar sistemas com múltiplas saídas, convém utilizar o preditor na forma de variáveis de estado, e não na forma de função de transferência considerada em (5.11). O forma do preditor neste caso é obtida via Filtro de Kalman, conforme visto no capítulo 4. A seguir apresentaremos os principais passos para a obtenção das estimativas paramétricas com esta formulação do RPEM em variáveis de estado.

Considere o sistema dinâmico descrito por

$$x(k+1) = A(\Theta)x(k) + B(\Theta)u(k) + w(k) \tag{5.39}$$

Identificação Recursiva e Controle Adaptativo

$$y(k) = C(\Theta)x(k) + v(k) \tag{5.40}$$

com as hipóteses

$$E[w(k)]=0, \quad E[w(k)w^T(j)]=P_w\delta(k\text{-}j), \quad E[x(k)w^T(k)]=0, \quad E[w(k)v^T(k)]=0 \tag{5.41}$$

e

$$E[v(k)]=0, \quad E[v(k)v^T(j)]=P_v\delta(k\text{-}j), \quad E[v(k)x^T(k)]=0 \tag{5.42}$$

Se o vetor de parâmetros Θ for conhecido, então a predição de $x(k)$ um passo à frente é dada por (4.144), isto é,

$$\hat{x}(k{+}1|k) = A(\Theta)\hat{x}(k|k\text{-}1) + B(\Theta)u(k) + K(k,\Theta)\big(y(k) - \hat{y}(k,\Theta)\big) \tag{5.43}$$

onde

$$\hat{y}(k,\Theta) = C(\Theta)\hat{x}(k|k\text{-}1) \tag{5.44}$$

sendo o erro de predição dado por

$$e(k{+}1,\Theta) = y(k{+}1) - \hat{y}(k{+}1,\Theta) \tag{5.45}$$

Consideremos agora o custo

$$V(n,\Theta) = \frac{1}{2} \sum_{k=0}^{n\text{-}1} e^2(k{+}1,\Theta) \tag{5.46}$$

O objetivo do RPEM é minimizar $V(n,\Theta)$, isto é, determinar a estimativa

$$\hat{\Theta}(n) = \operatorname*{Arg\ Min}_{\Theta \in D_M} V(n,\Theta) \tag{5.47}$$

Seja então $\hat{\Theta}(n\text{-}1)$ a estimativa ótima no instante $(n{-}1)$. Expandindo $V(n,\Theta)$ em torno desta estimativa, resulta

$$V(n,\Theta) = V(n,\hat{\Theta}(n\text{-}1)) + \dot{V}^T(n,\hat{\Theta}(n\text{-}1))\big(\Theta - \hat{\Theta}(n\text{-}1)\big) +$$
$$\frac{1}{2}\big(\Theta - \hat{\Theta}(n\text{-}1)\big)^T\ddot{V}(n,\hat{\Theta}(n\text{-}1))\big(\Theta - \hat{\Theta}(n\text{-}1)\big) + \text{TOS} \tag{5.48}$$

onde TOS são termos de ordem superior e serão desprezados. Logo, de (5.48) temos

$$\frac{\partial V(n,\Theta)}{\partial \Theta} = \dot{V}(n,\hat{\Theta}(n\text{-}1)) + \ddot{V}(n,\hat{\Theta}(n\text{-}1))\big(\Theta - \hat{\Theta}(n\text{-}1)\big) \tag{5.49}$$

e portanto $V(n,\Theta)$ é minimizada para

$$\hat{\Theta}(n) = \hat{\Theta}(n\text{-}1) - \ddot{V}^{-1}(n,\hat{\Theta}(n\text{-}1))\dot{V}(n,\hat{\Theta}(n\text{-}1)) \tag{5.50}$$

Resta-nos agora determinar uma forma recursiva para calcular $\dot{V}(n,\hat{\Theta}(n\text{-}1))$ e $\ddot{V}(n,\hat{\Theta}(n\text{-}1))$. Da definição (5.46) temos

$$V(n,\Theta) = V(n\text{-}1,\Theta) + \frac{1}{2} e^2(n,\Theta) \tag{5.51}$$

donde

$$\dot{V}(n,\Theta) = \dot{V}(n\text{-}1,\Theta) + e(n,\Theta)\frac{\partial e(n,\Theta)}{\partial \Theta} \tag{5.52}$$

Definindo-se então

$$\Phi(n,\Theta) = -\frac{\partial e(n,\Theta)}{\partial \Theta} \tag{5.53}$$

resulta

$$\dot{V}(n,\Theta) = \dot{V}(n\text{-}1,\Theta) - \Phi(n,\Theta)e(n,\Theta) \tag{5.54}$$

e

$$\ddot{V}(n,\Theta) = \ddot{V}(n\text{-}1,\Theta) + \Phi(n,\Theta)\Phi^T(n,\Theta) + \ddot{e}(n,\Theta)e(n,\Theta) \tag{5.55}$$

Observação 1- Uma vez que por hipótese $\hat{\Theta}(n\text{-}1)$ é a estimativa que minimiza $V(n\text{-}1,\Theta)$, temos obviamente $\dot{V}(n\text{-}1,\hat{\Theta}(n\text{-}1))=0$. ☐

Observação 2- Nas proximidades do ponto de mínimo $\ddot{V}(n,\Theta)$ varia lentamente. Logo, podemos escrever $\ddot{V}(n\text{-}1,\hat{\Theta}(n\text{-}1))=\ddot{V}(n\text{-}1,\hat{\Theta}(n\text{-}2))$. ☐

Observação 3- Para $\hat{\Theta}(n\text{-}1)$ nas proximidades de Θ o erro de predição é aproximadamente um ruído branco, e portanto é pequeno na média. Logo $E[\ddot{e}(n,\Theta)e(n,\Theta)]=0$ e podemos utilizar a aproximação $\ddot{e}(n,\hat{\Theta}(n\text{-}1))e(n,\hat{\Theta}(n\text{-}1))=0$. ☐

Com base na observação 1, de (5.54) temos

$$\dot{V}(n,\hat{\Theta}(n\text{-}1)) = -\Phi(n,\hat{\Theta}(n\text{-}1))e(n,\hat{\Theta}(n\text{-}1)) \tag{5.56}$$

e podemos então reescrever (5.50) na forma

$$\hat{\Theta}(n) = \hat{\Theta}(n\text{-}1) + \ddot{V}^{-1}(n,\hat{\Theta}(n\text{-}1))\Phi(n,\hat{\Theta}(n\text{-}1))e(n,\hat{\Theta}(n\text{-}1)) \tag{5.57}$$

ou seja,

$$\hat{\Theta}(n\text{+}1) = \hat{\Theta}(n) + \ddot{V}^{-1}(n\text{+}1,\hat{\Theta}(n))\Phi(n\text{+}1,\hat{\Theta}(n))e(n\text{+}1,\hat{\Theta}(n)) \tag{5.58}$$

onde $\ddot{V}(n\text{+}1,\hat{\Theta}(n))$, com base nas observações 2-3 e em (5.55), é dada por

$$\ddot{V}(n\text{+}1,\hat{\Theta}(n)) = \ddot{V}(n,\hat{\Theta}(n\text{-}1)) + \Phi(n\text{+}1,\hat{\Theta}(n))\Phi^T(n\text{+}1,\hat{\Theta}(n)) \tag{5.59}$$

Definamos agora

$$P_I(n) = \ddot{V}^{-1}(n\text{+}1,\hat{\Theta}(n)) \quad e \quad \Phi(n) = \Phi(n\text{+}1,\hat{\Theta}(n)) \tag{5.60}$$

Então, de (5.18) e (5.59) resulta

$$P_I(n) = \left(I - K_I(n)\Phi^T(n)\right)P_I(n\text{-}1) \tag{5.61}$$

onde

$$K_I(n) = \frac{P_I(n\text{-}1)\Phi(n)}{1 + \Phi^T(n)P_I(n\text{-}1)\Phi(n)} \tag{5.62}$$

e portanto (5.58) pode ser reescrita na forma

$$\hat{\Theta}(n\text{+}1) = \hat{\Theta}(n) + P_I(n)\Phi(n)e(n\text{+}1,\hat{\Theta}(n)) \tag{5.63}$$

ou ainda, de (5.61) e (5.62),

$$\hat{\Theta}(n\text{+}1) = \hat{\Theta}(n) + K_I(n)e(n\text{+}1,\hat{\Theta}(n)) \tag{5.64}$$

Identificação Recursiva e Controle Adaptativo 193

cuja forma é similar a (5.24), sendo o erro de predição e(n+1,$\hat{\Theta}$(n)) dado por (5.45), isto é,

$$e(n+1,\Theta) = y(n+1) - \hat{y}(n+1,\hat{\Theta}(n)) \tag{5.65}$$

onde, de (5.44),

$$\hat{y}(n+1,\hat{\Theta}(n)) = C(\hat{\Theta}(n))\hat{x}(n+1|n) \tag{5.66}$$

Resta-nos agora avaliar (5.53) no instante n+1, ou seja,

$$\Phi(n+1,\Theta) = -\frac{\partial e(n+1,\Theta)}{\partial\Theta} \tag{5.67}$$

De (5.44) e (5.45) resulta

$$\Phi(n+1,\Theta) = \frac{\partial\hat{y}(n+1,\Theta)}{\partial\Theta} = \frac{\partial}{\partial\Theta}\left\{C(\Theta)\hat{x}(n+1|n)\right\} \tag{5.68}$$

onde, de (5.43), $\hat{x}(n+1|n)$ é uma função de Θ. Logo,

$$\Phi(n+1,\Theta) = M_c(n,\Theta) + M_{\hat{x}}(n+1,\Theta)C^T(\Theta) \tag{5.69}$$

onde

$$M_c^T(n,\Theta) = \text{matriz cuja i-ésima coluna é } \frac{\partial C(\Theta)}{\partial\Theta_i}\,\hat{x}(n+1|n) \tag{5.70}$$

e

$$M_{\hat{x}}(n+1,\Theta) = \begin{bmatrix} \dfrac{\partial\hat{x}_1(n+1|n)}{\partial\Theta_1} & \dfrac{\partial\hat{x}_2(n+1|n)}{\partial\Theta_1} & \cdots \\[3mm] \dfrac{\partial\hat{x}_1(n+1|n)}{\partial\Theta_2} & \dfrac{\partial\hat{x}_2(n+1|n)}{\partial\Theta_2} & \cdots \\[3mm] \vdots & \vdots & \cdots \end{bmatrix} \tag{5.71}$$

e uma vez que $M_c(n,\Theta)$ é facilmente calculável, o problema se resume em calcular $M_{\hat{x}}(n+1,\Theta)$. Para tanto, basta substituir $\hat{x}(n+1|n)$ dado por (5.43), com o erro de predição dado por (5.45), isto é,

$$M_{\hat{x}}(n+1,\Theta) = \frac{\partial}{\partial\Theta}\hat{x}(n+1|n) = \frac{\partial}{\partial\Theta}\Big(A(\Theta)\hat{x}(n|n\text{-}1) + B(\Theta)u(n) + K(n,\Theta)e(n,\Theta)\Big) =$$

$$\frac{\partial}{\partial\Theta}\Big(A(\Theta)\hat{x}(n|n\text{-}1) + B(\Theta)u(n) + K(n,\Theta)e(n,\Theta)\Big)_{\hat{x}(n|n\text{-}1),\ u(n)\ e\ e(n,\Theta)\ \text{fixos}} +$$

$$M_{\hat{x}}(n,\Theta)A^T(\Theta) + M_e(n,\Theta)K^T(n,\Theta) \tag{5.72}$$

onde, de (5.67) e (5.69),

$$M_e(n,\Theta) = \frac{\partial}{\partial\Theta}\,e(n,\Theta) = -\Phi(n,\Theta) = -M_c(n\text{-}1,\Theta) - M_{\hat{x}}(n,\Theta)C^T(\Theta) \tag{5.73}$$

Definindo agora a matriz

$$M_{ABK}(n,\Theta)= \frac{\partial}{\partial\Theta}\Big(A(\Theta)\hat{x}(n|n\text{-}1) + B(\Theta)u(n) + K(n,\Theta)e(n,\Theta)\Big)_{\hat{x}(n|n\text{-}1),\ u(n)\ e\ e(n,\Theta)\ \text{fixos}} \quad (5.74)$$

resulta, de (5.72) e (5.73),

$$M_{\hat{x}}(n+1,\Theta) = M_{ABK}(n,\Theta) + M_{\hat{x}}(n,\Theta)A^T(\Theta) - M_c(n\text{-}1,\Theta)K^T(n,\Theta) -$$

$$M_{\hat{x}}(n,\Theta)C^T(\Theta)K^T(n,\Theta) \quad (5.75)$$

ou seja,

$$M_{\hat{x}}(n+1,\Theta) = M_{\hat{x}}(n,\Theta)\Big(A^T(\Theta) - C^T(\Theta)K^T(n,\Theta)\Big) + M_{ABK}(n,\Theta) - M_c(n\text{-}1,\Theta)K^T(n,\Theta)$$
$$(5.76)$$

Resumindo, temos o seguinte algoritmo para estimação paramétrica via RPEM, com preditor na forma de variáveis de estado:

Condições iniciais: $M_{\hat{x}}(1)$, $\Phi(0)$, $\hat{\Theta}(0)$, $P_I(\text{-}1)=cI$, com $c \in R^+$, e $\hat{x}(1|0)$.
No instante $n + 1$:
1) Leia $y(n+1)$

2) Calcule o valor predito da saída $y(n+1)$, conforme em (5.66),
$\hat{y}(n+1) = C(\hat{\Theta}(n))\hat{x}(n+1|n)$ e calcule o erro de predição (5.65), isto é,
$e(n+1) = y(n+1) - \hat{y}(n+1)$

3) Determine o ganho, dado por (5.62), ou seja, $\quad K_I(n) = \dfrac{P_I(n\text{-}1)\Phi(n)}{1 + \Phi^T(n)P_I(n\text{-}1)\Phi(n)}$

4) Atualize a estimativa paramétrica conforme (5.64), isto é,

$$\hat{\Theta}(n+1) = \hat{\Theta}(n) + K_I(n)\Big(y(n+1) - \hat{y}(n+1)\Big)$$

5) Atualize a matriz de covariância, (5.61), $P_I(n) = \Big(I - K_I(n)\Phi^T(n)\Big)P_I(n\text{-}1)$

6) Calcule a estimativa adaptativa do estado, via (5.43), utilizando a mais recente estimativa paramétrica, isto é,

$$\hat{x}(n+2|n+1) = A(\hat{\Theta}(n+1))\hat{x}(n+1|n) + B(\hat{\Theta}(n+1))u(n+1) + K(\hat{\Theta}(n+1))e(n+1)$$

7) Atualize a matriz $M_{\hat{x}}(n+1)$ via (5.76), utilizando a mais recente estimativa paramétrica, isto é,

$$M_{\hat{x}}(n+2) = M_{\hat{x}}(n+1)\Big(A^T(\hat{\Theta}(n+1)) - C^T(\hat{\Theta}(n+1))K^T(\hat{\Theta}(n+1))\Big) + M_{ABK}(n+1) - M_c(\hat{\Theta}(n+1))K^T(\hat{\Theta}(n+1))$$

onde, de (5.74), $M_{ABK}(n+1)=M_{ABK}(n+1,\hat{\Theta}(n+1))$, e $M_c(\hat{\Theta}(n+1))$ é dada pela equação (5.70), com Θ substituído por $\hat{\Theta}(n+1)$.

8) Determine $\Phi(n+1)$ com base em (5.60) e (5.69), utilizando a mais recente estimativa paramétrica, isto é,
$$\Phi(n+1) = \Phi(n+2,\hat{\Theta}(n+1)) = M_c(\hat{\Theta}(n+1)) + M_{\hat{x}}(n+2)C^T(\hat{\Theta}(n+1))$$

Identificação Recursiva e Controle Adaptativo

com $M_c(\hat{\Theta}(n+1))$ calculada no passo 7.

9) Incremente n e retorne ao passo 1.

Observação 4- A versão apresentada se refere ao caso em que o sistema só possui uma saída, pois o erro de predição em (5.45) é escalar. Contudo, estamos basicamente interessados no caso de saídas múltiplas. As modificações necessárias para tratar este caso são mínimas: a) Atualize $P_I(n)$ utilizando (5.59) e (5.60), isto é, $P_I^{-1}(n) = P_I^{-1}(n-1) + \Phi(n)\Phi^T(n)$, e b) Calcule a estimativa paramétrica diretamente de (5.63), isto é, $\hat{\Theta}(n+1) = \hat{\Theta}(n) + P_I(n)\Phi(n)e(n+1)$. $\square$

Exemplo- Seja o sistema descrito por

$$\begin{bmatrix} x_1(k+1) \\ x_2(k+1) \end{bmatrix} = \begin{bmatrix} 1,2629 & 1 \\ -0,3337 & 0 \end{bmatrix}\begin{bmatrix} x_1(k) \\ x_2(k) \end{bmatrix} + \begin{bmatrix} 0,0562 \\ 0,1008 \end{bmatrix}u(k) + \begin{bmatrix} w(k) \\ w(k) \end{bmatrix} \tag{5.77}$$

$$y(k) = \begin{bmatrix} 1 & 0 \\ 0 & 1 \end{bmatrix}\begin{bmatrix} x_1(k) \\ x_2(k) \end{bmatrix} + \begin{bmatrix} v(k) \\ v(k) \end{bmatrix} \tag{5.78}$$

com $E[w^2(k)] = P_w = 0,0001$ e $E[v^2(k)] = P_v = 0,001$. Neste exemplo o preditor (5.43)-(5.44) possui estrutura

$$\hat{x}(k+1|k) = \begin{bmatrix} -a_1 & 1 \\ -a_2 & 0 \end{bmatrix}\hat{x}(k|k-1) + \begin{bmatrix} b_1 \\ b_2 \end{bmatrix}u(k) + \begin{bmatrix} K_{11}(k) & K_{12}(k) \\ K_{21}(k) & K_{22}(k) \end{bmatrix}\Big(y(k) - C\hat{x}(k|k-1)\Big) \tag{5.79}$$

e

$$\hat{y}(k) = C\hat{x}(k|k-1) \quad , \quad \text{onde} \quad C = \begin{bmatrix} 1 & 0 \\ 0 & 1 \end{bmatrix} \tag{5.80}$$

com erro de predição dado por

$$e(k) = y(k) - \hat{y}(k) = \begin{bmatrix} e_1(k) \\ e_2(k) \end{bmatrix} \tag{5.81}$$

O único passo do algoritmo que requer maiores comentários é o sétimo, pois os demais são similares aos do algoritmo RLS considerado na seção 5.2. Notemos de início que neste exemplo temos oito parâmetros a identificar, isto é,

$$\Theta = [\Theta_1 \ \Theta_2 \ \Theta_3 \ \Theta_4 \ \Theta_5 \ \Theta_6 \ \Theta_7 \ \Theta_8]^T = [a_1 \ a_2 \ b_1 \ b_2 \ K_{11} \ K_{12} \ K_{21} \ K_{22}]^T \tag{5.82}$$

Notemos agora que a matriz C não depende de Θ. Logo, de (5.70) temos $M_c(\Theta) = 0$ e portanto no passo 7 do algoritmo resulta

$$M_c(\hat{\Theta}(n+1)) = 0 \ , \ \forall n \tag{5.83}$$

Adicionalmente, de (5.74) e (5.79)-(5.81) concluimos que $M_{ABK}(n,\Theta)$ é uma matriz 8x2 dada por

$$M_{ABK}(n,\Theta) = \frac{\partial}{\partial \Theta} \begin{bmatrix} -\Theta_1 \hat{x}_1(n|n-1) + \hat{x}_2(n|n-1) + \Theta_3 u(n) + \Theta_5 e_1(n) + \Theta_6 e_2(n) \\ -\Theta_2 \hat{x}_1(n|n-1) + \Theta_4 u(n) + \Theta_7 e_1(n) + \Theta_8 e_2(n) \end{bmatrix} =$$

$$\begin{bmatrix} -\hat{x}_1(n|n-1) & 0 & u(n) & 0 & e_1(n) & e_2(n) & 0 & 0 \\ 0 & -\hat{x}_1(n|n-1) & 0 & u(n) & 0 & 0 & e_1(n) & e_2(n) \end{bmatrix}^T \quad (5.84)$$

Assim, a matriz $M_{\hat{x}}(n+2)$ no passo 7 do algoritmo é, neste exemplo, dada por

$$M_{\hat{x}}(n+2) = \begin{bmatrix} -\hat{\Theta}_1(n+1) - \hat{\Theta}_5(n+1) & -\hat{\Theta}_2(n+1) - \hat{\Theta}_7(n+1) \\ 1 - \hat{\Theta}_6(n+1) & -\hat{\Theta}_8(n+1) \end{bmatrix} M_{\hat{x}}(n+1) + M_{ABK}(n+1) \quad (5.85)$$

sendo $M_{ABK}(n+1)$ obtida substituindo-se n por n+1 em (5.84).

As condições iniciais utilizadas foram as seguintes: $x(0)=[1 \; 0,5]^T$, $\hat{x}(1|0)=[0 \; 0]^T$, $P_I(-1)=10I_8$, $\Phi(0)=[0 \; 0;0 \; 0;0 \; 0;0 \; 0;0 \; 0;0 \; 0;0 \; 0;0 \; 0]$ (matriz 8x2 em formato MATLAB), $\hat{\Theta}(0)=[0 \; 0 \; 0 \; 0 \; 0 \; 0 \; 0 \; 0]^T$ e $M_{\hat{x}}(1)=[0 \; 0;0 \; 0;0 \; 0;0 \; 0;0 \; 0;0 \; 0;0 \; 0;0 \; 0]$ (matriz 8x2 em formato MATLAB). No primeiro gráfico da Fig. 5.8 mostra-se o comportamento de $x_1(k+1)$ e $\hat{x}_1(k+1|k)$, que é a estimativa adaptativa calculada conforme passo 6 do algoritmo. Para efeito de comparação, no segundo gráfico mostra-se $x_1(k+1)$ e a estimativa utilizando o conhecimento da dinâmica do sistema. Nos dois gráficos inferiores temos os erros correspondentes, constatando-se a boa qualidade da estimativa $\hat{x}_1(k+1|k)$, pois em aproximadamente 50 passos ela praticamente converge para o valor que se obteria com o conhecimento a priori dos parâmetros do sistema. Na Fig. 5.9 temos os gráficos relativos ao estado $x_2(k+1)$.

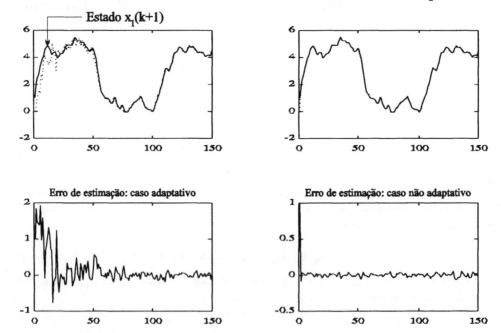

Fig. 5.8- Estado $x_1(k+1)$ e suas estimativas adaptativa e não adaptativa, com respectivos erros, relativos ao exemplo sistema (5.77)-(5.78).

Identificação Recursiva e Controle Adaptativo

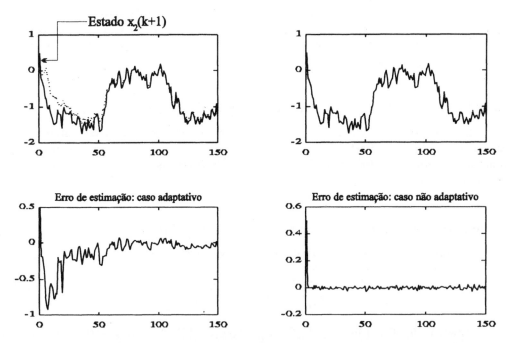

Fig. 5.9- Estado $x_2(k+1)$ e suas estimativas adaptativa e não adaptativa, com respectivos erros, relativos ao sistema (5.77)-(5.78).

A evolução dos parâmetros $\hat{a}_1(k)=\hat{\Theta}_1(k)$, $\hat{a}_2(k)=\hat{\Theta}_2(k)$, $\hat{b}_1(k)=\hat{\Theta}_3(k)$ e $\hat{b}_2(k)=\hat{\Theta}_4(k)$ é mostrada na Fig. 5.10.

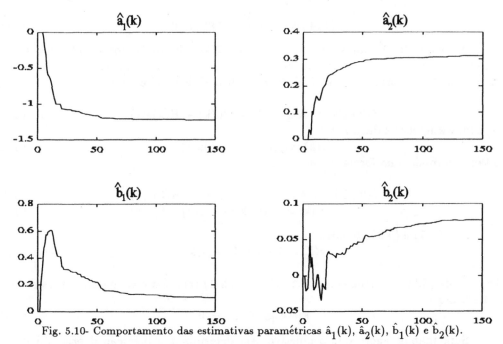

Fig. 5.10- Comportamento das estimativas paramétricas $\hat{a}_1(k)$, $\hat{a}_2(k)$, $\hat{b}_1(k)$ e $\hat{b}_2(k)$.

Nota-se que os valores finais de $\hat{a}_1(k)$ e $\hat{a}_2(k)$ não diferem substancialmente dos valores verdadeiros $a_1=-1,2629$ e $a_2=0,3337$, o que não ocorre com os valores de $\hat{b}_1(k)$ e $\hat{b}_2(k)$, cujos valores reais são $b_1=0,0562$ e $b_2=0,1008$. Essa diferença é compensada pelos demais parâmetros do vetor $\hat{\Theta}(k)$, isto é, $\hat{\Theta}_5(k)=\hat{K}_{11}(k)$, $\hat{\Theta}_6(k)=\hat{K}_{12}(k)$, $\hat{\Theta}_7(k)=\hat{K}_{21}(k)$ e $\hat{\Theta}_8(k)=\hat{K}_{22}(k)$. □

5.4- PREDIÇÃO ADAPTATIVA: MÉTODOS DIRETO E INDIRETO

Nesta seção consideraremos o problema da predição da saída de sistemas com dinâmica desconhecida. Particular atenção será dada a sistemas com representação entrada-saída, isto é, na forma de função de transferência. Isto porque a predição para sistemas com representação em variáveis de estado é feita imediatamente com base nos resultados da seção 5.3, conforme veremos na seção 5.4.1.

5.4.1- Predição Adaptativa para Sistemas em Variáveis de Estado

Considere o sistema com representação em variáveis de estado

$$x(k+1) = A(\Theta)x(k) + B(\Theta)u(k) + w(k) \qquad (5.86)$$
$$y(k) = C(\Theta)x(k) + v(k) \qquad (5.87)$$

com

$$E[w(k)]=0, \quad E[w(k)w^T(j)]=P_w\delta(k\text{-}j), \quad E[x(k)w^T(k)]=0, \quad E[w(k)v^T(k)]=0 \qquad (5.88)$$

e

$$E[v(k)]=0, \quad E[v(k)v^T(j)]=P_v\delta(k\text{-}j), \quad E[v(k)x^T(k)]=0 \qquad (5.89)$$

Suponha de início que o vetor de parâmetros Θ seja conhecido e que o objetivo seja calcular o melhor preditor um passo à frente do estado $x(k)$, isto é,

$$\hat{x}(k+1|k) = E[x(k+1)|S(Y_k)] \qquad (5.90)$$

No capítulo 4 vimos que a estimativa $\hat{x}(k+1|k)$ dada por (5.90) corresponde exatamente à melhor estimativa do estado $x(k+1)$ dadas as leituras até o instante k, sendo calculada conforme (4.144), (4.134) e (4.135). Mais precisamente, temos

$$\hat{x}(k+1|k) = A\hat{x}(k|k\text{-}1) + Bu(k) + K(k)e(k) \qquad (5.91)$$

onde a inovação $e(k)$ é dada por

$$e(k) = y(k) - C\hat{x}(k|k\text{-}1) \qquad (5.92)$$

resultando o modelo na forma de inovação

$$\hat{x}(k+1|k) = A\hat{x}(k|k\text{-}1) + Bu(k) + K(k)e(k) \qquad (5.93)$$
$$y(k) = C\hat{x}(k|k\text{-}1) + e(k) \qquad (5.94)$$

De (5.87) e (5.92) temos

$$e(k) = C\tilde{x}(k|k\text{-}1) + v(k) \qquad (5.95)$$

onde $v(k)$, de (5.89), é ortogonal a $S(Y_{k\text{-}1})$, e $\tilde{x}(k|k\text{-}1)$ também o é, conforme mostrado na Fig. 4.17. Logo,

$$E[e(k)|S(Y_{k\text{-}1})] = 0 \qquad (5.96)$$

Suponhamos agora que o objetivo seja determinar a predição d passos à frente,

Identificação Recursiva e Controle Adaptativo

isto é,

$$\hat{x}(k+d|k) = E[x(k+d)|S(Y_k)]$$ (5.97)

Utilizando recursivamente a equação (5.93), podemos escrever

$$\hat{x}(k+d|k+d-1) = A^{d-1}\hat{x}(k+1|k) + \sum_{j=k+1}^{k+d-1} A^{k+d-j-1}\Big(Bu(j) + K(j)e(j)\Big)$$ (5.98)

e de (5.97) temos

$$\hat{x}(k+d|k) = E[(E[x(k+d)|S(Y_{k+d-1}))|S(Y_k)] = E[\hat{x}(k+d|k+d-1)|S(Y_k)]$$ (5.99)

Logo, de (5.96) e (5.99) resulta

$$\hat{x}(k+d|k) = A^{d-1}\hat{x}(k+1|k) + \sum_{j=k+1}^{k+d-1} A^{k+d-j-1}Bu(j)$$ (5.100)

Observação 1- A equação (5.100) é bastante intuitiva: A predição ótima d passos à frente é obtida propagando-se a melhor estimativa do estado $x(k+1)$, isto é, a predição um passo à frente $\hat{x}(k+1|k)$ dada pelo filtro de Kalman. $\square$

Uma vez calculada a predição d passos à frente do estado, a predição da saída segue diretamente de (5.94), (5.96) e (5.100), isto é,

$$\hat{y}(k+d|k) = E[y(k+d)|S(Y_k)] = E[(C\hat{x}(k+d|k+d-1) + e(k+d))|S(Y_k)] =$$

$$E\Big[\Big(C\Big(A^{d-1}\hat{x}(k+1|k) + \sum_{j=k+1}^{k+d-1} A^{k+d-j-1}\Big(Bu(j)+K(j)e(j)\Big)\Big) + e(k+d)\Big)|S(Y_k) \Big] =$$

$$CA^{d-1}\hat{x}(k+1|k) + \sum_{j=k+1}^{k+d-1} CA^{k+d-j-1}Bu(j)$$ (5.101)

Observação 2- No nosso caso de interesse o vetor de parâmetros Θ não é conhecido. Contudo, o procedimento a ser adotado é claro: a) Identifique o vetor de parâmetros Θ, obtendo no instante k a estimativa paramétrica $\hat{\Theta}(k)$; b) Com base nesta estimativa paramétrica, determine, conforme mostrado na seção 5.3, a estimativa de estado $\hat{x}(k+1|k)$; c) Propague esta estimativa consoante (5.100) e (5.101), com $A=A(\hat{\Theta}(k))$, $B=B(\hat{\Theta}(k))$ $C=C(\hat{\Theta}(k))$. $\square$

5.4.2- Predição Adaptativa para Sistemas com Representação Entrada-Saída

Consideremos agora sistemas representados por modelos ARMAX, onde a entrada exógena é o sinal de controle $u(k)$,

$$A(q^{-1})y(k+1) = q^{-d}B(q^{-1})u(k+1) + C(q^{-1})w(k+1)$$ (5.102)

com polinômios $A(q^{-1})$, $B(q^{-1})$ e $C(q^{-1})$ da forma

$$A(q^{-1}) = 1 - a_1 q^{-1} - a_2 q^{-2} - \cdots - a_{p_0} q^{-p_0} \tag{5.103}$$

$$B(q^{-1}) = b_1 + b_2 q^{-1} + \cdots + b_{q_0} q^{-q_0+1} \tag{5.104}$$

$$C(q^{-1}) = 1 + c_1 q^{-1} + \cdots + c_{r_0} q^{-r_0} \tag{5.105}$$

onde q^{-1} é o operador atrasador, isto é, $q^{-1}y(k)=y(k-1)$. Adicionalmente, no modelo (5.102) a variável $d \geq 1$ representa atraso de transporte, e o ruído $w(k)$ é tal que

$$E[w(k)|\mathfrak{F}_{k-1}]=0 \ a.s. \quad e \quad E[w^2(k)|\mathfrak{F}_{k-1}]=\sigma^2 \ a.s. \tag{5.106}$$

onde $\mathfrak{F}_k$ é a sigma álgebra gerada pelo sinal de saída, isto é, $\mathfrak{F}_k=\sigma\{y(i),\ i \leq k\}$.

O nosso objetivo nesta seção é calcular o preditor ótimo d passos à frente, isto é,

$$y^o(k+d|k) = E[y(k+d)|\mathfrak{F}_k] \tag{5.107}$$

5.4.2.1- Versão não Adaptativa do Preditor

Suponhamos de início que os coeficientes dos polinômios (5.103)-(5.105) são conhecidos, definamos os polinômios

$$F(q^{-1}) = 1 + f_1 q^{-1} + \cdots + f_{d-1} q^{-d+1} \quad , \quad \deg[F]=d-1 \tag{5.108}$$

$$G(q^{-1}) = g_0 + g_1 q^{-1} + \cdots + g_{p_0-1} q^{-p_0+1} \quad , \quad \deg[G]=p_0-1 \tag{5.109}$$

e consideremos a equação polinomial

$$C(q^{-1}) = F(q^{-1})A(q^{-1}) + q^{-d}G(q^{-1}) \tag{5.110}$$

Multiplicando-se (5.102) por $F(q^{-1})$ resulta

$$F(q^{-1})A(q^{-1})y(k) = q^{-d}F(q^{-1})B(q^{-1})u(k) + F(q^{-1})C(q^{-1})w(k) \tag{5.111}$$

e portanto, usando a igualdade (5.110), obtemos

$$\left(C(q^{-1}) - q^{-d}G(q^{-1})\right)y(k) = q^{-d}F(q^{-1})B(q^{-1})u(k) + F(q^{-1})C(q^{-1})w(k) \tag{5.112}$$

ou seja,

$$C(q^{-1})\left(y(k)-F(q^{-1})w(k)\right) = q^{-d}F(q^{-1})B(q^{-1})u(k) + q^{-d}G(q^{-1})y(k) \tag{5.113}$$

Definamos agora a variável

$$y^o(k|k-d) = y(k) - F(q^{-1})w(k) \tag{5.114}$$

Então, de (5.113),

$$C(q^{-1})y^o(k|k-d) = q^{-d}F(q^{-1})B(q^{-1})u(k) + q^{-d}G(q^{-1})y(k) \tag{5.115}$$

ou ainda

Identificação Recursiva e Controle Adaptativo

$$C(q^{-1})y^o(k+d|k) = F(q^{-1})B(q^{-1})u(k) + G(q^{-1})y(k) = h_1(u(k),u(k-1),\dots) + h_2(y(k),y(k-1),\dots) \quad (5.116)$$

donde conluimos que $y^o(k+d|k)$ é $\mathfrak{F}_k$-mensurável, ou seja, depende de sinais apenas até o instante k. Logo, de (5.106), (5.108) e (5.114) podemos escrever

$$y^o(k+d|k) = E[y^o(k+d)|\mathfrak{F}_k] = E[(y(k+d) - F(q^{-1})w(k+d))|\mathfrak{F}_k] = E[y(k+d)|\mathfrak{F}_k] -$$

$$E[(w(k+d)+f_1w(k+d-1)+\cdots+f_{d-1}w(k+1))|\mathfrak{F}_k] = E[y(k+d)|\mathfrak{F}_k] -$$

$$E[(E[w(k+d)|\mathfrak{F}_{k+d-1})|\mathfrak{F}_k] - f_1E[(E[w(k+d-1)|\mathfrak{F}_{k+d-2})|\mathfrak{F}_k] - f_{d-1}E[w(k+1)|\mathfrak{F}_k] =$$

$$E[y(k+d)|\mathfrak{F}_k] \quad (5.117)$$

que coincide com (5.107). Concluimos assim que $y^o(k+d|k)$ dado por (5.114), isto é,

$$y^o(k+d|k) = y(k+d) - F(q^{-1})w(k+d) \quad (5.118)$$

efetivamente corresponde à predição d passos à frente da saída y(k), sendo calculada com base na equação (5.116), ou seja,

$$C(q^{-1})y^o(k+d|k) = F(q^{-1})B(q^{-1})u(k) + G(q^{-1})y(k) \ , \ \ deg[C]=r_0, \ deg[FB]=d+q_0-2, \\ deg[G]=p_0-1 \quad (5.119)$$

que pode ser reescrita na forma

$$y^o(k+d|k) = \Phi^T(k)\Theta \quad (5.120)$$

onde

$$\Phi(k) = [y(k) \ \ y(k-1) \cdots y(k-p_0+1) \ \ u(k) \ \ u(k-1) \cdots u(k-d-q_0+2) \ \ -y^o(k+d-1|k-1) \cdots$$

$$-y^o(k+d-r_0|k-r_0)]^T \quad (5.121)$$

e

$$\Theta = [g_0 \ \ g_1 \cdots g_{p_0-1} \ \ fb_0 \ \ fb_1 \cdots fb_{d+q_0-2} \ \ c_1 \cdots c_{r_0}]^T \quad (5.122)$$

5.4.2.2- Versão Adaptativa do Preditor·

Suponhamos agora que os coeficientes dos polinômios $A(q^{-1})$, $B(q^{-1})$ e $C(q^{-1})$ no modelo (5.102) não sejam conhecidos. Há dois métodos básicos para se efetuar a predição neste caso: direto e indireto. No método indireto identifica-se os parâmetros do sistema (5.102), ao passo em que no método direto identifica-se diretamente os parâmetros do preditor (5.119).

5.4.2.2.1- Método Indireto

Neste método identifica-se os coeficientes dos polinômios $A(q^{-1})$, $B(q^{-1})$ e $C(q^{-1})$, resultando, no instante k, os polinômios $\hat{A}(q^{-1},k)$, $\hat{B}(q^{-1},k)$ e $\hat{C}(q^{-1},k)$. A seguir resolve-se a versão adaptativa de (5.110), isto é,

$$\hat{C}(q^{-1},k) = \hat{F}(q^{-1},k)\hat{A}(q^{-1},k) + q^{-d}\hat{G}(q^{-1},k) \quad (5.123)$$

sendo o preditor calculado com base na versão adaptativa de (5.119), ou seja,

$$\hat{C}(q^{-1},k)\hat{y}(k+d|k) = \hat{F}(q^{-1},k)\hat{B}(q^{-1},k)u(k) + \hat{G}(q^{-1},k)y(k) \qquad (5.124)$$

Assim, resta-nos identificar os coeficientes dos polinômios $A(q^{-1})$, $B(q^{-1})$ e $C(q^{-1})$. Para tanto, convém lembrar que o RPEM analisado na seção 5.2 requer o conhecimento do erro de predição $e(k+1,\Theta)=y(k+1)-\hat{y}(k+1,\Theta)$, conforme visto na equação (5.5), ou $e(k+1)=y(k+1)-y^o(k+1|k)$ na presente notação, onde $y^o(k+1|k)$ é o preditor um passo à frente. De modo a calcular $y^o(k+1|k)$, notemos que (5.102)-(5.105) e (5.107) implicam

$$y^o(k+1|k) = E[y(k+1)|\mathfrak{F}_k] = a_1y(k) + a_2y(k-1) + \cdots + a_{p_0}y(k-p_0+1) + b_1u(k-d+1) +$$

$$b_2u(k-d) + \cdots + b_{q_0}u(k-d-q_0+2) + c_1w(k) + c_2w(k-1) + \cdots + c_{r_0}w(k-r_0+1) \qquad (5.125)$$

visto que $y(j)$ e $w(j)$, $j \leq k$, são $\mathfrak{F}_k$-mensuráveis e, de (5.106), $E[w(k+1)|\mathfrak{F}_k]=0$ *a.s.*. Logo, o preditor um passo à frente é dado por

$$y^o(k+1|k) = \Phi^T(k)\Theta \qquad (5.126)$$

onde

$$\Phi(k)=[y(k) \ \ y(k-1) \cdots y(k-p_0+1) \ \ u(k-d+1) \ \ u(k-d) \cdots u(k-d-q_0+2) \ \ w(k) \cdots w(k-r_0+1)]^T$$
$$(5.127)$$

e

$$\Theta=[a_1 \ \ a_2 \cdots a_{p_0} \ \ b_1 \ \ b_2 \cdots b_{q_0} \ \ c_1 \ \ c_2 \cdots c_{r_0}] \qquad (5.128)$$

Observação 1- Para $C(q^{-1})=1$, o modelo ARMAX (5.102) recai no modelo ARX considerado em (5.7). Assim, o algoritmo RLS apresentado na seção 5.2 pode ser utilizado para estimar o vetor de parâmetros Θ. Para $C(q^{-1}) \neq 1$, no vetor (5.127) aparece a variável $w(k)$, que não é medida. Contudo, de (5.102) e (5.125), sabemos que

$$w(k+1) \doteq y(k+1) - y^o(k+1|k) \qquad (5.129)$$

e portanto parece razoável substituir $w(k)$ em (5.127) por

$$\hat{w}(k+1) = y(k+1) - \hat{y}(k+1|k) \qquad (5.130)$$

onde, de (5.126),

$$\hat{y}(k+1|k) = \Phi^T(k)\hat{\Theta}(k) \qquad (5.131)$$

com

$$\Phi(k) = [y(k) \ \ y(k-1) \cdots y(k-p_0+1) \ \ u(k-d+1) \ \ u(k-d) \cdots u(k-d-q_0+2) \ \ \hat{w}(k) \cdots \hat{w}(k-r_0+1)]^T \quad (5.132)$$

Caso utilizemos os mesmos passos do algoritmo RLS considerado na seção 5.2, com $\Phi(k)$ definido conforme em (5.132), resulta o algoritmo de identificação denominado PLR ou ELS. $\square$

Com base na observação 1, temos o seguinte algoritmo ELS para identificar os coeficientes dos polinômios $A(q^{-1})$, $B(q^{-1})$ e $C(q^{-1})$ em (5.102):

Condições iniciais: $\Phi(0)$, $\hat{\Theta}(0)$ e $P(-1)=cI$, com $c \in R^+$.

No instante $k+1$:
1) Leia $y(k+1)$

Identificação Recursiva e Controle Adaptativo

2) Calcule o valor predito da saída y(k+1), isto é, $\hat{y}(k+1)=\Phi^T(k)\hat{\Theta}(k)$

3) Determine o ganho $\quad K(k)=\dfrac{P(k-1)\Phi(k)}{1+\Phi^T(k)P(k-1)\Phi(k)}$

4) Atualize a estimativa paramétrica, isto é,

$$\hat{\Theta}(k+1)=\hat{\Theta}(k)+K(k)\Big(y(k+1)-\hat{y}(k+1)\Big)$$

5) Atualize a matriz de covariância $\quad P(k)=\Big(I-K(k)\Phi^T(k)\Big)P(k-1)$

6) Atualize o vetor de regressão, isto é, defina $\quad \hat{w}(k+1)=y(k+1)-\hat{y}(k+1)$ e forme o vetor
$$\Phi(k+1)=[y(k+1)\;\; y(k)\;\cdots\; y(k-p_0+2)\;\; u(k-d+2)\;\; u(k-d+1)\;\cdots\; u(k-d-q_0+3)$$
$$\hat{w}(k+1)\;\cdots\;\hat{w}(k-r_0+2)]^T$$

7) Incremente k e retorne ao passo 1.

Observação 2- Se no passo 6 do algoritmo utilizarmos o erro de predição *a posteriori*, isto é, $\hat{w}_{ap}(k+1)=y(k+1)-\Phi^T(k)\hat{\Theta}(k+1)$, ao invés do erro de predição *a priori*, definido por $\hat{w}(k+1)=y(k+1)-\hat{y}(k+1)=y(k+1)-\Phi^T(k)\hat{\Theta}(k)$, resulta o algoritmo denominado AML. $\quad\Box$

Exemplo: Considere o sistema dinâmico descrito por

$$y(k+1) = 1,2629y(k)-0,3337y(k-1)+0,0562u(k-2)+0,1008u(k-3)+w(k+1)+0,5w(k)+0,2w(k-1)$$
$$(5.133)$$

onde $E[w^2(k)]=0,01$, que se encontra na forma (5.102), com

$$A(q^{-1})=1-1,2629q^{-1}+0,3337q^{-2}\;,\; B(q^{-1})=0,0526+0,1008q^{-1}\;,\; C(q^{-1})=1+0,5q^{-1}+0,2q^{-2}\;\; e\;\; d=3$$
$$(5.134)$$

e portanto em (5.128) temos
$$\Theta = [a_1\;\; a_2\;\; b_1\;\; b_2\;\; c_1\;\; c_2]^T = [1,2629\;\; -0,3337\;\; 0,0562\;\; 0,1008\;\; 0,5\;\; 0,2]^T \qquad (5.135)$$

Utilizando o algoritmo ELS para estimar o vetor de parâmetros Θ em (5.135), obtemos, no instante k, a estimativa
$$\hat{\Theta}(k) = [\hat{a}_1(k)\;\; \hat{a}_2(k)\;\; \hat{b}_1(k)\;\; \hat{b}_2(k)\;\; \hat{c}_1(k)\;\; \hat{c}_2(k)]^T \qquad (5.136)$$

A seguir resolvemos a equação (5.123), resultando

$$\hat{f}_1(k) = \hat{c}_1(k)-\hat{a}_1(k)\quad,\quad \hat{f}_2(k) = \hat{c}_2(k)-\hat{a}_2(k)-\hat{f}_1(k)\hat{a}_1(k) \qquad (5.137)$$

e

$$\hat{g}_0(k) = -\hat{f}_1(k)\hat{a}_2(k)-\hat{f}_2(k)\hat{a}_1(k)\quad,\quad \hat{g}_1(k) = -\hat{f}_2(k)\hat{a}_2(k) \qquad (5.138)$$

Adicionalmente, temos

$$\hat{F}(q^{-1},k)\hat{B}(q^{-1},k) = \Big(1+\hat{f}_1(k)q^{-1}+\hat{f}_2(k)q^{-2}\Big)\Big(\hat{b}_1(k)+\hat{b}_2(k)q^{-1}\Big) =$$

$$\hat{fb}_0(k)+\hat{fb}_1(k)q^{-1}+\hat{fb}_2(k)q^{-2}+\hat{fb}_3(k)q^{-3} \qquad (5.139)$$

e
$$\hat{C}(q^{-1},k) = 1 + \hat{c}_1(k)q^{-1} + \hat{c}_2(k)q^{-2} \tag{5.140}$$

Portanto, de (5.124), (5.139) e (5.140) concluimos que o preditor 3 passos à frente é dado por

$$\hat{y}(k+3|k) = -\hat{c}_1(k)\hat{y}(k+2|k-1) - \hat{c}_2(k)\hat{y}(k+1|k-2) + \hat{fb}_0(k)u(k) + \hat{fb}_1(k)u(k-1) + \hat{fb}_2(k)u(k-2) +$$

$$\hat{fb}_3(k)u(k-3) + \hat{g}_0(k)y(k) + \hat{g}_1(k)y(k-1) \tag{5.141}$$

Para condições iniciais $\Phi(0)=[0;0;0;0;0;0]$, $\hat{\Theta}(0)=[0;0;0;0;0;0]$ e $P(-1)=100I_6$, no primeiro gráfico da Fig. 5.11 temos uma realização da saída $y(k+1)$ e do preditor um passo à frente $\hat{y}(k+1|k)$. No segundo gráfico temos a saída $y(k+1)$ e o preditor três passos à frente $\hat{y}(k+3|k)$. Conforme esperado, o erro de predição 3 passos à frente é maior que o erro de predição 1 passo à frente. As estimativas paramétricas $\hat{a}_1(k)$, $\hat{a}_2(k)$, $\hat{b}_1(k)$ e $\hat{b}_2(k)$, para a realização considerada na Fig. 5.11, são mostradas na Fig. 5.12.

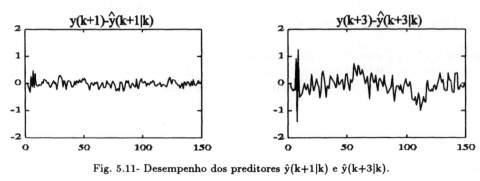

Fig. 5.11- Desempenho dos preditores $\hat{y}(k+1|k)$ e $\hat{y}(k+3|k)$.

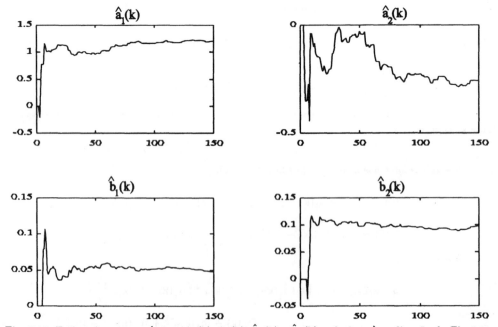

Fig. 5.12- Estimativas paramétricas $\hat{a}_1(k)$, $\hat{a}_2(k)$, $\hat{b}_1(k)$ e $\hat{b}_2(k)$, relativas à realização da Fig 5.11.

O comportamento das estimativas $\hat{c}_1(k)$ e $\hat{c}_2(k)$ é mostrado na Fig. 5.13.

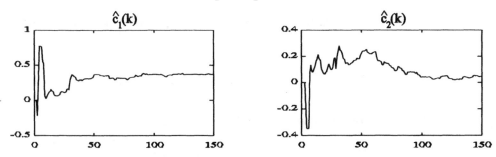

Fig. 5.13- Estimativas paramétricas $\hat{c}_1(k)$ e $\hat{c}_2(k)$, relativas à realização da Fig. 5.11.

Neste exemplo os valores finais dos parâmetros estimados não diferiram apreciavelmente dos valores verdadeiros porque utilizou-se sinal de controle u(k) bastante excitante. □

5.4.2.2.2- Método Direto

Neste método identifica-se diretamente os parâmetros do preditor, ou seja, os coeficientes dos polinômios $C(q^{-1})$, $F(q^{-1})B(q^{-1})$ e $G(q^{-1})$ em (5.119), resultando, no instante k, os polinômios $\hat{C}(q^{-1},k)$, $\widehat{FB}(q^{-1},k)$ e $\hat{G}(q^{-1},k)$. A seguir obtém-se a versão adaptativa de (5.120), isto é,

$$\hat{y}(k+d|k) = \Phi^T(k)\hat{\Theta}(k) \qquad (5.142)$$

onde

$$\Phi(k) = [y(k)\ y(k-1)\ \cdots\ y(k-p_0+1)\ u(k)\ u(k-1)\ \cdots\ u(k-d-q_0+2)\ -\hat{y}(k+d-1|k-1)\ \cdots$$

$$-\hat{y}(k+d-r_0|k-r_0)]^T \qquad (5.143)$$

e

$$\hat{\Theta}(k) = [\hat{g}_0(k)\ \hat{g}_1(k)\ \cdots\ \hat{g}_{p_0-1}(k)\ \widehat{fb}_0(k)\ \widehat{fb}_1(k)\ \cdots\ \widehat{fb}_{d+q_0-2}(k)\ \hat{c}_1(k)\ \cdots\ \hat{c}_{r_0}(k)]^T \quad (5.144)$$

Observação 1- Os comentários da observação 1 da seção anterior também se aplicam no presente caso, pois no vetor de regressão utilizamos valores de $\hat{y}(.|.)$, que dependem da estimativa paramétrica. □

Observação 2- Convém notar que no método indireto o vetor de parâmetros Θ, conforme (5.128), possui $(p_0+q_0+r_0)$ parâmetros. Por outro lado, no método direto, conforme (5.122), há $(p_0+q_0+r_0+d-1)$ parâmetros. Concluimos então que o método direto requer, em geral, a identificação de mais parâmetros que no método indireto, pois por hipótese $d \geq 1$. □

Temos então o seguinte algoritmo para determinar o preditor d passos à frente:

Condições iniciais: $\Phi(-d+1)$, ..., $\Phi(0)$, $\hat{\Theta}(0)$ e $P(-1)=cI$, com $c \in R^+$.

No instante k+1:
1) Leia y(k+1)

2) Calcule o valor predito da saída d passos à frente, isto é, $\hat{y}(k+d|k)=\Phi^T(k)\hat{\Theta}(k)$

3) Calcule a predição $\hat{y}_I(k+1)=\Phi^T(k-d+1)\hat{\Theta}(k)$ para o algoritmo de identificação.

4) Determine o ganho $K(k)=\dfrac{P(k-1)\Phi(k-d+1)}{1+\Phi^T(k-d+1)P(k-1)\Phi(k-d+1)}$

5) Atualize a estimativa paramétrica, isto é,

$$\hat{\Theta}(k+1)=\hat{\Theta}(k) + K(k)\Big(y(k+1) - \hat{y}_I(k+1)\Big)$$

6) Atualize a matriz de covariância $P(k)=\Big(I - K(k)\Phi^T(k-d+1)\Big)P(k-1)$

7) Atualize o vetor de regressão, isto é,

$$\Phi(k-d+2))=[y(k-d+2)\ \ y(k-d+1)\ \cdots\ y(k-p_0-d+3)\ \ u(k-d+2)\ \ u(k-d+1)\ \cdots\ u(k-2d-q_0+4)$$
$$-\hat{\bar{y}}(k+1|k-d+1)\ \cdots\ -\hat{\bar{y}}(k-r_0+2|k-r_0-d+2)]^T$$

onde $\hat{\bar{y}}(k+1|k-d+1)$ é a predição a posteriori d passos à frente, isto é,

$\hat{\bar{y}}(k+1|k-d+1)=\Phi^T(k-d+1)\hat{\Theta}(k+1)$. (Note que $\hat{y}(k+1|k-d+1)=\Phi^T(k-d+1)\hat{\Theta}(k-d+1)$)

8) Incremente k e retorne ao passo 1.

Exemplo: Controle adaptativo tipo variância mínima- Considere um sistema descrito pelo modelo ARMAX (5.102), com parâmetros conhecidos, e suponha que o objetivo seja determinar o controle $u(k)$ de modo a minimizar o índice de desempenho

$$J(k+d) = E[(y(k+d) - y_{ref}(k+d))^2] \tag{5.145}$$

onde $y_{ref}(k+d)$ é o sinal de referência a ser seguido. Temos

$$J(k+d) = E[E[(y(k+d) - y_{ref}(k+d))^2|\mathfrak{F}_k]] = E[\Big((1 - C(q^{-1}))y^o(k+d|k) + F(q^{-1})B(q^{-1})u(k) +$$
$$G(q^{-1})y(k) - y_{ref}(k+d)\Big)^2] + \sum_{j=0}^{d-1}f_j^2\sigma^2 \tag{5.146}$$

donde concluimos que $J(k+d)$ é minimizado para o controle $u(k)$ que anula o argumento do operador $E[.]$ no lado direito da equação (5.146), ou seja,

$$F(q^{-1})B(q^{1-})u(k) = y_{ref}(k+d) - G(q^{-1})y(k) + (C(q^{-1}) - 1)y^o(k+d|k) \tag{5.147}$$

Substituindo-se (5.147) em (5.119) resulta

$$y^o(k+d|k) = y_{ref}(k+d) \tag{5.148}$$

ou seja, o controle ótimo é tal que força o valor predito de $y(k)$ a igualar a referência desejada.

Identificação Recursiva e Controle Adaptativo   207

Se os parâmetros em (5.102) forem desconhecidos, a versão adaptativa do controle tipo variância mínima é obtida substituindo-se (5.148) por

$$\hat{y}(k+d|k) = y_{ref}(k+d) \qquad (5.149)$$

com a predição $\hat{y}(k+d|k)$ dada por (5.142). Aplicações em tempo real serão apresentadas na seção 5.6. $\square$

5.5- IDENTIFICAÇÃO ESTRUTURAL

Um ambiente integrado para identificação estrutural e paramétrica de sistemas dinâmicos é apresentado nesta seção, supondo-se que os processos de interesse são descritos por modelos ARX. Para estimação paramétrica emprega-se o método RLS, já apresentado na seção 5.2, e para a determinação da melhor estrutura utiliza-se o critério PLS. Dois exemplos representativos são apresentados para ilustrar a eficiência da técnica de identificação e a utilidade do ambiente integrado.

A maioria dos trabalhos sobre identificação de sistemas lineares se refere a estimação paramétrica, o que requer a especificação de modelo com ordem apropriada. Contudo, esta ordem em geral não é conhecida e portanto informações sobre a mesma têm também que ser extraídas dos dados experimentais.

Nesta seção é apresentado um ambiente integrado para identificação de ordem e parâmetros de sistemas dinâmicos, supondo modelos ARX ajustando os mesmos via método RLS. Para a seleção de ordem, empregamos o critério PLS, proposto por Rissanen (1986a). Este critério tem despertado considerável interesse, visto que, ao contrário de critérios como AIC e BIC (Davis e Vinter, 1985), não possui termo explícito para penalizar sobremodelagem e é propício para computação recursiva. Algumas interpretações teóricas das estimativas de ordem dadas pelo critério PLS podem ser encontradas em Rissanen (1986b). O comportamento assintótico dessas estimativas foi caracterizado por Hemerly e Davis (1989).

Convém ressaltar que nesta seção consideramos apenas aplicações em controle de processos, onde bons modelos são requeridos para se implementar controladores eficientes, conforme sugerido no capítulo 3. Obviamente, identificação estrutural e paramétrica é uma atividade multidisciplinar e conseqüentemente o ambiente integrado descrito aqui pode ser utilizado em diversas outras áreas, tais como Econometria, Epidemiologia e Instrumentação.

5.5.1- Critério PLS para Determinação de Ordem

Suponhamos que o processo a ser identificado seja representado pelo modelo ARX

$$y(k+1) = a_1 y(k) + \cdots + a_{p_0} y(k-p_0+1) + b_1 u(k) + \cdots + b_{q_0} u(k-q_0+1) + w(k+1) \qquad (5.150)$$

com $y(k)=0$, $u(k)=0$, $\forall\, k < 0$, onde tanto a ordem (p_0,q_0) quanto o vetor de coeficientes

$$\Theta(p_0,q_0) = [\, a_1 \cdots a_{p_0}\ b_1 \cdots b_{q_0}\,]_T \qquad (5.151)$$

são desconhecidos.

Seja $M=\{(p,q),\ 0 < p \leq p^*,\ 0 < q \leq q^*\}$, com $p^* < \infty$, $q^* < \infty$, o conjunto de modelos. Para uma dada ordem $(p,q) \in M$, a estimativa do vetor de coeficientes

$$\hat{\Theta}(p,q,k) = [\ \hat{a}_{p,1}(k) \cdots \hat{a}_{p,p}(k)\ \hat{b}_{q,1}(k) \cdots \hat{b}_{q,q}(k)\ ]_T \qquad (5.152)$$

é obtida pelo método dos Mínimos Quadrados, qual seja,

$$\hat{\Theta}(p,q,k) = \Big(\sum_{j=0}^{k-1} \Phi(p,q,j)\Phi^T(p,q,j)\Big)^1 \sum_{j=0}^{k-1} \Phi(p,q,j)y(j+1) \qquad (5.153)$$

onde

$$\Phi(p,q,j) = [\ y(j) \cdots y(j\text{-}p+1)\ u(j) \cdots u(j\text{-}q+1)\ ]^T \qquad (5.154)$$

No instante n, o critério PLS para estimação de ordem, vide Hemerly e Davis (1989), estabelece que $(\hat{p}(n),\hat{q}(n))$, a melhor estimativa de (p_0,q_0), deve ser tal que

$$(\hat{p}(n),\hat{q}(n)) = \underset{(p,q)\,\in\,M}{\text{Arg Min PLS}}(p,q,n) \qquad (5.155)$$

onde

$$PLS(p,q,n) = \frac{1}{n} \sum_{k=0}^{n-1} e^2(p,q,k+1) \qquad (5.156)$$

com

$$e(p,q,k+1) = y(k+1) - \hat{a}_{p,1}(k)y(k) - \cdots - \hat{a}_{p,p}(k)y(k\text{-}p+1) - \hat{a}_{q,1}(k)u(k) - \cdots$$

$$- \hat{a}_{q,q}(k)u(k\text{-}q+1) = y(k+1) - \hat{\Theta}^T(p,q,k)\Phi(p,q,k) \quad (5.157)$$

Ao contrário do resíduo do método dos mínimos quadrados, isto é, $\bar{e}(p,q,k+1)=y(k+1)-\hat{\Theta}^T(p,q,n)\Phi(p,q,k)$, que utiliza dados até o instante n, o erro de predição $e(p,q,k+1)$ em (5.157) emprega apenas dados até o instante $k+1$.

O critério PLS é bastante intuitivo: no instante n, a estimativa $(\hat{p}(n),\hat{q}(n))$ corresponde à ordem do modelo que resultou o menor erro médio quadrático de predição até este instante. Assim, caso o sistema restrinja os dados futuros do mesmo modo que o restingiu no passado, a estimativa PLS de ordem será boa. Caso contrário, o critério pode ter desempenho ruim, mas provavelmente isto também ocorrerá com qualquer outro critério de determinação de ordem que empregue a mesma classe de modelos.

Sob algumas condições técnicas não muito restritivas, que incluem a estabilidade de (5.150) e a excitação suficiente da entrada $u(k)$, conforme em Hemerly e Davis (1989) pode ser mostrado que

$$(\hat{p}(n),\hat{q}(n)) \to (p_0,q_0)\ a.s.\quad \text{quando } n \to \infty \qquad (5.158)$$

ou seja, as estimativas de ordem proporcionadas pelo critério PLS são fortemente consistentes. Claro está que este resultado assintótico não necessariamente proporciona informação sobre o desempenho do critério para os casos realistas de realizações finitas. Contudo, simulações mostram que tal desempenho é bom, conforme veremos nos exemplos de aplicação.

Identificação Recursiva e Controle Adaptativo

Nesta seção suporemos que o sistema (5.150) também incorpora um atraso de transporte desconhecido d_0, isto é, o sistema é descrito por

$$y(k+1) = a_1 y(k) + \cdots + a_{p_0} y(k\text{-}p_0+1) + b_1 u(k\text{-}d_0+1) + \cdots + b_{q_0} u(k\text{-}q_0\text{-}d_0+2) + w(k+1)$$
(5.159)

com $d_0 \geq 1$. Portanto, doravante suporemos que o conjunto de modelos é $M=\{(p,q,d), 0 < p \leq p^*, 0 < q \leq \overset{*}{q}, 0 < d \leq d^*\}$, com $p^* < \infty$, $q^* < \infty$ e $d^* < \infty$. Assim, por ordem agora designamos a tripla (p,q,d) e tendo em vista a idéia intuitiva no qual o critério PLS se baseia, já comentada após a equação (5.157), como estimativa de ordem usaremos

$$(\hat{p}(n),\hat{q}(n),\hat{d}(n)) = \underset{(p,q,d)\,\in\,M}{\text{Arg Min}}\ \text{PLS}(p,q,d,n)$$
(5.160)

onde

$$\text{PLS}(p,q,d,n) = \frac{1}{n} \sum_{k=0}^{n-1} e^2(p,q,d,k+1)$$
(5.161)

com

$$e(p,q,d,k+1) = y(k+1) - \hat{a}_{p,1}(k)y(k) - \cdots - \hat{a}_{p,p}(k)y(k\text{-}p+1) - \hat{a}_{q,1}(k)u(k\text{-}d+1) - \cdots$$

$$- \hat{a}_{q,q}(k)u(k\text{-}q\text{-}d+2) = y(k+1) - \hat{\Theta}^T(p,q,d,k)\Phi(p,q,d,k) \quad (5.162)$$

e

$$\Phi(p,q,d,k) = [\ y(k) \cdots y(k\text{-}p+1)\ u(k\text{-}d+1) \cdots u(k\text{-}q\text{-}d+2)\ ]^T$$
(5.163)

Portanto, reescrevendo (5.153) na forma recursiva conforme seção 5.2, temos o seguinte algoritmo para identificação de ordem e parâmetros:

Para cada $(p,q,d) \in M$:
Dados iniciais $P(p,q,d,0)$ e $\hat{\Theta}(p,q,d,0)$

Para $k=0, 1, \ldots, n-1$:

$$e(p,q,d,k+1) = y(k+1) - \hat{y}(p,q,d,k+1) = y(k+1) - \hat{\Theta}^T(p,q,d,k)\Phi(p,q,d,k)$$

$$\hat{\Theta}(p,q,d,k+1) = \hat{\Theta}(p,q,d,k) + K(p,q,d,k)e(p,q,d,k+1)$$

$$K(p,q,d,k) = \frac{P(p,q,d,k\text{-}1)\Phi(p,q,d,k)}{1 + \Phi(p,q,d,k)^T P(p,q,d,k\text{-}1)\Phi(p,q,d,k)}$$

$$P(p,q,d,k) = \Big(I - K(p,q,d,k)\Phi^T(p,q,d,k)\Big)P(p,q,d,k\text{-}1)$$

No instante n temos então a melhor estimativa de ordem dada por (5.160) e a correspondente estimativa paramétrica $\hat{\Theta}(\hat{p}(n),\hat{q}(n),\hat{d}(n),n)$.

5.5.2- Principais Características do Ambiente Integrado

Nesta seção consideramos o desempenho do critério PLS com dados experimentais, objetivando identificar ordem e parâmetros de sistemas dinâmicos reais. Adicionalmente, de modo a elevar a utilidade deste critério, é sugerido um ambiente integrado para orquestrar as fases de aquisição de dados e de identificação. Mais precisamente, o usuário pode facilmente modificar parâmetros experimentais, tais como amplitude da excitação u(k) e período de amostragem, e verificar as conseqüências imediatamente.

O diagrama de blocos do ambiente integrado sugerido é mostrado na Fig. 5.14. Diversos cardápios devem estar disponíveis, de modo que o usuário possa selecionar facilmente as opções e alterar dados tais como número de pontos a serem coletados, amplitude da excitação e período de amostragem. A programação para se obter os exemplos desta seção foi feita em C e o *software* executado em microcomputador IBM compatível.

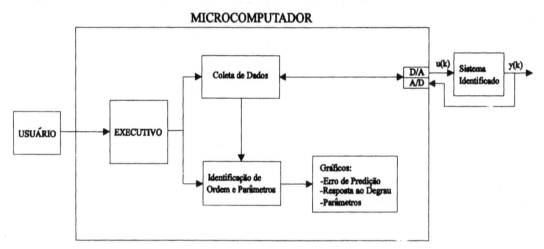

Fig. 5.14- Principais características do ambiente integrado para identificação de ordem e parâmetros.

A interface AD/DA utilizada nesta implementação é o cartão DT2812-A, da Data Translation (1991). O período de amostragem para coletar os dados experimentais é estabelecido programando-se o *timer 0* do microcomputador. Isto é feito via *software*, para facilitar a alteração do período de amostragem.

A seleção da excitação u(k) constitui um problema à parte, e pode ser formulado como um problema de otimização. Vide, por exemplo, Goodwin e Payne (1977). Uma alternativa mais simples, e bastante efetiva, consiste na utilização de um sinal tipo PRBS como excitação. Para maiores detalhes, vide Hsia (1977). O tamanho da PRBS é função da dinâmica do sistema a ser identificado, que é desconhecida a princípio. Logo, o usuário deve experimentar com diferentes tamanhos. Isto pode ser facilmente feito com o ambiente integrado sugerido. Nos exemplos experimentais utilizaremos uma PRBS de 10 bits, correspondendo ao tamanho ($2^{10} - 1$)=511. O ambiente integrado também permite que o usuário selecione uma excitação do tipo degrau. Embora este tipo de excitação em geral não seja suficientemente excitante, ela pode ser útil quando o sistema identificado não tolera variações bruscas na entrada, como é o caso dos manipuladores robóticos.

Resumiremos agora um cenário típico de aplicação do ambiente integrado

Identificação Recursiva e Controle Adaptativo

descrito anteriormente: O usuário, na Fig. 5.14, especifica valores para período de amostragem T, amplitude da excitação PRBS u(k) e o número de dados experimentais a serem coletados, isto é, o valor de n em (5.156). O conversor AD/DA é automaticamente inicializado e a fase de aquisição de dados é iniciada. Após coletar os dados experimentais, gráficos da saída {y(k+1), k=0, 1, ..., n−1} e da entrada {u(k), k=0, 1, ..., n−1} são mostrados na tela do microcomputador. Caso haja alguma anomalia nesses dados, tal como saturação em y(k), o usuário deve alterar, por exemplo, a amplitude PRBS u(k) e repetir a fase de coleta de dados.

Coletados os dados experimetais de entrada e saída do processo, inicia-se a fase de identificação de ordem e parâmetros. O usuário tem que entrar com dados tais como limitantes (p^*, q^*, d^*) para a ordem *verdadeira* (p_0,q_0,d_0) e a matriz de covariância inicial para o algoritmo dos Mínimos Quadrados Recursivo.

Um detalhe prático de engenharia deve ser ressaltado. Todos os critérios para determinação de ordem apresentam algumas dificuldades para distinguir modelos com ordens grandes o suficiente. Por exemplo, suponha o caso ideal no qual a ordem *verdadeira* do sistema gerando os dados seja (p_0,q_0,d_0)=(2,2,1). Provavelmente os erros de predição correspondentes aos modelos com ordens (2,2,1) e (3,3,1) não diferirão apreciavelmente.

Adicionalmente, deve ser lembrado que no nosso caso estamos identificando processos físicos reais, que possivelmente incluem pequenas não-linearidades e variações no tempo, e portanto por ordem *verdadeira* deve ser entendida uma aproximação suficientemente boa.

Pelos motivos anteriores, o ambiente integrado sugerido resume a fase de identificação mostrando os gráficos dos erros de predição para os dois melhores modelos. Os gráficos das respostas ao degrau para os dois melhores modelos também são traçados. Assim, o usuário pode avaliar melhor o desempenho da técnica de identificação.

Finalmente, o ambiente integrado permite que o usuário aplique um degrau ao processo identificado, colete os dados de saída e os compare com a resposta ao degrau do melhor modelo. Isto proporciona informação adicional sobre a eficiência da técnica de identificação.

5.5.3- Exemplos de Aplicação

Dois exemplos são apresentados para ilustrar a eficiência do critério PLS e a utilidade do ambiente integrado da Fig. 5.14.

Exemplo 1: Considere o sistema de terceira ordem com função de transferência

$$G(s) = \frac{4,23}{s^3 + 2,14s^2 + 9,28s + 4,23} \tag{5.164}$$

cujos pólos são −0,5, −0,82+2,79j e −0,82−2,79j. Devido ao pólo real lento em −0,5, o sistema não é dominante de segunda ordem. O sistema (5.164) foi simulado no computador analógico Comdyna GP-6, como mostrado na Fig. 5.15.

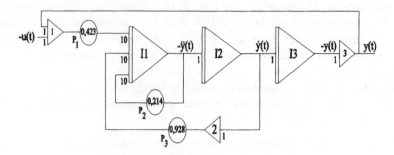

Fig. 5.15- Diagrama de simulação relativo ao sistema do exemplo 1.

Para coletar dados experimentais, utilizamos período de amostragem T=0,2 s, amplitude do gerador PRBS igual a 4 e números de dados n=200. Na Fig. 5.16 temos o resumo de uma realização típica desta fase de coleta de dados. Tendo em vista que o nível de saturação do conversar A/D é 5V no presente caso, da Fig. 5.16 concluimos que não há saturação em y(k) e portanto podemos prosseguir para a fase de identificação propriamente dita, pois os dados experimentais são representativos. Caso contrário, teríamos que modificar a amplitude da excitação PRBS, ou o período de amostragem, e coletar dados novamente.

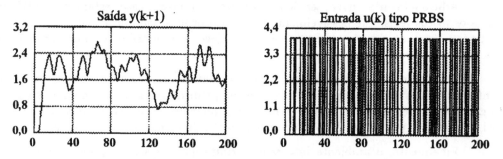

Fig. 5.16- Resumo da fase de coleta de dados relativa ao exempo 1.

Para a fase de identificação, especificamos os seguintes dados iniciais: conjunto de modelos M={(p,q,d), p=q $\leq$ 3, d=1}, o que corresponde a 3 modelos competidores; matriz de covariância inicial P(p,q,d,0)=10^3I(p,q), onde I(p,q) é a matriz identidade (p+q)x(p+q), e $\hat{\Theta}$(p,q,d,0)=0. O algoritmo de identificação de ordem e de parâmetros foi executado em microcomputador tipo XT, a 10 MHz e com coprocessador numérico 8087.

Com os dados anteriores, após aproximadamente 5 segundos de computação obtivemos a Fig. 5.17. Neste resumo da fase de identificação, são apresentados os erros de predição e as respostas ao degrau unitário para os dois melhores modelos obtidos, isto é, que resultaram os dois menores valores do custo acumulado (5.156).

A curva cheia no primeiro gráfico da Fig. 5.17, apresentando menores variações, corresponde ao erro de predição da melhor estimativa de ordem (p,q,d)=(3,3,1). Esta foi a ordem do modelo que resultou menor valor para o critério PLS em (5.156), no caso 0,0004. A curva pontilhada se refere ao erro de predição da segunda melhor ordem, que neste exmeplo foi (p,q,d)=(2,2,1).

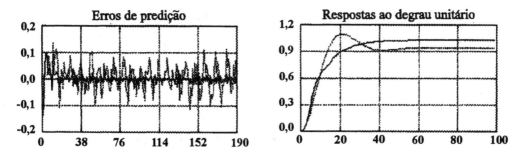

Fig. 5.17- Resumo da fase de identificação para o exemplo 1, com erros de predição e respostas ao degrau relativos aos dois melhores modelos.

No segundo gráfico da Fig. 5.17 temos as respostas ao degrau dos dois melhores modelos. Além do valor numérico do critério PLS, os gráficos sugerem que o critério PLS escolheu de fato a melhor ordem. Efetivamente, neste caso ideal simulado sabemos que a ordem *verdadeira* é $(p_0, q_0, d_0) = (3,3,1)$.

Para exemplificar o comportamento das estimativas paramétricas correspondentes ao melhor modelo (3,3,1), na Fig. 5.18 encontra-se a evolução das estimativas $\hat{a}_{3,1}(k)$ e $\hat{a}_{3,2}(k)$, resultando os valores finais, isto é, no instante k=200, $\hat{a}_{3,1}(200) = 2{,}293853$ e $\hat{a}_{3,2}(200) = -1{,}931767$.

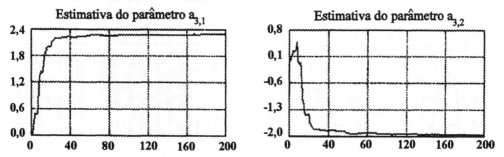

Fig. 5.18- Estimativas paramétricas $\hat{a}_{3,1}(k)$ e $\hat{a}_{3,2}(k)$ para a melhor ordem (p,q,d)=(3,3,1), relativas ao exemplo 1.

Tomando-se os valores finais das estimativas de todos os parâmetros, resultou o vetor de parâmetros estimados $\hat{\Theta}(3,3,1,200) = [2{,}293853 \ -1{,}931767 \ 0{,}609523 \ 0{,}005072 \ 0{,}01832 \ 0{,}005688]^T$. Logo, com base em (5.150) e (5.252) concluímos que o melhor modelo para o sistema mostrado na Fig. 5.15 é descrito pela função de transferência

$$G(z) = \frac{0{,}005072 z^{-1} + 0{,}01832 z^{-2} + 0{,}005688 z^{-3}}{1 - 2{,}293853 z^{-1} + 1{,}931767 z^{-2} - 0{,}609523 z^{-3}} \quad (5.165)$$

Como avaliação da eficiência da técnica de identificação de ordem e parâmetros, apliquemos um degrau ao sistema real, mostrado na Fig. 5.15, e comparemos a resposta com aquela obtida a partir do modelo (5.165). Na Fig. 5.19 temos um resumo desta fase de comparação das respostas ao degrau, envolvendo o sistema real, o melhor modelo, dado por (5.165), e o segundo melhor modelo, representado por *smelhor modelo* no segundo gráfico da Fig. 5.19 e que no caso equivale ao modelo com ordem (2,2,1).

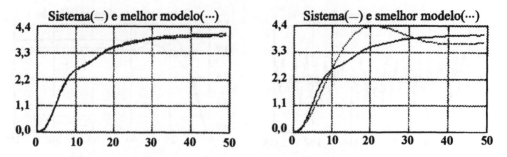

Fig. 5.19- Comparação das respostas ao degrau relativas ao exemplo 1.

No primeiro gráfico da Fig. 5.19 temos a resposta ao degrau do sistema da Fig. 5.15, em curva cheia, e em curva pontilhada temos a resposta ao degrau do melhor modelo (5.165). Podemos concluir que o modelo (5.165) efetivamente proporciona uma boa descrição para o sistema da Fig. 5.15. □

Exemplo 2: Considere agora o *Feedback's Process Trainer* PT326, mostrado na Fig. 4.21. Para coletar os dados, utilizamos período de amostragem T=0,1s, amplitude da PRBS igual a 3 e número de pontos n=200. A Fig. 5.20 mostra a excitação u(k) e a saída y(k+1) para uma realização típica.

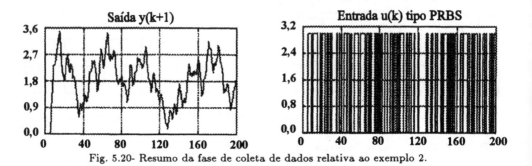

Fig. 5.20- Resumo da fase de coleta de dados relativa ao exemplo 2.

Considerando-se que não há anomalia evidente nos dados, qual seja, não há saturação em y(k) e a saída apresenta variação considerável em amplitude, podemos prosseguir para a fase de identificação. Para tal fase especificamos os seguintes dados: conjunto de modelos M={(p,q,d), p=q ≤ 3, d ≤ 3}, correspondendo a 9 modelos competidores; matriz de covariância inicial P(p,q,d,0)=10^3I(p,q), onde I(p,q) é a matriz identidade (p+q)x(p+q), e $\hat{\Theta}$(p,q,d,0)=0.

Após um tempo de computação em torno de 15 segundos, com microcomputador tipo XT a 10MHz e com coprocessador numérico, obtivemos a Fig. 5.21. A melhor estimativa de ordem obtida via critério PLS foi (p,q,d)=(2,2,2) e a segunda melhor estimativa foi (3,3,1). Considerando-se que os gráficos relativos aos erros de predição e respostas ao degrau diferem marginalmente, podemos efetivamente aceitar a estimativa de ordem (p,q,d)=(2,2,2) como sendo a melhor. Deve ser ressaltado que em situações nas quais os dois melhores modelos são tais que os custos (5.156) não diferem apreciavelmente, devemos nos valer do princípio da parsimônia e selecionar o modelo com menor complexidade.

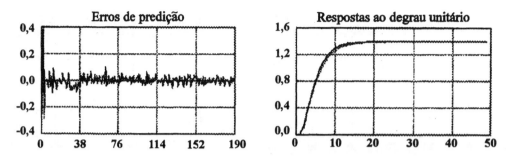

Fig. 5.21- Resumo da fase de identificação para o exemplo 2, com erros de predição e respostas ao degrau relativos aos dois melhores modelos.

No que se refere às estimativas paramétricas relativas à melhor ordem estimada (p,q,d)=(2,2,2), na Fig. 5.22 temos o comportamento das estimativas $\hat{a}_{2,1}(k)$ e $\hat{a}_{2,2}(k)$ dos parâmetros $a_{2,1}$ e $a_{2,2}$, respectivamente. Os valores finais dessas estimativas, isto é, no instante k=200, são $\hat{a}_{2,1}(200)=1{,}227523$ e $\hat{a}_{2,2}(200)=-0{,}364797$.

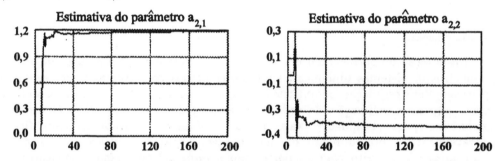

Fig. 5.22- Estimativas paramétricas $\hat{a}_{2,1}(k)$ e $\hat{a}_{2,2}(k)$ para a melhor ordem (p,q,d)=(2,2,2), relativas ao exemplo 2.

Tomando-se os valores finais das estimativas de todos os parâmetros, resultou o vetor de parâmetros estimados $\hat{\Theta}(2,2,2,200) = [1{,}227523 \ -0{,}364797 \ 0{,}114797 \ 0{,}052427]^T$. Logo, com base em (5.150) e (5.252) concluimos que o melhor modelo para o sistema mostrado na Fig. 4.21, para a abertura da janela de admissão de ar e a posição do sensor consideradas, é descrito pela função de transferência

$$G(z) = \frac{0{,}114797 z^{-2} + 0{,}052427 z^{-3}}{1 - 1{,}227523 z^{-1} + 0{,}364797 z^{-2}} \tag{5.166}$$

Finalmente, na Fig. 5.23 apresentamos a comparação das repostas ao degrau do sistema real, mostrado na Fig. 4.21, do melhor modelo (5.166) e do segundo melhor modelo. No primeiro gráfico, em curva cheia, temos a resposta do sistema da Fig. 4.21 e em linha pontilhada a resposta do modelo (5.166). No segundo gráfico temos a resposta do sistema real e a resposta do segundo melhor modelo, denotado por *smelhor modelo* e com ordem (3,3,1).

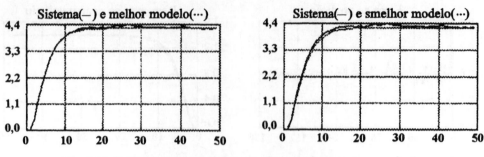

Fig. 5.23- Comparação das respostas ao degrau relativas ao exemplo 2.

Com base no primeiro gráfico da Fig. 5.23 podemos concluir que o modelo (5.166) proporciona uma boa descrição para o sistema da Fig. 4.21. Deve ser ressaltado que o modelo do sistema da Fig. 4.21 pode variar devido a três fatores: abertura da janela de admissão de ar, posição do sensor e temperatura ambiental. Assim, o modelo (5.166) é representativo para a situação que corresponde à realização da Fig. 5.20. □

5.5.4- Conclusões

Nesta seção foi apresentado um ambiente integrado para identificação de ordem e de parâmetros de sistemas dinâmicos, sendo apresentados dois exemplos representativos de aplicação. Para estimação paramétrica utilizou-se o método dos Mínimos Quadrados Recursivo e para a estimação de ordem foi empregado o critério PLS. O ambiente integrado incorpora facilidades tais como cardápios e gráficos, simplificando consideravelmente o procedimento de identificação. Com os modelos obtidos com o ambiente integrado descrito pode-se, por exemplo, projetar controladores eficientes para processos industriais. Vide exemplo 2 da seção 3.5.7, no qual o ambiente desta seção foi utilizado para se obter um bom modelo do sistema controlado.

Mesmo que o sistema dinâmico de interesse seja ligeiramente não-linear, o ambiente apresentado pode ser útil: identifica-se o sistema para diferentes condições de operação, variando-se a amplitude do sinal de excitação, obtendo-se assim diversos modelos lineares. A seguir projeta-se controladores eficientes para cada modelo e utiliza-se, por exemplo, a técnica de *gain scheduling* para se selecionar os controladores em tempo real. Mais precisamente, via sensores verifica-se em qual região o sistema está operando, e a seguir seleciona-se o controlador mais adequado para esta região de operação.

5.6- CONTROLE ADATATIVO

Os objetivos desta seção são: 1) Apresentar um ambiente integrado para auxiliar o usuário a selecionar uma estratégia de controle adaptativo mais conveniente para um dado processo de interesse, e especificar adequadamente os parâmetros de projeto correspondentes; 2) Propor uma estratégia de controle adaptativo para processos com atrasos de transporte desconhecidos ou variáveis, isto porque as estratégias de controle adaptativo usualmente requerem o conhecimento do atraso de transporte do processo controlado, o que não é realista, por exemplo, no contexto industrial.

Esta seção está organizada conforme a seguir. Na seção 5.6.2 é apresentado um resumo das principais técnicas de controle adaptativo, sendo também proposta uma estratégia para tratar processos com atraso de transporte desconhecido ou variável. Na seção 5.6.3 é descrito o ambiente integrado para controle adaptativo. Exemplos de aplicação são apresentados e discutidos na seção 5.6.4.

5.6.1- Abordagens

As duas principais abordagens para o projeto de controladores adaptativos são: 1) Controle adaptativo utilizando Modelo de Referência e 2) Controle adaptativo baseado na Equivalência à Certeza. A seguir será feito um resumo destas abordagens. Maiores detalhes podem ser encontrados, por exemplo, em Landau (1979), Goodwin e Sin (1984), Åström e Wittenmark (1989) e Sastry e Bodson (1989).

O diagrama de blocos da abordagem utilizando modelo de referência é mostrado na Fig. 5.24. Basicamente, os parâmetros do controlador são ajustados de modo que a resposta do sistema em malha fechada convirja para a resposta desejada, especificada pelo modelo de referência. Em geral, o mecanismo de ajuste é obtido utilizando-se argumentos de estabilidade, baseados principalmente nos trabalhos de Liapunov e Popov.

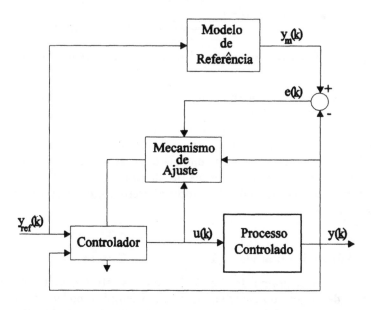

Fig. 5.24- Controle Adaptativo utilizando Modelo de Referência.

O diagrama de blocos relativo à abordagem baseada na equivalência à certeza é apresentado na Fig. 5.25. O procedimento de projeto é basicamente o seguinte: 1) Projeta-se um controlador supondo-se conhecidos os parâmetros Θ do sistema controlado (ou os parâmetros Ψ do controlador), e 2) No instante k, como esses parâmetros não são conhecidos, eles são substituídos pela estimativa $\hat{\Theta}(k)$ (ou pela estimativa $\hat{\Psi}(k)$).

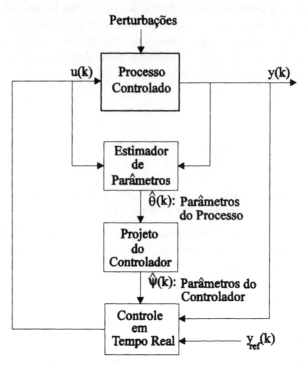

Fig. 5.25- Controle Adaptativo baseado na Equivalência à Certeza.

A abordagem baseada na equivalência à certeza será utilizada nesta seção, pelos seguintes motivos: 1) Pode ser mostrado (Åström e Wittenmark, 1989) que a abordagem da Fig. 5.24 é um caso particular daquela mostrada na Fig. 5.25, se o processo controlado for reparametrizado adequadamente; 2) A abordagem da Fig. 5.25 permite o estabelecimento de várias estratégias de controle adaptativo, simplesmente combinando-se convenientemente leis de controle e técnicas de identificação recursiva, e 3) O problema é naturalmente formulado no domínio do tempo discreto, sendo portanto adequado para a implementação digital.

5.6.2- Controle Adaptativo baseado na Equivalência à Certeza

Em relação ao diagrama de Fig. 5.25, diversas estratégias de controle podem ser utilizadas na fase de projeto do controlador. Como exemplos, podemos citar as estratégias MV, GMV, GPC, PP e LQG. No que se refere às técnicas de identificação recursiva, pode-se utilizar RLS, ELS, PEM e IV, dentre outras. Assim, diversas estratégias de controle adaptativo podem ser obtidas, combinando-se adequadamente estratégias de controle e técnicas de identificação recursiva.

Duas estratégias de controle adaptativo bastante conhecidas e eficientes são

Identificação Recursiva e Controle Adaptativo 219

resumidas a seguir. Elas serão também utilizadas nos exemplos da seção 5.6.4. As várias outras estratégias de controle adaptativo podem ser encontradas, por exemplo, em Goodwin e Sin (1984) e Åström e Wittenmark (1989).

5.6.2.1- Controle Adaptativo tipo Variância Mínima

Suponha que o processo a controlar seja representado pelo modelo ARMAX

$$y(k+1) = a_1 y(k) + \cdots + a_{p_0} y(k-p_0+1) + b_1 u(k-d+1) + \cdots + b_{q_0} u(k-q_0-d+2) + w(k+1) +$$

$$c_1 w(k) + \cdots + c_{r_0} w(k-r_0+1) \qquad (5.167)$$

ou ainda

$$A(q^{-1})y(k+1) = q^{-d} B(q^{-1}) u(k+1) + C(q^{-1}) w(k+1) \qquad (5.168)$$

com

$$A(q^{-1}) = 1 - a_1 q^{-1} - \cdots - a_{p_0} q^{-p_0}$$

$$B(q^{-1}) = b_1 + b_2 q^{-1} + \cdots + b_{q_0} q^{-q_0+1} \qquad (5.169)$$

$$C(q^{-1}) = 1 + c_1 q^{-1} + \cdots + c_{r_0} q^{-r_0}$$

onde $d \geq 1$ é o atraso de transporte e $w(k+1)$ representa um ruído não mensurável.

O objetivo do controle é minimizar o custo

$$J(k+d) = E[(y_{ref}(k+d) - y(k+d))^2] \qquad (5.170)$$

onde $E[.]$ é o operador esperança matemática e $y_{ref}(k)$ a referência a ser seguida. Conforme mostrado em (5.147, o controle que minimiza o custo (5.170) é dado por

$$u(k) = \frac{y_{ref}(k+d) + (C(q^{-1}) - 1)y^o(k+d|k) - G(q^{-1})y(k)}{F(q^{-1})B(q^{-1})} \qquad (5.171)$$

onde $y^o(k+d|k)$ é a predição d passos à frente de $y(k)$ e os polinômios $F(q^{-1})$ e $G(q^{-1})$ são tais que, conforme (5.110),

$$C(q^{-1}) = F(q^{-1})A(q^{-1}) + q^{-d} G(q^{-1}) \qquad (5.172)$$

onde, de (5.108) e (5.109),

$$F(q^{-1})=1 + f_1 q^{-1} + \cdots + f_{d-1} q^{-d+1} \quad \text{e} \quad G(q^{-1})=g_0 + g_1 q^{-1} + \cdots + g_{p_0-1} q^{-p_0+1} \qquad (5.173)$$

A versão adaptativa da lei de controle (5.171) pode ser obtida estimando-se os coeficientes dos polinômios $A(q^{-1})$, $B(q^{-1})$ e $C(q^{-1})$, resolvendo-se a equação (5.172) e substituindo-se $y^o(k+d|k)$ pelo seu valor estimado $\hat{y}(k+d|k)$. Esta é a denominada forma explícita do controlador. A forma mais utilizada, contudo, é a implícita, na qual se estima diretamente os parâmetros do controlador. Mais precisamente, o controle adaptativo é calculado com base na relação, vide (5.142) e (5.149),

$$\hat{y}(k+d|k) = y_{ref}(k+d) \quad \rightarrow \quad \Phi^T(k)\,\hat{\Psi}(k) = y_{ref}(k+d) \qquad (5.174)$$

onde

$$\Phi = [\, y(k) \cdots y(k-p_0+1)\, u(k) \cdots u(k-d-q_0+2)\, -\hat{y}(k+d-1|k-1) \cdots -\hat{y}(k+d-r_0|k-r_0)\,]^T \qquad (5.175)$$

e $\hat{\Psi}(k)$ é a estimativa dos parâmetros do controlador, isto é, do vetor

$$\Psi = [g_0 \cdots g_{p_0-1}\ fb_0 \cdots fb_{k+q_0-2}\ c_1 \cdots c_{r_0}]^T \qquad (5.176)$$

Para se obter a estimativa $\hat{\Psi}(k)$ de Ψ, pode-se, por exemplo, empregar a técnica ELS. Neste caso, o algoritmo de controle adaptativo resultante será:

Dados iniciais: T(período de amostragem), $\Phi(0)$, $\hat{\Psi}(0)$, P(-1), p_0, q_0 e r_0.
1- Ler $y(k)$
2- No instante k, calcular:

$$\hat{y}_{ap}(k) = \Phi^T(k-d)\hat{\Psi}(k-1) \quad \text{(predição \textit{a posteriori})} \qquad (5.177)$$

$$\hat{y}(k+d-1|k-1) = \Phi^T(k-1)\hat{\Psi}(k-1) \quad \text{(predição da saída)} \qquad (5.178)$$

$$K(k-1) = \frac{P(k-2)\Phi(k-d)}{1 + \Phi^T(k-d)P(k-2)\Phi(k-d)} \quad \text{(ganho do estimador)} \qquad (5.179)$$

$$\hat{\Psi}(k) = \hat{\Psi}(k-1) + K(k-1)(y(k) - \hat{y}_{ap}(k)) \quad \text{(estimativa dos parâmetros} \atop \text{do controlador)} \qquad (5.180)$$

$$P(k-1) = \Big(I - K(k-1)\Phi^T(k-d)\Big) P(k-2) \quad \text{(matriz de covariância do} \atop \text{estimador)} \qquad (5.181)$$

e resolver, para $u(k)$,

$$\Phi^T(k)\,\hat{\Psi}(k) = y_{ref}(k+d) \qquad (5.182)$$

4- Fazer $k=k+1$ e retornar ao passo 1.

5.6.2.2- Controle Adaptativo com Alocação de Pólos

Uma estratégia de controle adaptativo bastante eficiente e simples foi proposta por Wittenmark e Åström (1980). Suponha que o processo a controlar seja representado por

$$y(k+1) + a_1 y(k) + a_2 y(k-1) = b_1 u(k) + b_2 u(k-1) + b_3 + w(k+1) \qquad (5.183)$$

onde b_3 representa *bias* (polarização). Deseja-se projetar um controlador de tal modo que em malha fechada o sistema se comporte como o modelo de referência, vide Wittenmark e Åström (1980) para detalhes,

$$T_m(s) = \frac{Y_m(s)}{Y_{ref}(s)} = \frac{w_n^2}{s^2 + 2\xi w_n s + w_n^2} \qquad (5.184)$$

onde $y_{ref}(k)$ é a referência a ser seguida. Discretizando-se (5.184) com período de amostragem T, obtém-se

$$y_m(k+1) + p_1 y_m(k) + p_2 y_m(k-1) = b_1 y_{ref}(k) + b_2 y_{ref}(k-1) \tag{5.185}$$

podendo as relações entre p_1, p_2, b_1, b_2 e ξ, w_n,T ser obtidas em Åström e Wittenmark (1984), ou utilizando-se os resultados do capítulo 1.

Para possibilitar a alocação de pólos, isto é, forçar o sistema a se comportar como o modelo de referência, utiliza-se um controlador com estrutura

$$R(q^{-1})u(k) = Q(q^{-1})y_{ref}(k) - S(q^{-1})y(k) \tag{5.186}$$

e portanto substituindo-se u(k) de (5.186) em (5.183), resulta

$$y(k) = \frac{1}{A(q^{-1})R(q^{-1}) + q^{-1}B(q^{-1})S(q^{-1})} \left\{ q^{-1}B(q^{-1})Q(q^{-1})y_{ref}(k) + (b_3 + w(k))R(q^{-1}) \right\}$$

$$\tag{5.187}$$

De modo a se incorporar à estrutura do controlador características de integração, supõe-se $R(q^{-1})=(1+r_1 q^{-1})(1-q^{-1})$. Adicionalmente, se $S(q^{-1})$ tiver ordem 2, isto é, $S(q^{-1})=s_0+s_1 q^{-1}+s_2 q^{-2}$, então $Q(q^{-1})$ deverá ser igual a $(s_0+s_1+s_2)$, ou seja $Q(q^{-1})=S(1)$, de modo a não haver erro em regime. Comparando-se (5.187) com a forma desejada (5.185), conclui-se que é necessário resolver, para s_0, s_1, s_2 e r_1, a equação polinomial

$$(1 + r_1 q^{-1})(1 - q^{-1})A(q^{-1}) + q^{-1}B(q^{-1})S(q^{-1}) = 1 + p_1 q^{-1} + p_2 q^{-2} \tag{5.188}$$

resultando o controle

$$u(k) = (1-r_1)u(k-1) + r_1 u(k-2) + (s_0+s_1+s_2)y_{ref}(k) - s_0 y(k) - s_1 y(k-1) - s_2 y(k-2)$$

$$\tag{5.189}$$

A versão adaptativa da lei de controle (5.189) é obtida estimando-se os coeficientes dos polinômios $A(q^{-1})$ e $B(q^{-1})$, resolvendo-se (5.188) com as estimativas $\hat{a}_1(k)$, $\hat{a}_2(k)$, $\hat{b}_1(k)$ e $\hat{b}_2(k)$, obtendo-se assim

$$u(k) = (1-\hat{r}_1(k))u(k-1) + \hat{r}_1(k)u(k-2) + (\hat{s}_0(k)+\hat{s}_1(k)+\hat{s}_2(k))y_{ref}(k) - \hat{s}_0(k)y(k) -$$

$$\hat{s}_1(k)y(k-1) - \hat{s}_2(k)y(k-2) \tag{5.190}$$

No presente caso os coeficientes dos polinômios $A(q^{-1})$ e $B(q^{-1})$ podem ser estimados utilizando-se a técnica RLS, isto porque os aspectos estocásticos do sistema controlado não são relevantes. Basicamente, os parâmetros de projeto são ξ e w_n, que estão relacionados com o *overshoot* e rapidez da resposta, conforme visto em (3.274).

5.6.2.3- Controle Adaptativo para Sistemas com Atraso de Transporte

Em geral, as estratégias de controle adaptativo supõem que o atraso de transporte do sistema controlado é conhecido e constante. Vide, por exemplo Goodwin e Sin (1984) e Åström e Wittenmark (1989) para detalhes. Tipicamente, porém, a especificação incorreta do atraso de transporte pode degradar severamente o desempenho dessas estratégias, ou mesmo causar a instabilidade do sistema de controle.

Atraso de transporte surge naturalmente em várias classes de sistemas dinâmicos, como por exemplo nos processos industriais. Esta constatação tem motivado o surgimento de estratégias de controle adaptativo incorporando procedimentos para tratar atraso de transporte. Em Keyser (1986) e Fong-Chwee e Sirisena (1988), por exemplo, são apresentadas técnicas para se estimar o atraso de transporte em tempo real. Basicamente, essas técnicas utilizam informações sobre a magnitude dos coeficientes estimados do polinômio de controle.

Nesta seção considera-se, devido à sua eficiência (Åström, 1988; Åström, Bernhardsson e Ringdahl, 1991), o controlador adaptativo descrito na seção 5.6.2.2. Contudo, este controlador foi originalmente desenvolvido para processos com atraso de transporte unitário. O objetivo desta seção é incorporar a este controlador a habilidade de tratar atrasos de transportes não unitários, desconhecidos ou variantes no tempo. Para tanto será utilizado um preditor de Smith (Smith, 1958) e a técnica para se estimar atraso de transporte em tempo real apresentada na seção 5.5.

O sistema de controle adaptativo descrito na seção 5.6.2.2 é mostrado na Fig. 5.26.

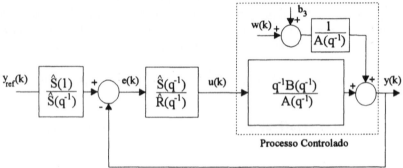

Fig. 5.26- Sistema de controle adaptativo com alocação de pólos.

Uma maneira natural de se tratar atrasos de transporte conhecidos quaisquer é inserindo-se um preditor de Smith no controlador da Fig. 5.26. Mais especificamente, o diagrama de blocos da Fig. 5.26 é alterado conforme mostrado na Fig. 5.27, onde d_0 representa o atraso de transporte conhecido *a priori*. Para $d_0=1$ o diagrama da Fig. 5.27 é equivalente ao mostrado na Fig. 5.26, uma vez que $u_1(k)=u_2(k)$. Para $d_0 > 1$, tem-se

$$u(k) = \frac{\hat{S}(q^{-1})}{\hat{R}(q^{-1})} \left\{ \frac{\hat{S}(1)}{\hat{S}(q^{-1})} y_{ref}(k) - y(k) + \frac{q^{-(d_0-1)} q^{-1} \hat{B}(q^{-1})}{\hat{A}(q^{-1})} u(k) - \frac{q^{-1} \hat{B}(q^{-1})}{\hat{A}(q^{-1})} u(k) \right\} \quad (5.191)$$

resultando, caso $\hat{A}(q^{-1})$ e $\hat{B}(q^{-1})$ convirjam para $A(q^{-1})$ e $B(q^{-1})$, respectivamente,

$$u(k) = \frac{\hat{S}(q^{-1})}{\hat{R}(q^{-1})} \left\{ \frac{\hat{S}(1)}{\hat{S}(q^{-1})} y_{ref}(k) - \frac{q^{-1} \hat{B}(q^{-1})}{\hat{A}(q^{-1})} u(k) + \frac{(b_3+w(k))}{\hat{A}(q^{-1})} \right\} \quad (5.192)$$

que independe do atraso de transporte d_0.

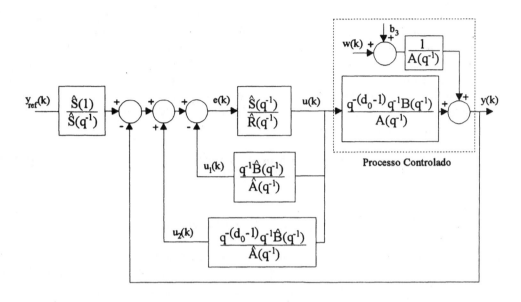

Fig. 5.27- Sistema de controle adaptativo incorporando preditor de Smith.

Suponha agora que o atraso de transporte d_0, na Fig. 5.27, não seja conhecido, ou então varie com o tempo. O procedimento natural neste caso é utilizar uma técnica para se estimar o atraso de transporte em combinação com o preditor de Smith. Mais precisamente, designando-se por $\hat{d}(k)$ a estimativa de d_0 no instante k, o diagrama da Fig. 5.27 é substituído pelo diagrama da Fig. 5.28.

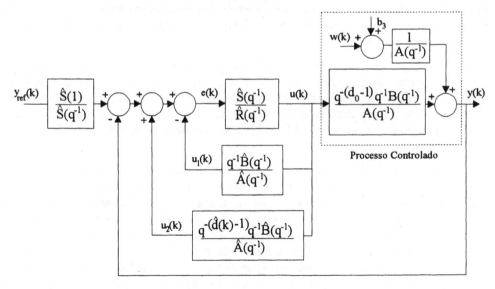

Fig. 5.28- Sistema de controle adaptativo com estimação de atraso de transporte.

No que se refere à estimação do atraso de transporte, em Fong-Chwee e Sirisena (1988) ela é efetuada identificando-se um modelo estendido do processo a ser controlado e inspecionando-se a magnitude dos coeficientes do polinômio $\hat{B}^*(q^{-1})$, de ordem $d_{max}+2$, onde d_{max} é o maior atraso de transporte admissível. Nesta seção emprega-se abordagem mais rigorosa, similar àquela utilizada na seção 5.5. Mais precisamente, suponha que o processo possua atraso de transporte d_0. Modelos competidores com atrasos de transporte $d \in M$, onde $M=\{1,2,...,d_0,...,d_{max}\}$ são identificados simultaneamente e $\hat{d}(n)$, a melhor estimativa de d_0 no instante n, é dada por

$$\hat{d}(n) = \text{Arg Min}_{d \in M} \ \frac{1}{n} \sum_{k=0}^{n-1} e^2(d,k+1) \qquad (5.193)$$

onde $e(d,k+1)$ é o erro de predição, qual seja,

$$e(d,k+1) = y(k+1) - \hat{\Theta}^T(d,k)\Phi(d,k) \qquad (5.194)$$

sendo $\hat{\Theta}(d,k)$ a estimativa dos parâmetros do modelo com atraso de transporte d e $\Phi(d,k)$ o vetor de regressão da forma $\Phi(d,k)=[y(k) \ y(k-1) \ u(k-d+1) \ u(k-d+2]^T$, pois o sistema controlado é suposto de segunda ordem. Caso o processo controlado possa ser adequadamente representado por um modelo de segunda ordem com atraso d_0, pode-se mostrar, sob certas condições no ruído $w(k+1)$, que a estimativa $\hat{d}(n)$ dada por (5.193) converge para d_0 quando $n\to\infty$. Vide Hemerly e Davis (1989) para detalhes.

5.6.3- Características do Ambiente Integrado para Controle Adaptativo

Embora haja uma vasta literatura sobre aplicação de controle adaptativo, em geral os resultados são deficientes por um dos seguintes motivos: 1) a aplicação se refere a resultados simulados, ou 2) a aplicação depende das características do processo utilizado como exemplo, o que não permite generalizar as conclusões sobre o desempenho do controlador considerado.

O objetivo do ambiente integrado descrito a seguir é remover as deficiências mencionadas acima. Mais especificamente, o ambiente possui cardápios que auxiliam o usuário a: 1) Selecionar estratégias de controle; 2) Especificar parâmetros de projetos relacionados à estratégia escolhida; 3) Controlar efetivamente o processo físico com a estratégia escolhida, via interface AD/DA, e 4) Verificar o desempenho do sistema de controle resultante.

O diagrama de blocos exibindo as principais características do ambiente integrado é mostrado na Fig. 5.29. Basicamente, o usuário tem que combinar uma estratégia de controle com uma técnica de identificação recursiva e especificar alguns parâmetros de projeto. Por exemplo, caso o objetivo seja regular temperatura, a estratégia de controle tipo variância mínima (MV) é particularmente eficiente. Por outro lado, se o processo a controlar for um servomecanismo, a alocação de pólos (PP) é recomendada. No que se refere à técnica de identificação recursiva, se o aspecto estocástico do problema não for relevante, pode-se utilizar a técnica RLS. Caso contrário, as técnicas ELS e AML podem ser utilizadas. Diversos cardápios são disponíveis, de modo que os dados anteriores possam ser facilmente fornecidos ou modificados.

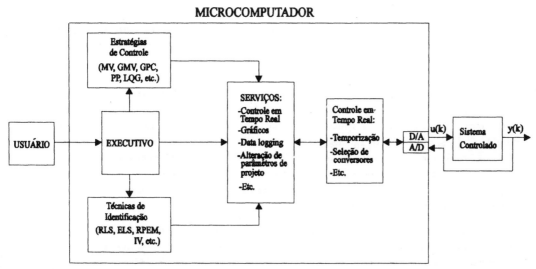

Fig. 5.29- Diagrama de blocos do ambiente integrado para controle adaptativo.

A programação para se obter os exemplos desta seção foi feita em linguagem C e o *software* executado em microcomputador IBM compatível.

Nos exemplos desta seção, a comunicação do microcomputador com o processo controlado é feita por intermédio de cartão AD/DA tipo DT2812-A. Considerando-se que o sistema operacional DOS usual não é talhado para aplicações em tempo real, o período de amostragem é estabelecido programando-se o *timer 0* do microcomputador. Obviamente, esta base de tempo poderia também ser obtida com gerador externo, mas este procedimento reduziria a portabilidade do ambiente integrado.

De modo a se ilustrar a utilização dos recursos mostrados no diagrama da Fig. 5.29, considera-se o seguinte cenário típico de aplicação: De início, o usuário seleciona uma estratégia de controle e uma técnica de identificação recursiva, via cardápio. Suponha, por exemplo, que a combinação descrita na seção 5.6.2.2 tenha sido selecionada, isto é, alocação de pólos como estratégia de controle e RLS como técnica de identificação. Neste caso, o usuário terá também que especificar, além do período de amostragem T, os parâmetros de projeto ξ e w_n. A seguir, os canais de conversão AD/DA devem ser definidos, também via cardápio. Os conversores AD/DA são automaticamente inicializados e a fase de controle adaptativo é então iniciada.

Decorrido um tempo especificado pelo usuário, gráficos relativos ao comportamento da variável controlada e da intensidade do controle são apresentados na tela do microcomputador. Se o desempenho do sistema de controle não for satisfatório, o usuário pode retornar ao cardápio para especificação de parâmetros de projetos e alterá-los. Para a combinação considerada como exemplo, caso o sinal de controle exiba saturação o usuário terá que reduzir o valor de w_n, isto porque o modelo de referência especificado foi muito rápido.

5.6.4- Exemplos de Aplicação

Três exemplos de aplicação são apresentados a seguir, com o intuito de: 1) Explicitar a eficiência das estratégias de controle adaptativo descritas na seção 5.6.2, e 2) Ilustrar a utilidade do ambiente integrado descrito na seção 5.6.3.

Exemplo 1: Processo Térmico PT326 (Feedback, 1980), já apresentado na Fig. 4.21- A técnica de controle adaptativo com variância mínima, descrita na seção 5.6.2.1, será utilizada para controlar o processo térmico. Neste caso, o usuário tem que especificar os seguintes parâmetros de projeto: $p_0=\deg[A(q^{-1})]$, $q_0=\deg[B(q^{-1})]$, $r_0=\deg[C(q^{-1})]$, d=atraso de transporte e T=período de amostragem. Dentre esses parâmetros de projeto, os mais críticos são d e T. Mais precisamente, valores inadequados de d ou T podem causar desempenho insatisfatório ou mesmo instabilidade do sistema de controle. Em geral, experimentação é necessária para se determinar valores convenientes para d e T, o que reforça a utilidade do ambiente integrado, conforme ver-se-á a seguir.

No que se segue, considerar-se-á apenas a influência do período de amostragem no desempenho do sistema de controle adaptativo com variância mínima. Suponha que o usuário escolha, de início, os seguintes valores para os parâmetros de projeto: $p_0=2$, $q_0=1$, $r_0=0$, d=1 e T=0,2 s. Uma referência tipo degrau é então aplicada ao processo, com $y_{ref}(k)=3$, $0 \leq k \leq 70$, $y_{ref}(k)=1,5$, $70 < k \leq 140$ e $y_{ref}(k)=3$, $140 < k \leq 200$. Na Fig. 5.30 apresenta-se um resumo típico da fase de controle adaptativo, estando o eixo do tempo em múltiplos do período de amostragem, qual seja, o tempo varia de 0 a 40 segundos.

No primeiro gráfico da Fig. 5.30 tem-se a saída do processo térmico, que apresenta grandes variações em torno do valor de referência desejado. No segundo gráfico da Fig. 5.30 apresenta-se o controle adaptativo correspondente. Depreende-se da Fig. 5.30 que o sinal de controle é excessivamente oscilatório, o que sugere que o período de amostragem T é demasiadamente pequeno, e portanto inadequado.

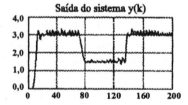 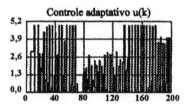

Fig. 5.30- Resumo do controle adaptativo para o exemplo 1, com T=0,2 s.

Os parâmetros estimados do controlador, isto é, as estimativas de $G(q^{-1})$ e $F(q^{-1})G(q^{-1})$ em (5.171), relativos à realização da Fig. 5.30, após 200 passos de controle, isto é para k=200, são

$$\hat{G}(q^{-1},k) = 1,348375 - 0,406513q^{-1} \qquad (5.195)$$

e

$$\hat{F}(q^{-1},k)\hat{B}(q^{-1},k) = 0,038799 + 0,089915q^{-1} \qquad (5.196)$$

Devido à oscilação excessiva observada na Fig. 5.30, convém que o usuário retorne ao Menu Principal e especifique um período de amostragem maior que o utilizado na Fig. 5.30. Como exemplo, suponha que T=0,5 s seja especificado. Na Fig. 5.31 encontra-se um resumo típico do controle adaptativo correspondente. Conforme pode ser observado, o comportamento do sistema de controle é menos oscilatório e parece aceitável.

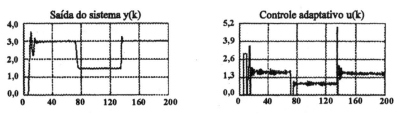

Fig. 5.31- Resumo do controle adaptativo para o exemplo 1, com T=0,5 s.

Obviamente, a seguir o usuário poderia retornar ao Menu Principal e verificar a influência dos demais parâmetros de projeto, como por exemplo p_0(grau do polinômio $A(q^{-1})$) e d(atraso de transporte). Os detalhes serão omitidos, pois o desempenho mostrado na Fig. 5.31 não pode ser melhorado substancialmente. Conclui-se então que os valores dos parâmetros de projeto utilizados na obtenção da Fig. 5.31 são adequados. □

Exemplo 2: Servomecanismo de Posição- O servomecanismo de posição, cujo diagrama é mostrado na Fig. 5.32, é considerado como segundo exemplo de aplicação. O sinal de controle é pré-amplificado pelo amplificador operacional AMP, cujo ganho é ajustado considerando-se que o máximo valor de u(k), proveniente do conversor D/A do cartão DT2812-A, é 5V. Um grupo Ward-Leonard, empregando um motor trifásico e um gerador DC, é utilizado para amplificar ainda mais o sinal de controle, isto porque o amplificador operacional não consegue suprir as necessidades de potência do motor elétrico. O sinal de tensão y(k), obtido via potenciômetro rotativo, é proporcional à posição da carga. A carga mecânica no presente caso é constituída pelos eixos e engrenagens. Convém ressaltar que este servomecanismo de posição apresenta algumas não-linearidades bastante severas, tais como zona morta e atrito seco. Assim, este exemplo também serve para explicitar a robustez da estratégia de controle adaptativo.

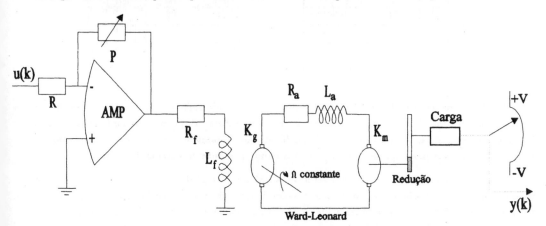

Fig. 5.32- Diagrama do servomecanismo de posição utilizado no exemplo 2.

A técnica de controle adaptativo descrita na seção 5.6.2.2 será utilizada para controlar o servomecanismo de posição mostrado na Fig. 5.32. Isto é, como estratégia de controle será utilizada alocação de pólos, com modelo de referência de segunda ordem, e a técnica dos Mínimos Quadrados Recursivo será utilizada para identificação. Neste caso, os parâmetros de projeto são ξ e w_n, definindo o modelo de referência, e o perído de amostragem T.

Selecionando-se $\xi=0,6$, $w_n=6$ rad/s, $T=0,05$ s e arbitrando-se como referência de posição $y_{ref}(k)=0,5$, $0 \leq k \leq 70$, $y_{ref}(k)=1,0$, $70 < k \leq 140$ e $y_{ref}(k)=0,5$, $140 < k \leq 200$, obteve-se o resumo típico mostrado na Fig. 5.33. O eixo do tempo encontra-se em múltiplos do período de amostragem, e assim o tempo varia de 0 a 10 segundos. O desempenho do sistema de controle é satisfatório. Os parâmetros estimados do servomecanismo, para a realização da Fig. 5.33 e após k=200 passos de controle, são $\hat{a}_1(k)=1,273491$, $\hat{a}_2(k)=-0,232887$, $\hat{b}_1(k)=0,013078$ e $\hat{b}_2(k)=0,014434$.

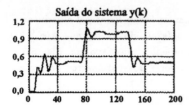 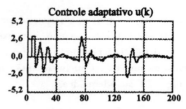

Fig. 5.33- Resumo do controle adaptativo para o exemplo 2, com $w_n=6$ rad/s.

Suponha que o usuário necessite de uma resposta transitória mais rápida que aquela mostrada na Fig. 5.33. Para tanto, a freqüência natural w_n do modelo de referência deve ser elevada. Admita então que o usuário retorne ao Menu Principal e selecione $w_n=10$ rad/s. A Fig. 5.34 apresenta um resumo típico do controle adaptativo correspondente.

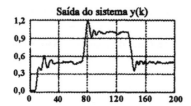 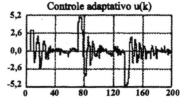

Fig. 5.34- Resumo do controle adaptativo para o exemplo 2, com $w_n=10$ rad/s.

Conforme se percebe na Fig. 5.34, uma resposta mais rápida é efetivamente obtida, mas a expensas de um controle mais vigoroso, havendo inclusive saturação do sinal de controle nas mudanças do sinal de referência, o que não é recomendável. Adicionalmente, ruídos se exibem com maior intensidade, uma vez que o aumento de w_n eleva a banda passante do sistema de controle.

Neste ponto, o usuário poderia retornar ao Menu Principal, alterar os demais parâmetros de projeto, como por exemplo o período de amostragem T, e verificar a influência destes. No presente caso, os parâmetros utilizados para se obter a Fig. 5.33 são adequados e o desempenho do sistema de controle adaptativo correspondente é satisfatório. □

Exemplo 3: Processo Térmico com atraso de transporte desconhecido- A estratégia de controle adaptativo para processos com atraso de transporte, proposta na seção 5.6.2.3, será aplicada ao processo térmico do exemplo 1, no qual foi introduzido um atraso de transporte. O atraso de transporte é obtido colocando-se o sensor de temperatura na extremidade do tubo de propileno do processo térmico PT326.

Mais precisamente, o sensor é posicionado a 28 cm do ponto onde o ar é aquecido pela malha de resistores, conforme Fig. 5.35. Este procedimento permite a obtenção de atraso de transporte de aproximadamente 300 ms.

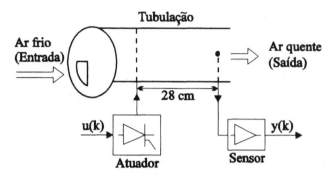

Fig. 5.35- Processo térmico PT326 com atraso de transporte.

De início, verifica-se o desempenho da técnica de controle adaptativo descrita na seção 5.6.2.2, que considera atraso de transporte unitário, quando aplicada ao controle do processo mostrado na Fig. 5.35. Para tanto consideremos período de amostragem T=0,1 s. Uma vez que o atraso de transporte do processo da Fig. 5.35 é de aproximadamente 300 ms, tem-se na realidade d_0=3 (Vide seção 5.6.2.3 para definição de d_0). Assim, é de se esperar que a utilização da estratégia de controle da seção 5.6.2.2, supondo atraso de transporte unitário, não possibilite a obtenção de desempenho satisfatório. Efetivamente, para ξ=0,7 e w_n=2 rad/s constatou-se instabilidade do sistema de controle, motivo pelo qual a figura correspondente é omitida.

A seguir considera-se a técnica de controle adaptativo descrita na seção 5.6.2.3. Inicialmente, utiliza-se o procedimento mostrado na Fig. 5.27, supondo-se d_0=2, isto é, atraso de transporte igual a 200ms. Selecionando-se ξ=0,7, w_n=2 rad/s , T=0,1 s e arbitrando-se como referência de temperatura $y_{ref}(k)$=3, $0 \leq k \leq 70$, $y_{ref}(k)$=2, $70 < k \leq 140$ e $y_{ref}(k)$=3, $140 < k \leq 200$, obteve-se o resumo típico mostrado na Fig. 5.35. O eixo do tempo encontra-se em múltiplos do período de amostragem, ou seja, o tempo varia de 0 a 20 segundos.

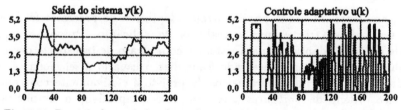

Fig. 5.36- Resumo do controle adaptativo para o exemplo 3, supondo-se d_0=2.

O desempenho mostrado na Fig. 5.36 não é satisfatório, devido ao fato de que o atraso de transporte é suposto ser igual a 200ms, quando na verdade vale 300ms. Assim, a Fig. 5.36 ilustra o impacto que a especificação incorreta do atraso de transporte pode ter no desempenho do sistema de controle adaptativo. Esta constatação reforça a conveniência de se estimar o atraso de transporte em tempo real, o que é feito a seguir.

Considera-se agora o procedimento mostrado na Fig. 5.28, no qual o atraso de transporte é estimado em tempo real. Para os mesmos valores de ξ, w_n, T e y_{ref} utilizados na Fig. 5.36, obteve-se o resumo típico mostrado na Fig. 5.37.

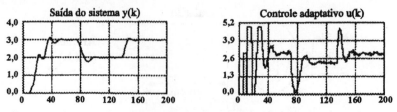

Fig. 5.37- Resumo do controle adaptativo para o exemplo 3, estimando-se d_0.

O desempenho mostrado na Fig. 5.37 parece satisfatório, indicando que a estimativa do atraso de transporte deve ter convergido para valor próximo o suficiente do valor real, isto é $d_0=3$. Efetivamente, na Fig. 5.38 percebe-se que a estimativa $\hat{d}(k)$ converge para o valor 3, conforme desejado.

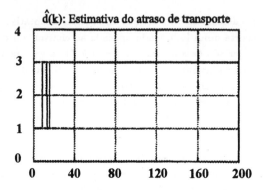

Fig. 5.38- Comportamento da estimativa $\hat{d}(k)$ do atraso de transporte para o exemplo 3. □

5.6.5- Conclusões

Um ambiente integrado para controle adaptativo de processos foi descrito nesta seção, apresentando-se três exemplos realistas de aplicação. Propôs-se também uma estratégia de controle adaptativo para sistemas com atraso de transporte desconhecido. O principal objetivo do ambiente integrado é auxiliar o usuário a selecionar estratégias de controle adaptativo, especificar parâmetros de projeto e efetivamente controlar um dado processo físico. Além de *softwares* para controle adaptativo, o ambiente integrado incorpora facilidades tais como cardápios e gráficos, que simplificam apreciavelmente o procedimento de especificação dos parâmetros de projeto e avaliação do desempenho do sistema de controle.

Há, no contexto industrial, diversas aplicações para o ambiente integrado apresentado nesta seção. Em particular, explicita-se as seguintes: a) Se a dinâmica do processo controlado não variar substancialmente com o tempo, o ambiente integrado pode ser empregado para sintonizar os parâmetros de um controlador local, menos sofisticado estruturalmente, como por exemplo um controlador PID; b) Se a dinâmica do processo

Identificação Recursiva e Controle Adaptativo

controlado variar com o tempo ou com o ponto de operação, requerendo pois que o controlador adaptativo opere continuamente, o usuário dispõe de duas alternativas: caso o processo controlado justifique o investimento, o próprio microcomputador no qual o ambiente integrado é executado poder ser utilizado como controlador; caso contrário, o ambiente integrado pode ser utilizado para a escolha preliminar dos parâmetros de projeto, que seriam passados para um controlador adaptativo local, menos sofisticado e com menor custo.

O ambiente integrado apresentado poderia ser substancialmente melhorado com a introdução de um bloco supervisor, que auxiliasse o usuário a escolher a estratégia de controle adaptativo mais adequada para uma dada aplicação e a selecionar os parâmetros de projeto.

Observação 1: O problema da estabilidade de algoritmos de controle adaptativo não foi considerado neste livro, devido à sua relativa complexidade. Vide Goodwin e Sin (1984), Åström e Wittenmark (1989) e Sastry e Bodson (1989) para detalhes. Em particular, a prova de estabilidade do regulador auto-sintonizável proposto por Åström e Wittenmark (1973) só foi satisfatoriamente estabelecida em Guo e Chen (1991). □

Observação 2: Em situações desfavoráveis, incluindo existência de dinâmica não-modelada e pouca excitação do sinal de controle, os algoritmos de controle adaptativo devem ser modificados, de modo a preservar a estabilidade do sistema de controle. Para detalhes, vide por exemplo Ioannou e Tsakalis (1986), Middleton *et alii* (1988), Åström e Wittenmark (1989), Sastry e Bodson (1989) e Wittenmark e Källén (1991). □

5.7- APLICAÇÃO DE DSP's EM CONTROLE ADAPTATIVO

A implementação em tempo real de estratégias de controle pode requerer grande capacidade computacional, caso o algoritmo de controle seja complexo ou altas taxas de amostragens' sejam necessárias. Embora o emprego de microprocessadores e microcontroladores viabilize a implementação em alguns casos menos restritivos, a utilização de processadores digitais de sinal parece indicada para satisfazer os requisitos computacionais das estratégias de controle de alto desempenho (Gurubasavaraj, 1989; Battilotti e Ulivi, 1990; Radivojevic, Herath e Gray, 1991). Basicamente, esses processadores possuem arquitetura especialmente projetada para efetuar operações aritméticas, de modo rápido e eficiente. Para detalhes, vide Lee (1990).

Diversas aplicações de processadores digitais de sinal em filtragem e controle têm sido reportadas. Em Tan e Kyriakopoulos (1988) utiliza-se o DSP TMS32010, com aritmética inteira, para implementar um filtro de Kalman para rastrear um objeto móvel, concluindo-se que a versão tridimensional do filtro pode ser executada a 1,12 KHz. Apenas simulação é apresentada, e grande esforço de simulação é necessário para normalizar as variáveis, devido à aritmética inteira do DSP utilizado. Em Yeh (1991) considera-se a implementação de filtros de Kalman no DSP32C, da AT&T, que possui aritmética em ponto flutuante. Basicamente, avalia-se o tamanho do código e o tempo de execução em função do número de estados. Aplicações em estimação e tempo real, utilizando o TMS320C30 com aritmética em ponto flutuante da Texas Instruments, podem ser encontradas na seção 4.9.

Aplicações em controle são sugeridas em Battilotti e Ulivi (1990) e Radivojevic, Herath e Gray (1991), onde são comentados os potenciais benefícios de se utilizar processadores digitais de sinal. Em Gurubasavaraj (1989) descreve-se uma aplicação de controle adaptativo em tempo real, relativo ao controle de um servomecanismo DC de velocidade. A implementação é feita no TMS32010, com o inconveniente já citado de possuir aritmética inteira.

Nesta seção utiliza-se a arquitetura multiprocessadora proposta na Fig. 4.39 para implementar um controlador auto-sintonizável, tipo GPC, para controle de temperatura. Esta aplicação é relevante pelos seguintes motivos: 1) Utiliza-se processador digital de sinal de terceira geração, com aritmética em ponto flutuante; 2) Descrevem-se aplicações realistas, avaliando-se também o desempenho do sistema de controle; 3) Determina-se o *speedup* em relação à implementação em microcomputador AT-286; 4) Ilustra-se a utilização de dois DSP's, operando em paralelo, que é relevante em aplicações nas quais um único DSP não consegue satisfazer as exigências computacionais.

5.7.1- Controlador Auto-Sintonizável tipo GPC

Um resumo da técnica de controle adaptativo tipo GPC é apresentado a seguir. Vide Clarke, Mohtadi e Tuffs (1987) e Clarke (1988) para detalhes. Esta técnica tem recebido especial atenção porque é menos sensível do que as técnicas tipo MV e GMV à especificação incorreta dos parâmetros de projeto, tais como atraso de transporte e ordem do sistema controlado. Isto porque no cálculo do controle utiliza-se a predição da saída diversos passos à frente, e não apenas d passos, onde d é o atraso de transporte.

Suponha que o processo controlado seja descrito pelo modelo

$$A(q^{-1})y(k+1) = B(q^{-1})u(k) + \frac{w(k+1)}{\Delta(q^{-1})} \quad , \quad \Delta(q^{-1})=1-q^{-1} \qquad (5.197)$$

onde $A(q^{-1})$ e $B(q^{-1})$ são polinômios dados por

$$A(q^{-1}) = 1 - a_1 q^{-1} - \cdots - a_{p_0} q^{-p_0} \qquad (5.198)$$

$$B(q^{-1}) = b_0 + b_1 q^{-1} + \cdots + b_{q_0} q^{-q_0+1} \qquad (5.199)$$

e $w(k)$ representa um distúrbio de natureza estocástica.

Considerando-se que a estratégia adaptativa tipo GCP baseia-se no princípio da equivalência à certeza (Goodwin e Sin, 1984), de início considera-se o problema de controle supondo-se conhecidos os parâmetros em (5.198)-(5.199), e a seguir substitui-se tais parâmetros por suas estimativas. Dada a referência $y_{ref}(k)$, o problema de controle resume-se em minimizar o custo

$$J(N_1,N_2,N_u,\lambda) = E[\left(\sum_{l=N_1}^{N_2} \left(y(k+l)-y_{ref}(k+l)\right)^2 + \sum_{l=1}^{N_u} \lambda(l)(\Delta u(k+l-1))^2 \right)|\mathcal{F}_k] \quad (5.200)$$

onde

$$\Delta u(k+l-1) = u(k+l-1) - u(k+l-2) \qquad (5.201)$$

e $\lambda(l)$ é uma seqüência de ponderação da intensidade do controle. A minimização de (5.201) requer a predição de $y(k)$ l passos à frente (Clarke, Mohtadi e Tuffs, 1987). Supondo-se $E[w(k)]=0$ e $E[w(i)w(j)]=0$, $\forall i \neq j$, pode ser mostrado, conforme na seção 5.4.2.1, que o preditor ótimo é dado por

$$y^o(k+l|k) = F_l(q^{-1})B(q^{-1})\Delta u(k+l-1) + G_l(q^{-1})y(k) \qquad (5.202)$$

onde $F_l(q^{-1})$ e $G_l(q^{-1})$ são obtidos com base na equação polinomial

$$1 = F_l(q^{-1})A(q^{-1})\Delta(q^{-1}) + q^{-l}G_l(q^{-1}) \qquad (5.203)$$

com

$$F_l(q^{-1}) = f_{0,l} + f_{1,l}q^{-1} + \cdots + f_{l-1,l}q^{-l+1} \qquad (5.204)$$

$$G_l(q^{-1}) = g_{0,l} + g_{1,l}q^{-1} + \cdots + g_{p_0,l}q^{-p_0} \qquad (5.205)$$

Com base em (5.202)-(5.205) e definindo-se

$$H_l(q^{-1}) = F_l(q^{-1})B(q^{-1}) = h_{0,l} + h_{1,l}q^{-1} + \cdots + g_{l+q_0-2,l}q^{-l-q_0+2} \qquad (5.206)$$

pode ser mostrado (Clarke, Mohtadi e Tuffs, 1987) que a seqüência de controle

$$\Delta U(k,N_u) = [\Delta u(k) \ \ \Delta u(k+1) \ \ \cdots \ \ \Delta u(k+N_u-1)]^T \qquad (5.207)$$

que minimiza (5.200) é dada por

$$\Delta U(k,N_u) = \left(H^T(N_1,N_2,N_u)H(N_1,N_2,N_u) + \lambda I_{N_u \times N_u}\right)^{-1}.H^T(N_1,N_2,N_u).$$
$$\left(Y_{ref}(k,N_1,N_2) - S(k,N_1,N_2)\right) \qquad (5.208)$$

onde

$$H(N_1,N_2,N_u) = \begin{bmatrix} h_{N_1-1,N_1} & h_{N_1-2,N_1} & \cdots & h_{N_1-N_u,N_1} & \cdots & \\ \vdots & \vdots & & & & \\ h_{N_2-1,N_2} & h_{N_2-2,N_2} & \cdots & & \cdots & h_{N_2-N_u,N_2} \end{bmatrix} \qquad (5.209)$$

com $h_{N-N_u,N}=0$ para $N < N_u$,

$$Y_{ref}(k,N_1,N_2) = [y_{ref}(k+N_1) \ \cdots \ y_{ref}(k+N_2)]^T \qquad (5.210)$$

e

$$S(k,N_1,N_2) = \begin{bmatrix} \displaystyle\sum_{i=N_1}^{N_1+q_0-2} \Delta u(k+N_1-1-i) + G_{N_1}(q^{-1})y(k) \\ \vdots \\ \displaystyle\sum_{i=N_1}^{N_2+q_0-2} \Delta u(k+N_1-1-i) + G_{N_1}(q^{-1})y(k) \end{bmatrix} \qquad (5.211)$$

Assim, no instante k resolve-se (5.208) para $\Delta u(k)$ e aplica-se o controle

$$u(k) = u(k-1) + \Delta(k) \qquad (5.212)$$

ao processo.

A versão adaptativa da lei de controle (5.208) é obtida estimando-se recursivamente os polinômios $A(q^{-1})$ e $B(q^{-1})$ em (5.197), resolvendo-se (5.203)-(5.206) com $A(q^{-1})$ e $B(q^{-1})$ substituídos por suas estimativas $\hat{A}(q^{-1})$ e $\hat{B}(q^{-1})$, e reescrevendo-se (5.208) na forma

$$\Delta U(k,N_u) = \left(\hat{H}^T(N_1,N_2,N_u)\hat{H}(N_1,N_2,N_u) + \lambda I_{N_u x N_u} \right)^{-1}.\hat{H}^T(N_1,N_2,N_u).$$
$$\left(Y_{ref}(k,N_1,N_2) - \hat{S}(k,N_1,N_2) \right) \qquad (5.213)$$

Além de requerer a estimação dos coeficientes dos polinômios $A(q^{-1})$, $B(q^{-1})$ e a avaliação de vários preditores, vide (5.206), a determinação do controle em (5.213) requer a inversão, em tempo real, de uma matriz $N_u x N_u$, onde N_u é uma estimativa do atraso de transporte do processo a controlar. Considerando-se que atrasos de transporte elevados são comuns em processos industriais (por exemplo, em Clarke (1988) apresenta-se uma aplicação com $N_u=10$), conclui-se que o cálculo do controle pode demandar processamento numérico considerável. Isto motiva o emprego de processadores digitais de sinal para implementar a técnica GPC.

Nesta seção utiliza-se a técnica GPC para controlar o processo térmico PT326 da Feedback, mostrado na Fig. 4.21, com período de amostragem T=0,15s. Basicamente, há dois motivos justificando o emprego de controle adaptativo para controlar o PT326: a) O ganho varia com a temperatura ambiental, e b) atrasos de transporte variáveis podem ser obtidos deslocando-se a posição do sensor de temperatura.

5.7.2- Exemplos de Aplicação

Para implementar a estratégia descrita na seção 5.7.1 será utilizada a arquitetura mostrada na Fig. 4.39. Consideraremos de início a implementação serial, utilizando apenas um DSP, e a seguir a implementação paralela, empregando dois DSP's.

Exemplo 1: Implementação utilizando 1 DSP- A estratégia de controle descrita na seção 5.7.1 foi implementada no DSP2 da Fig. 4.39. Os seguintes parâmetros de projeto foram utilizados: $N_1=1$, $N_2=4$, $N_u=2$, $p_0=2$, $q_0=1$, $\lambda=0,01$, T=0,15s. O procedimento para a determinação do controle é mostrado na

Fig. 5.39. Basicamente, o microcomputador gera a base de tempo, lê o valor da saída y(k) via conversor AD/DA tipo DT2812-A e interrompe o DSP2, passando o valor de y(k). O DSP2 calcula o controle u(k) e interrompe o microcomputador, que lê o sinal de controle da memória de duplo acesso e o aplica ao processo térmico. Os valores de y(k) e u(k) são armazenados pelo microcomputador, para avaliação do desempenho do sistema de controle.

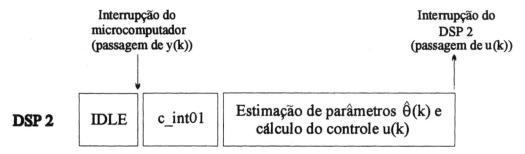

Fig. 5.39- Implementação serial do controlador auto-sintonizável no DSP2.

A Fig. 5.40 mostra uma realização típica da saída y(k) e do sinal de controle u(k), estando a escala vertical em volts e a horizontal em múltiplos do período de amostragem, que é T=0,15s. Logo, o tempo total de controle corresponde a 18 segundos. O sinal de referência é $y_{ref}(k)$=3V, $0 \leq k < 40$; $y_{ref}(k)$=2V, $40 \leq k < 80$ e $y_{ref}(k)$=3V, $80 \leq k \leq 120$. Conclui-se da Fig. 5.40 que o desempenho do sistema de controle é satisfatório.

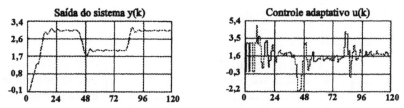

Fig. 5.40- Realização típica da saída y(k) e sinal de controle u(k) usando-se controlador auto-sintonizável tipo GPC implementado em DSP.

Para determinar o tempo de execução do algoritmo de controle no DSP2, programou-se em *assembly* o temporizador 0 do TMS320C30, que é zerado no início do cálculo e bloqueado no final do mesmo. Para efeito de comparação, o algoritmo de controle foi também implementado em microcomputador AT-286 12MHz, com coprocessador, empregando-se compilador C. Os tempos de execução das implementações em DSP e no microcomputador, obtidos experimentalmente, foram:

Tempo de execução para implementação em DSP TMS320C30: 363μs

Tempo de execução para implementação em AT-286 12MHz: 18ms

ou seja, o tempo de execução da implementação em DSP é aproximadamente 49 vezes menor que o tempo da implementação em microcomputador AT-286. Este *speed up* se deve principalmente ao repertório especial de instruções do DSP. Em particular, produto interno é uma operação efetuada de modo extremamente eficiente pelo DSP TMS320C30, utilizando por exemplo registros internos e instrução RPTS (*Repeat Single*). Vide Texas Instruments (1991) para detalhes. ☐

Exemplo 2: Implementação utilizando 2 DSP's- Neste exemplo utiliza-se os dois DSP's da arquitetura da Fig. 4.39 para implementar o controlador auto-sintonizável da seção 5.7.1. Um escalonamento natural de tarefas consiste em se separar as etapas de estimação de parâmetros e cálculo de controle, conforme sugerido pelo princípio da equivalência à certeza. Basicamente, o DSP1 se encarrega da estimação do vetor de parâmetros $\hat{\Theta}(k)$, contendo as estimativas dos coeficientes dos polinômios $A(q^{-1})$ e $B(q^{-1})$, e o DSP2 efetua o cálculo do sinal de controle u(k), compreendendo a geração dos vários preditores e a inversão de matriz. Este escalonamento é mostrado na Fig. 5.41.

Para os parâmetros de projeto utilizados aqui e explicitados no início da seção 5.7.2, o cálculo efetuado pelo DSP2 é mais intensivo. Verificou-se experimentalmente, utilizando-se o temporizador 0 do DSP2, que o cálculo do sinal de controle u(k) requer 245μs. Resumindo, temos os seguintes tempos de execução:

Tempo de execução para implementação serial em 1 DSP TMS320C30: 363μs
Tempo de execução para implementação paralela em 2 DSP's TMS320C30: 245μs

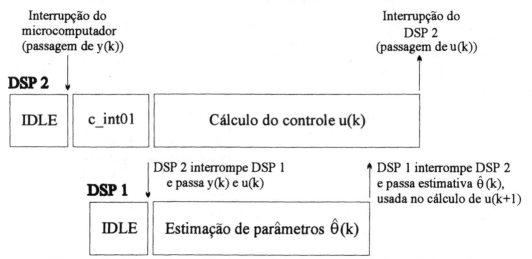

Fig. 5.41- Implementação paralela do controlador auto-sintonizável usando dois DSP's.

O comportamento do sistema de controle com a implementação paralela é similar àquele mostrado na Fig. 5.40, conforme esperado, e portanto será omitido.

Deve ser ressaltado que o *speed up* obtido com a implementação paralela obviamente depende do grau de paralelismo inerente ao algoritmo de controle utilizado e do escalonamento eficiente das tarefas. Estratégias ótimas de escalonamento são em geral complexas, motivo pelo qual usualmente o escalonamento de tarefas é efetuado heuristicamente com base na análise minuciosa do fluxo de informação no algoritmo de controle de interesse. Para detalhes, vide por exemplo Luh e Lin (1982) e Hwang e Briggs (1985). □

A aplicação descrita nesta seção sugere que a elevada capacidade de processamento numérico dos DSP's de terceira geração, aliada ao seu baixo custo, viabiliza o emprego destes em três principais situações: 1) altas taxas de amostragens são necessárias, como por exemplo em controle de sistemas eletromecânicos; 2) a estratégia de controle é sofisticada, como por exemplo em controle adaptativo de manipuladores robóticos, e 3) múltiplas malhas têm que ser controladas simultaneamente. Em aplicações mais complexas ou em situações nas quais o tempo de processamento é crítico, pode-se utilizar arquiteturas multiprocessadoras. Nesta seção ilustrou-se a utilização de uma arquitetura com dois DSP's, que objetiva reduzir o tempo de processamento explorando o eventual paralelismo dos algoritmos de controle de interesse.

238   Controle por Computador de Sistemas Dinâmicos

5.8- EXERCÍCIOS

1) Seja o sistema de terceira ordem com função de transferência

$$G(s) = \frac{4,23}{s^3 + 2,14s^2 + 9,28s + 4,23}$$

1.1) Discretize esta função de transferência com período de amostragem T=0,2s. Apresente o gráfico para resposta ao degrau unitário, para $0 \leq k \leq 100$.
1.2) Suponha a existência de ruído $w(k) \sim N(0;0,002)$ no sensor de $y(k)$ e apresente o modelo ARX resultante.
1.3) Utilize o método RLS para determinar a estimativa paramétrica $\hat{\Theta}(k)$, $0 \leq k \leq 100$, supondo,

                           1.3.1) Entrada $u(k)$ pobre em harmônicas.
                           1.3.2) Entrada $u(k)$ rica em harmônicas.

1.4) Para k=100, apresente as funções de transferência obtidas em 1.3.1) e 1.3.2). A seguir compare as respostas ao degrau unitário com aquela obtida em 1.1).

2) Considere o sistema dinâmico descrito por

$$y(k+1)=1,2629y(k) - 0,3337y(k\text{-}1) + 0,0562u(k\text{-}2) + 0,1008u(k\text{-}3) + w(k+1) + 0,5w(k) + 0,2w(k\text{-}1)$$

onde $E[w^2(k)]=0,01$, que se encontra na forma (5.102), com

$$A(q^{-1}) = 1 - 1,2629q^{-1} + 0,3337q^{-2} , \quad B(q^{-1}) = 0,0526 + 0,1008q^{-1}$$

$$C(q^{-1}) = 1 + 0,5q^{-1} + 0,2q^{-2} \quad e \quad d=3$$

e portanto em (5.128) temos

$$\Theta = [a_1 \; a_2 \; b_1 \; b_2 \; c_1 \; c_2]^T = [1,2629 \; -0,3337 \; 0,0562 \; 0,1008 \; 0,5 \; 0,2]^T$$

       Supondo $u(k)=10$, $0 < k \leq 50$; $u(k)=-10$, $51 \leq k \leq 100$; $u(k)=10$, $101 \leq k \leq 150$; $u(k)=-10$, $151 \leq k \leq 200$, e condições iniciais $\Phi(0)=[0 \; 0 \; 0 \; 0 \; 0 \; 0]^T$, $\hat{\Theta}(0)=[0 \; 0 \; 0 \; 0 \; 0 \; 0]^T$, $P(-1)=100I_6$,
2.1) Utilize o algoritmo ELS para determinar a estimativa $\hat{\Theta}(k)$ do vetor de parâmetros Θ, k=0,1, ..., 200, apresentando uma realização típica de $\hat{\Theta}(k)$.
2.2) Utilize o algoritmo AML para determinar a estimativa $\hat{\Theta}(k)$ do vetor de parâmetros Θ, k=0,1, ..., 200, apresentando uma realização típica de $\hat{\Theta}(k)$.
2.3) Considere uma entrada $u(k)$ mais excitante que a utilizada e repita os procedimentos dos itens 2.1) e 2.2).

3) Seja o sistema com modelo ARMAX dado no exercício 2. Para $0 \leq k \leq 100$,
3.1) Apresente uma realização do preditor ótimo 3 passos à frente.
3.2) Utilize o método direto e presente uma realização do preditor adaptativo 3 passos à frente, utilizando a mesma semente no gerador de ruído utilizada em 3.1).
3.3) Repita 3.2), empregando o método indireto.

4) Considere o processo descrito pela função de transferência do exercício 1. Supondo estratégia de controle tipo variância mínima,

4.1) Determine a lei de controle supondo parâmetros conhecidos, com base no modelo obtido em 1.2). Apresente uma realização típica, para $0 \leq k \leq 100$.

4.2) Determine a estratégia de controle adaptativo correspondente, apresentando uma realização com a mesma semente utilizada em 4.1).

5) Considere um processo estocástico $\{y(k), \ k \geq 0, \ k \in Z\}$, com correlação $r_{yy}(l) = E[y(k)y(k-l)]$. Suponha preditor um passo à frente da forma $\hat{y}(k+1|k) = ay(k)$ e determine o valor do parâmetro a que minimiza o erro médio quadrático de predição.

6) Considere o sistema com modelo ARX

$y(k+1) = ay(k) + bu(k) + w(k+1)$, com $E[w(k+1)|\mathfrak{F}_k] = 0$ *a.s.* e $E[w^2(k+1)|\mathfrak{F}_k] = \sigma^2$ *a.s.*

e suponha que a estratégia de controle tipo variância mínima seja utilizada para controlá-lo.

6.1) Se a e b forem conhecidos e $y_{ref}(k+1) = 0$, $\forall k$, determine o lugar geométrico dos valores de a e b que possui o mesmo controle ótimo.

6.2) Se a e b forem desconhecidos, qual técnica de identificação seria recomendada para estimá-los?

6.3) Admita agora a combinação da técnica do item 6.2) com a estratégia de controle MV. Mesmo que o controle adaptativo resultante seja suficientemente excitante, é viável que as estimativas dos parâmetros convirjam para os valores verdadeiros de a e b?

6.4) Se o controle adaptativo tipo MV do sistema dado originar sinal de controle demasiadamente intenso, causando por exemplo saturação do controlador, quais os precedimentos recomendáveis neste caso?

7) Seja o sistema descrito pelo modelo ARMAX $y(k+1) = ay(k) + bu(k) + w(k+1) + cw(k)$, com $w(k)$ conforme em 6).

7.1) Suponha a, b e c conhecidos, $y_{ref}(k+1)$ qualquer e determine a equação que descreve o comportamento de $y(k+1)$ em função do sinais de controle e de referência.

7.2) Se a, b e c forem desconhecidos e $y_{ref}(k+1) = 0$, $\forall k$, há necessidade de se estimar o parâmetro c de modo a se obter o controlador adaptativo tipo MV?

Bibliografia

Al-Assadi,S.A.K. and L.A.M. Al-Chalabi (1987). Optimal Gain for Proportional-Integral-Derivative Feedback. *IEEE Control Syst. Mag.*, Vol. 7, $N^{\underline{o}}$ 6, pp. 16-19.

Anderson,K.L., G.L. Blankenship and L.G. Lebow (1988). A Rule-Based Adaptive PID Controller. *Proceedings of the 27th IEEE CDC*, Austin, Texas, pp. 564-569.

Åström,K.J. and B. Wittenmark (1973). On Self-Tuning Regulators. *Automatica*, Vol. 9, pp. 185-199.

Åström,K.J. and B. Wittenmark (1984). *Computer Controlled Systems - Theory and Design*. Prentice-Hall, Englewood Cliffs, New Jersey.

Åström,K.J. (1988). Robust and Adaptive Pole Placemente. *Proc. American Control Conference*, Atlanta, Georgia, pp. 2423-2428.

Åström,K.J. and B. Wittenmark (1989). *Adaptive Control*. Addison-Wesley Publishing Company, Reading, Massachusetts.

Åström,K.J., B. Bernhardsson and A. Ringdahl (1991). Solution Using Robust Adaptive Pole Placement. *Proc. European Control Conference*, Grenoble, France, pp. 2340-2345.

Battilotti,S. and G. Ulivi (1990). An Architecture for High Performance Control Using Digital Signal Processor Chips. *IEEE Control Syst. Mag.*, Vol. 10, $N^{\underline{o}}$ 7, pp. 20-23.

Bissel,C.C. (1985). Modelling Sampled-Data Systems: A Historical Outline. *Trans. Inst. MC*, Vol. 7, $N^{\underline{o}}$ 3, pp. 159-164.

Cadzow,J.A. and H. R. Martens (1970). *Discrete-Time and Computer Control Systems*. Prentice-Hall, Englewood Clifss, New Jersey.

Clarke,D.W., C. Mohtadi and P.S. Tuffs (1987). Generalized Predictive Control. Part 1: The Basic Algorithm. *Automatica*, Vol. 23, $N^{\underline{o}}$ 2, pp. 137-148.

Clarke,D.W. (1988). Applications of Generalized Predictive Control to Industrial Processes. *IEEE Control Syst. Mag.*, Vol. 8, $N^{\underline{o}}$ 2, pp. 49-55.

Chen,C.T. (1984). *Linear System Theory and Design*. Holt, Rinehart and Winston, New York.

Churchill,R.V. (1975). *Variáveis Complexas e suas Aplicações*. McGraw-Hill do Brasil, São Paulo.

Data Translation (1991). *DT2812 User Manual*. Marlboro, M.A.

Davis,M.H.A. and R.B. Vinter (1985). *Stochastic Modelling and Control*. Chapman and Hall, London.

Fong-Chwee,T. and H.R. Sirisena (1988). Self-Tuning PID Controllers for Dead Time Processes. *IEEE Trans. Industrial Electronics*, Vol. 35, $N^{\underline{o}}$ 1, pp. 119-125.

Franklin,G.F. and J.D. Powell (1980). *Digital Control of Dynamic Systems*. Addison-Wesley Publishing Company, Reading, Mass.

Fu,M., A.W. Olbrot and M.P. Polis (1989). Comments on "Optimal Gain for Proportional-Integral-Derivative Feedback". *IEEE Control Syst. Mag.*, Vol. 9, $N^{\underline{o}}$ 1, pp. 100-101.

Goodwin,G.C., P.J. Ramadge and P.E. Caines (1978). Discrete Time Multivariable Adaptive Control. *IEEE Trans. Auto. Control*, Vol. AC-25, pp. 449-456.

Goodwin,G.C. and K.S. Sin (1984). *Adaptive Filtering, Prediction and Control*. Prentice-Hall Inc., Englewood Cliffs, New Jersey.

Goodwin,G.C. and R.L. Payne (1977). *Dynamic System Identification: Experiment Design and Data Analysis*. Academic Press, New York.

Guo,L. and Han-Fu Chen (1991). The Åström-Wittenmark Self-Tuning Regulator Revisited and ELS-Based Adaptive Trackers. *IEEE Trans. Auto. Control*, Vol. 36, $N^{\underline{o}}$ 7, pp. 802-812.

Gurubasavaraj,K.H. (1989). Implementation of a Self-Tuning Controller Using Digital Signal Processor Chips. *IEEE Control Syst. Mag.*, Vol. 9, $N^{\underline{o}}$ 4 , pp. 38-42.

Hang,C.C. (1989). The Choice of Controller Zeros. *IEEE Control Syst. Mag.*, Vol. 9, $N^{\underline{o}}$ 1, pp. 72-75.

Hemerly,E.M. and M.H.A. Davis (1989). Strong Consistency of the PLS Criterion for Order Determination of Autoregressive Processes. *The Annals of Statistics*, Vol. 17, $N^{\underline{o}}$ 2, 941-946.

Hsia,T.C. (1977). *System Identification: Least-Squares Method*. Lexington Books, D.C. Heath and Company, Lexington.

Hwang,K. and F.A. Briggs (1985). *Computer Architecture and Parallel Processing*. McGraw-Hill, New York.

Ioannou,P.A. and K.S. Tsakalis (1986). A Robust Direct Adaptive Controller. *IEEE Trans. Auto. Control*, Vol. AC-31, $N^{\underline{o}}$ 11, pp. 1033-1043.

Isermann,R. (1981). *Digital Control Systems*. Springer-Verlag, Berlin.

Jacquot,R.G. (1981). *Modern Digital Control Systems*. Marcel Dekker, New York.

Jury,E.I. (1980). Sampled-Data Systems, Revisited: Reflections, Recollections, and Reassessments. *Transactions of the ASME*, Vol. 102, pp. 208-217.

Jury,E.I (1964). *Theory and Application of the z-Transform Method*. John Wiley & Sons, New York.

Katz,P. (1981). *Digital Control using Microprocessors*. Prentice-Hall, Englewood Cliffs, New Jersey.

Keyser,R.M.C. (1986). Adaptive Dead-Time Estimation. *IFAC Symposium on Adaptive Control*, Lund, Sweden, pp. 209-213.

Kolmogorov,A.N. (1956). *Foundations of the Theory of Probability*. Chelsea Publishing Co., New York.

Lai,T.L. and C.Z. Wei (1982). Least Squares Estimates in Stochastic Regression Models with Applications to Identification and Control of Dynamic Systems. *The Annals of Statistics*, Vol. 10, pp. 154-166.

Landau,I.D. (1979). *Adaptive Control—The Model Reference Approach*. Marcel Dekker, New York.

Lee,E.A. (1988). Programmable DSP Architectures: Part I, *IEEE Acoust. Speech Sig. Proc. Mag.*, Vol. 5, $N^{\underline{o}}$ 4, pp. 4-19.

Ljung,L. (1987). *System Identification: Theory for the User*. Prentice-Hall, Englewood Cliffs, New Jersey.

Luh,J.Y.S. and C.S. Lin (1982). Scheduling of Parallel Computation for a Computer-Controlled Mechanical Manipulator. *IEEE Trans. on Syst. Man. and Cybernetics*, Vol. 12, $N^{\underline{o}}$ 2.

Masten,M.K. and H.E. Cohen (1988). Introduction to a Showcase of Adaptive Controller Designs. *Proc. American Control Conference*, Atlanta, Georgia, pp. 2418-2421.

M'Saad,M. (1991). A Showcase of Adaptive Control Designs. *Proc. European Control Conference*, Grenoble, France, pp. 2374-2375.

MathWorks (1991). *MATLAB for Windows User's Guide*. Natick, Mass.

Middleton,R.H., G.C. Goodwin, D.J. Hill and D.Q. Mayne (1988). Design Issues in Adaptive Control. *IEEE Trans. Auto. Control*, Vol. AC-33, $N^{\underline{o}}$ 1, pp. 50-58.

Morse,A.S. (1980). Global Stability of Parameter-Adaptive Control Systems. *IEEE Trans. Auto. Control*, Vol. AC-25, pp. 433-439.

Narendra,K.S., Y.H. Lin and L.S. Valavani (1980a). Stable Adaptive Controller Design, Part II: Proof of Stability. *IEEE Trans. Auto. Control*, Vol. AC-25, pp. 440-449.

Narendra,K.S. and R.V. Monopoli (1980b). *Applications of Adaptive Control*. Academic Press, New York.

Powell,M.J.D. (1964). An Efficient Method for Finding the Minimum of a Function of Several Variables without Calculating Derivatives. *Computer Journal*, Vol. 7, pp. 155-162.

Radivojevic,I., J. Herath and W.S. Gray (1991). High-Performance DSP Architectures for Intelligence and Control Applications. *IEEE Control Syst. Mag.*, Vol. 11, N$^{\underline{o}}$ 4, pp. 49-55.

Rissanen,J. (1986a). A Predictive Least-Squares Principle. *IMA J. of Math. Control and Information*, Vol. 3, pp. 211-222.

Rissanen,J. (1986b). Stochastic Complexity and Modeling. *The Annals of Statistics*, Vol. 14, pp. 1080-1100.

Sastry,S.S. and M. Bodson (1989). *Adaptive Control: Stability, Convergence and Robustness*. Prentice Hall, Englewood Cliffs, New Jersey.

Shinskey,F.G. (1979). *Process Control Systems*. 2nd Ed., McGraw-Hill, New York.

Smith,O.J.M. (1958). *Feedback Control Systems*. McGraw-Hill, New York.

Tan,J. and N. Kiriakopoulos (1988). Implementation of a Tracking Kalman Filter on a Digital Signal Processor. *IEEE Trans. Ind. Elect.*, Vol. 35, N$^{\underline{o}}$ 1, pp. 126-134.

Texas Instruments (1990). *Third-Generation TMS320 User's Guide*. Houston.

Warwick,K. (1988). *Implementation of Self-Tuning Controllers*. Peter Peregrinus Ltd, London.

Wittenmark,B. and K.J. Åström (1980). Simple Self-Tuning Controllers. In H. Unbehauen (Ed.), *Methods and Applications in Adaptive Control*, Springer-Verlag, Berlin.

Wittenmark,B. and P.O. Källén (1991). Identification and Design for Robust Adaptive Control. *Proc. European Control Conference*, Grenoble, France, pp. 1390-1395.

Yeh,H-G. (1991). Processing Performance of Two Kalman Filter Algorithms with a DSP32C by Using Assembly and C Languages. *IEEE Trans. Ind. Elect.*, Vol. 38, N$^{\underline{o}}$ 4, pp. 298-302.

Zangwill,W.I. (1967). Minimizing a Function without Calculating Derivatives. *Computer Journal*, Vol. 10, pp. 293-296.

Ziegler,J.G. and N.B. Nichols (1942). Optimum Settings for Automatic Controllers, *Trans. ASME*, Vol. 64, pp. 759-768.

Índice Remissivo

A

Alocação
    adaptativa de pólos **220-221**
    de pólos **104-108**
Ambiente para
    otimização de controladores PID's
        digitais **116-120**
    identificação estrutural e
        paramétrica **207-210**
    controle adaptativo **224-225**
Amostrador-segurador **22-24**
    diagrama de blocos **23**
    modelo ideal **24**
    modelo simplificado **22-23**
Atraso de transporte 35, 117, 200, 209,
    221-224
Autovalores 65, 104, **106**, 110-112, 115

B

Backward shift **10**
Banda passante **70**
Bandas laterais **30**
Base ortogonal **147**
Bellman, equação de 164, **166**
Bilinear, transformação **81-82**
    com *prewarping* **82-84**

C

Canônica, decomposição **59**
Canônicas, formas
    controlável **59**
    observável **61**
    realização em cascata **64**
    realização paralela **62**
Cauchy-Riemann, equações de **15**
Critério
    de energia mínima **101**
    de Jury **42**
    de Paynter **52**
    de Routh-Hurwitz **44**
    PLS **207**
Controlabilidade **56-58**, 104-105, 107
Controle adaptativo 172, 181, 206,
    216-237

Conversor A/D **24**, 35, 158, 176
Conversor D/A **24-26**, 35, 158
Convolução **5-7**, 13
    integral de **27-28**
    somatório de **5-7**, 41

D

Deadbeat, controlador **86-90**
    com ordem aumentada **90-93**
Densidade
    de probabilidade **141**
    condicional de probabilidade **143**
    espectral de potência **187**
Diagrama
    de blocos
        da estratégia tipo LQG **163**
        de um conversor A/D **24**
        de um conversor D/A **24**
        do ambiente para controle
            controle adaptativo **225**
        do modelo simplificado de um
            S/H **23**
        do processo térmico PT326 **124**
        para sintonização de PID's
            digitais **118**
    de Nyquist **71**
    típico de sistema de controle
        digital **22**
Discretização de controladores analógicos
    44, 72-76, 78, **79-85**
    proximação com Z.O.H **79**
    integração retangular **80-81**
    mapeamento de diferenciais **79-80**
    mapeamento de pólos e zeros **84-85**
    transformação bilinear **81-82**
        com *prewarping* **82-84**
Discretização de sistemas contínuos 51-54
    emprego da transformada de
        Laplace **53-54**
    utilização de funções de matrizes **54**

E

Equação
    a diferenças **2**

de Bellman 164, **166**
determinística de estado **51-52**
determinística de saída **51-52**
dinâmica discreta **54-56**
discreta **1**
estocástica de estado **129**
estocástica de saída **129**
homogênea **2**
Equivalência à certeza **217-218**
Esperança condicional **144**
Estabilidade de sistemas discretos
função de transferência **41-45**
variáveis de estado **65-66**
Estabilidade relativa **71**
Erro
de estimação **109**, 147, 149
de predição **182**, 191, 193, 224
a posteriori **203**
médio quadrático **145**

F
Filtragem **151**
Forward shift **10**
Freqüência
crítica **83**
de amostragem 26, **28**, 84
de margem de fase **73**
de ressonância **70**
natural 70, **118**
Função
analítica **15-17**
de amostragem impulsiva **33**
degrau unitário **25**
delta de Kronecker **4**
de transferência **14**
distribuição **139**
valor **164**

G
Gaussiano
controlador linear quadrático
162-163, 170
processo estocástico **141-142**

H
Hardware para multiprocessamento
172-173

Hidden oscillations **38**
Homogênea, equação **2**, 102

I
Identificação
estrutural **207-216**
paramétrica **182-198**
recursiva **184**, 194
Índices de desempenho
no domínio da freqüência **71**
para resposta transitória **69**
Inovação **198**

J
Jury, critério de **43**

K
Kalman, filtro de **151-177**
aplicações em controle **162-172**
aplicações em tempo real **157-162**
implementação e simulações **155-157**
implementação paralela **172-177**

L
Laurent, série de **17-18**
Luenberger, observador de **109**
Lugar das raízes **93-98**

M
Mapeamento
de diferenciais **79**
de pólos e zeros **84**
Matriz
de dinâmica **104**, 107
de controlabilidade **56**, 104
de correlação **140**
de covariância **140**, 150, 154, 185,
194, 203, 206, 220
de observabilidade **58**, 110
de similaridade **105**, 112
de transição de estado 53, **55**
Método
da resposta transitória **76**
de paralelização **173**
de Powell **120**
direto de predição **205**
do decaimento de 1/4 **77**

Índice Remissivo

do ganho crítico **77**
indireto de predição **201**
Mínimos quadrados (LS) **183**
   estendido (ELS) **202**, 220
   forma recursiva (RLS) **184**, 188
   preditivo (PLS) **207-209**
Modelo
   AR **187**
   ARMA **1**
   ARMAX **199**, 202, 206, 219
   ARX **182**, 207
   de referência **217**

N
Nyquist, diagrama de **71**

O
Observabilidade **58-59**, 110
Overshoot **69**, 119, 221

P
PID
   analógico **76**
   digital **79**, 117
   heurístico **76-78**
   otimizado **116-126**
Predição adaptativa **198-207**
Prewarping **82-84**
Probabilidade condicional **142**
Processador digital de sinal (DSP)
   aplicações am filtragem **172-174**,
     176
   aplicações em controle 231-232,
     234-237
Processo estocástico 133, **138**
   definição **138**
   gaussiano **141**
   média **139**
   correlação **140**
   covariância **140**

R
Resíduo **17-19**
Resposta
   ao degrau **6**, 119, 122, 211
   ao impulso **3-4**
   em freqüência 26, 69, **82**, 188

transitória **69**
Routh-Hurwitz, extensão do critério de **44**

S
Sample-and-hold **22**
Seqüência de ponderação **3-7**
Similaridade
   matriz de **105**, 112
   transformação de **110**, 113
Sistemas
   amostrados **21**
   com atraso de transporte **222**
   de segunda ordem 69, **95**, 118
   discretos **1**
   discretos estocásticos **129**
Smith, preditor de **222-223**

T
Tempo
   de estabilização **69**, 90
   de pico **69**, 70, 96, 119
   de subida **69**
   real **120-122**, 125, 157-158,
     173, 176, 225, 230
Teorema
   da verificação **165**
   de Cauchy **15-16**
   do resíduo **17**
   do valor final **13**
   do valor inicial **12**
Tustin, transformação de **81**

V
Variância mínima **219-220**

Z
z, transformada **7-21**, 28, 30
   bilateral **10**
   definição **8**
   inversa **15-21**
     divisão longa **21**
     expansão em frações
        parciais **19-21**
     integral de inversão **18-19**
   modificada **38-40**
   propriedades **9-14**
   unilateral **10**